Edgar Franzmann

PowerBlood

Der Chip in deinem Körper

Roman

Impressum

Logodesign: Looka Inc. / Edgar Franzmann

Verantwortlich
für den Inhalt: Edgar Franzmann
Freiligrathstraße 39
50935 Köln
Mail: edgar@franzmann.de
Web: www.franzmann.de

ISBN: 978-3-75840-518-1
Druck: epubli –
ein Service der Neopubli GmbH, Berlin

Für Antonia
und Dario

Herr, die Not ist groß.
Die ich rief, die Geister,
Werd ich nun nicht los.

Johann Wolfgang von Goethe

Kapitel 1

Mit einem Knall wurde es dunkel. Jan wollte cool bleiben, aber sein Körper zuckte vor Schreck, als wäre der Säbelzahntiger im Raum.

Die Bildschirme an den Wänden erloschen wie die Deckenleuchten und die Bauhauslampen auf dem Schreibtisch.

Der akkubetriebene Laptop gab ein Lebenszeichen von sich. Jan berührte die Tastatur, die Hintergrundbeleuchtung erwachte. Er tippte sein Passwort ein. „Eingabe nicht korrekt", erschien auf dem Bildschirm, „Sie haben noch zwei Versuche".

Jan schaute sein Handy an, das ihn mit seinen Kameras identifizierte. „Maria Magdalena, schalte den Computer frei", sagte Jan. Smartphone und Laptop gehorchten.

Der Strom kam zurück.

Es wurde Licht, eine der Deckenleuchten flimmerte und knisterte. Jan probierte vier Lichtschalter aus, bis er die defekte Leuchte abgeschaltet hatte.

Die Computer nahmen ihre Arbeit auf.

Jan Christian Bachs Büro lag im zweiten Stock des Co-Working Köln-Kalk, kurz CoWoK. Der modernisierte Glas-Ziegel-Bau hatte eine Maschinenfabrik verdrängt, in der früher im Drei-Schichten-Betrieb gearbeitet wurde.

Genau hier, in den Mauern der alten Maschinenfabrik, hatte Jans Großvater Hermann sein Leben gelebt.

Seine Uniform war der Blaumann gewesen.

Jetzt war hier ein Paradies der Selbstausbeutung.

Die Start-up-Generation hatte den Arbeitern nicht nur die Arbeitsplätze genommen, sondern auch die Kleidung.

Die modernen Blaumänner hießen Bluejeans.

Jans Bluejeans waren schwarz. Er trug dazu weiße Wollschuhe, bunte Happy-Socks und ein schwarzes T-Shirt.

Es war ungemütlich kalt. Seit dem Ukraine-Krieg galt im CoWoK die Selbstverpflichtung, nicht über 19 Grad zu heizen. Das rettete die Umwelt und sparte Geld, sagte man.

Fröstelnd schlurfte Jan zum Kleiderständer und nahm einen schwarzen Pullover vom Bügel.

Er warf einen Blick nach draußen. Das „K“ in der grünen CoWoK-Leuchtreklame flackerte.

Noch ein Kurzschluss-Opfer?

In der alten Maschinenfabrik war es immer hemdsärmelfrei warm gewesen. Alle acht Stunden wurde die Belegschaft ausgewechselt. Eine Sirene heulte den Feierabend ein, der morgens um sechs, mittags um zwei oder nachts um zehn Uhr sein konnte.

Tausende Arbeiter drängten an die Tore und drückten Stempelkarten in Stechuhren, die die Arbeitszeit protokollierten.

In lauten Grüppchen pilgerte man nach Schichtschluss zur Kalker Hauptstraße und trank einen Absacker. Oder zwei.

Dann trottete man nach Hause, legte sich schlafen.

Wachte auf und marschierte zur nächsten Schicht.

Irgendwann war man tot, was auch nicht so viel anders als das Leben war.

Hermann Bach hatte es mit 56 Jahren erwischt. Herzinfarkt während der Nachtschicht. Die Arbeit ruhte für fünf Minuten; so lange dauerte es, bis man den Leichnam aus der Halle getragen hatte.

Jan war 28. Wenn es ihm wie seinem Opa erginge, dann hatte er sein halbes Leben schon hinter sich.

Jan betrachtete die Fotos auf seinem Schreibtisch. Links ein Actionfoto seines Hundes Kobe beim Sprung durch einen Reifen. Rechts ein Hochzeitsfoto seiner Eltern mit seinen Halbgeschwistern Stella und Geronimo als Blumenengel. In der Mitte ein vergilbtes Schwarz-Weiß-Foto aus dem letzten Jahrhundert: Großvater Hermann, Oma Käthe, ihre fünf Kinder fein gemacht und wie die Orgelpfeifen aufgereiht, rechts im Matrosenanzug Jans Vater, Gerhard, der Einzige, der studieren durfte.

Und was war aus ihm, Jan, geworden? Ein promovierter, frierender Jüngling mit unverstandenen Träumen.

Sechs der sieben Computer-Monitore an der Wand flimmerten wieder, als hätte es den Stromausfall nie gegeben.

Zahlenkolonnen und Grafiken erschienen, manchmal unterbrochen durch ein Video oder eine Animation.

Der siebte Bildschirm zeigte den Eingangsbereich des CoWoK mit Gästelounge und Kaffeebar, in der Lydia Wellmann hinter spucksicherem Plexiglas Dienst tat.

Freundlich lächelte sie jeden an, der an ihr vorbeiging.

Jan wusste nicht viel von Frauen, außer, dass es einige weibliche Geschöpfe gab, Lydia war eines davon, deren Lächeln reinste Zauberei war.

Es war 18 Uhr.

Auf der Multimediawand im Foyer erschien wie jeden Abend ein Foto des irischen Schriftstellers Oscar Wilde und sein Spruch: „Am Ende wird alles gut. Und wenn es nicht gut ist, ist es noch nicht das Ende.“

Der CoWoK leerte sich in die graunasse Novembernacht.

Die Erfassung der Anwesenheitszeiten lief elektronisch über das hellgrüne Fitnessbändchen am Handgelenk, das nicht nur als Hausausweis diente, sondern auch den Puls, Bewegung, Schlafintensität und Werweißwas aufzeichnete.

Jan wusste, seitdem er das CoWoK-Bändchen trug, dass er durchschnittlich drei REM-Phasen pro Schlaf durchlebte. Wenn er denn mal schlief.

Jan trank seinen Energydrink und ließ die schlanke Dose in den Papierkorb fliegen, wo sie auf ein Dutzend Schwestern schepperte.

Wenn er seine Computerchips doch genauso einfach mit Energie versorgen könnte wie seinen Körper!

Er konzentrierte sich auf die Computermonitore und ihre Rechenaufgabe: Wie muss ein stecknadelkopfkleiner Mikrochip konstruiert sein, der Menschen implantiert werden kann, damit dessen Batterie mindestens drei Jahre hält?

Die aktuelle Version vereinigte in einer Schale von drei Millimetern Durchmesser 1,07 Milliarden Transistoren. Integriert waren Dutzende Sensoren, Bluetooth, NFC und ein GPS-Modul.

Sein Mikrochip sammelte Blut- und Körperdaten. Und löste Alarm aus, wenn er eine Unregelmäßigkeit feststellte.

Die beste Vorsorge, die man sich denken konnte!

Kein Herzinfarkt mehr, Opa Hermann würde noch leben.

Kein Viren-Chaos mehr, sein Chip würde jeden Erreger entdecken, selbst unbekannte.

Jan nannte seinen Chip „ImpChip".

Gott hatte für seine Welt sechs Arbeitstage benötigt.

Jan hatte zwei Jahre in die Entwicklung gesteckt, hatte Prototypen in China bauen lassen, die immer besser funktionierten.

Aber fertig war er noch lange nicht.

Die Energieversorgung stimmte nicht. Drei Jahre Batterielaufzeit waren das selbst gesteckte Ziel, 1095 Tage.

Mit einem Pling beendete einer von Jans Rechnern seine Arbeit. „291 Tage" gab er aus. Drei Tage mehr als beim bisherigen Rekord – und trotzdem endlos weit vom Ziel entfernt.

Was hätte sein Vater in dieser Lage getan, der Junge im Matrosenanzug, der es bis zum Professor gebracht hatte?

Mehr als drei Jahre waren seit ihrer letzten bewussten Begegnung vergangen. An jenem Tag hatte Gerhard die Entwicklung seines nobelpreisverdächtigen Hirnschrittmachers mit einer Operation erfolgreich abgeschlossen. Dann geschah dieser tragische Unfall auf der Treppe der Uniklinik, der Jan in schlaflosen Nächten verfolgte.

Sein Handy meldete eine Bewegung aus seiner Wohnung: Hund Kobe hatte die Couch verlassen und sich vor der Haustür abgelegt.

Jan switchte um auf die Kameras in Vaters Krankenzimmer in der Privatklinik Lindenthal: Eine Pflegeroboterin saß an seinem Bett und blätterte in einer Illustrierten namens „frau aktuell". Sie blickte in die Kamera, die mit Rotlicht und einem Warnton meldete, wenn sie aktiv geschaltet wurde.

Die Roboterfrau sah aus wie Gerhards Jugendfreundin Dana aus Rumänien. Das Äußere war perfekt. Ihr Gang war etwas ruckend-roboterhaft, aber wenn sie rollte, wirkte es sanft-elegant.

Seitdem man sie mit der neuesten künstlichen Intelligenz à la ChatGPT vermählt hatte, war sie auch intellektuell beeindruckend.

Gerhard lag ohne Bewusstsein und scheinbar leblos in seinem Bett. Aber er lebte. Der Monitor zeigte einen Herzschlag von 43 Schlägen pro Minute.

Über einen Portkatheter wurde er künstlich ernährt.

Mit einem Hupton stellten zwei von Jans Rechnern ihre Arbeit ein und holten Jan zurück in den CoWoK. Jan hatte seinen Computern die Namen des internationalen Funkalphabets gegeben: Alfa, Bravo, Charlie, Delta, Echo, Foxtrot, Golf.

Hupen bedeutete schlechte Nachrichten. 237 beziehungsweise 241 Tage wurden angezeigt.

Frustriert sprang Jan auf, der Bürostuhl torkelte auf seinen fünf Rollen durchs Zimmer und knallte vor den Drucker, der sich vor Schreck an einem Stück Papier verschluckte.

An der Wand rechts neben dem Schreibtisch hingen ein Langbogen und ein Köcher, ein Geschenk seines Vaters nach einer Argentinienreise.

Jan nahm einen gefiederten Pfeil, spannte die Waffe und zielte auf das Bild des dornengekrönten Jesus, das er auf einen Sandsack neben der Tür geklebt hatte.

Auf der Stirn des Jesusporträts war ein Ballon befestigt, den Jan anvisierte. Er zog ab.

Daneben. Der Pfeil bohrte sich in die linke Schulter des Gekreuzigten.

Jan nahm einen zweiten Pfeil.

Er ließ sich Zeit.

Er zielte.

Er korrigierte.

Er entließ den Pfeil und traf.

Der Ballon zerplatzte, eine klebrige blutrote Flüssigkeit rann über Jesus' Gesicht.

Jan quittierte den Blattschuss mit einem indianischen Kriegsgeheul, das von den Betonmauern zurückgeworfen wurde.

Jan schoss ein drittes Mal, die Tür zu seinem Büro flog auf.

Der Pfeil knallte gegen das Türblatt, flitzte hinaus auf den Flur und verfehlte Lydia Wellmann um Haaresbreite.

„Bist du verrückt geworden? Hast du das Licht ausgeschossen? Der ganze CoWoK hatte Stromausfall.“

Schweigend hängte Jan den Bogen an seinen Platz, sortierte die Pfeile in den Köcher.

„Es war vermutlich ein Kurzschluss“, sagte Jan.

Zum Beweis schaltete er die defekte Leuchte an, die wieder ihre nervösen Zuckungen hatte.

Lydia ließ sich nicht beeindrucken.

„Diese blutrote Sauerei an der Wand und auf dem Boden. Wer soll die jetzt wegmachen?“

„Ich mach das weg. Ist kein Blut. Nur Farbe.“

„Warum Jesus? Ich dachte, du glaubst an Gott.“

„Ist vorbei.“

Jan schob ihr den Bürostuhl hin: „Kannst dich setzen.“

Lydia trug Jeans und ein CoWoK-T-Shirt, die blonden Haare waren kurz geschnitten wie vom Männerfriseur.

Jan schloss die Augen. Lydia erschien in seinem Kopf. Wenn sie lächelte, lächelte nicht nur ihr Mund, sondern das ganze Gesicht, und die blauen Augen funkelten dazu. Ein Wunder, das sich wiederholte, sogar wenn sie wütend war.

„Schau mich gefälligst an“, sagte sie.

„Ich seh' dir in die Augen, Kleines“, imitierte Jan den Casa–blanca-Bogart, „ich wollte dich nur in meinem Zimmer haben.“

„Hat geklappt“, sagte Lydia.

„Darf ich dich zum Essen einladen?“

„Nein.“

„Warum nicht?“

„Zu gefährlich.“

„Ich werde nicht mehr auf dich schießen.“

„Das ist es nicht.“

„Sondern?“

„Deine Daten.“
„Was ist mit meinen Daten?“
„Sie gefallen mir nicht.“
„Bin ich zu dick?“
„Nein.“
„Zu intelligent?“
„Spinner.“
„Nun sag schon.“
„Du würdest spätestens nach der Pizza …“
„Es muss keine Pizza sein.“
„Du würdest nach dem Essen … über mich herfallen.“
„Wie kommst du darauf?“ Jan fühlte sich unwohl.
„Deine Daten. Orgasmusquote null.“
„Was?“
„Orgasmusquote null.“
Lydia stöckelte aus dem Büro und ließ Jan stehen.

Orgasmusquote null.
Lydias Worte pochten als nerviges Echo durch Jans Kopf.
Er schrubbte sich Hände und Knie wund.
Die rote Masse war getrocknet und klebte auf den teuren Bodenfliesen. Ohne Spezialwerkzeug würde das nichts.

Drei Plings erlösten Jan.
Plings bedeuteten gute Nachrichten.
Er nahm die Parade seiner Rechner ab.
Foxtrot meldete 334 Tage. Neuer Rekord.
Bravo zeigte ebenfalls 334 Tage.
War das die Grenze, die erreichbar war?
Aus einem unerklärlichen Gefühl heraus hatte er sich die Kontrolle von Echo für den Schluss aufgehoben.
Der Bildschirm zeigte das Zufallsmuster eines Bildschirmschoners.
„Hör auf, mich zu ärgern“, sagte Jan.
Mit dem Zeigefinger der rechten Hand tippte er auf den Touchscreen und stoppte die Animation.
Was er sah, raubte ihm den Atem.

571 Tage.

Er umarmte den Bildschirm und drückte ihm einen Kuss auf die kalten Pixel.

Kapitel 2

Die Eingangshalle der Casa Irigoyen im feinen Stadtteil Recoleta der argentinischen Hauptstadt Buenos Aires war mit vier goldgerahmten Weltzeituhren geschmückt.

Maya Shakyamuni blieb wie jeden Tag davor stehen und lauschte auf das simultane Ticketacketicke: Tijuana/San Francisco 09:53 Uhr, Buenos Aires 14:53 Uhr, Köln 18:53 Uhr, Kathmandu 23:38 Uhr.

Die letzte Uhr mit der Zeit aus der nepalesischen Hauptstadt war ein Geschenk der Hausherrin an Maya. Sie gehörte jetzt zur Familie, hatte sie gesagt und meinte mit Familie ihre Kinder, die über den halben Erdball verstreut lebten.

Dass Kathmandu bei den Minuten eine Viertelstunde aus der Reihe tanzte, fand sie lustig, weil unwissende Besucher immer glaubten, die Uhr ginge falsch.

Seit drei Jahren war Maya Krankenpflegerin der großen Alejandra Irigoyen de Bach.

Damals wirkte sie noch völlig gesund. Niemand außer ihr hatte das minimale Zittern gespürt, als sie im Teatro Colón Mozarts Klavierkonzert Nr. 20 in d-Moll spielte.

Die Aufnahme dieses denkwürdigen Tages vor heimischem Publikum lief als trauriges Ritual jeden Nachmittag im Musikzimmer im ersten Stock des Hauses.

Alejandra stand in ihrem silbernen Seidenhausmantel vor dem weißen Flügel, stützte sich mit den Händen ab.

Auf der Wand hinter dem Flügel flimmerte das Konzertvideo aus dem Teatro Colón. Alejandras Finger tanzten über die Tasten.

Die Frau auf der Wand war berauschend schön.

Die Frau davor war ein zitternder Schatten.

Es geschah zu Beginn des zweiten Satzes, der Romanze, die Maya wie ein Volkslied mitsummen konnte.

Alejandras Hände in Großaufnahme.

Die traumsüßen Töne.

Verzücken im Publikum.

„Hast du gehört?", fragte sie mit ihrer brüchigen Stimme, die in der letzten Zeit immer weniger geworden war.

„Es war himmlisch, Señora", sagte Maya.

„Es war der Anfang vom Ende", sagte Alejandra und sank ohnmächtig zu Boden.

Das Konzert war fünfzehn Minuten alt, weitere fünfzehn Minuten folgten. Im Video brachte Alejandra das Stück bravourös zu Ende, wurde frenetisch bejubelt.

Es war ihr letztes Konzert.

Öffentlich hatte sie sich nie erklärt, nur ihrem Mann Gerhard hatte sie sich anvertraut. Sie wusste schon länger, dass sie an Parkinson litt, aber an jenem Tag war es das erste Mal, dass sie das Zittern beim Klavierspielen gespürt hatte.

„Mein Mann hat mir Mut gemacht", erzählte Alejandra mit stockender Stimme, als das Video beendet war und sie zu sich kam. „Er würde etwas erfinden, das Parkinson besiegt. Dann ist er nach Deutschland zurück. Ich habe ihn nie wiedergesehen."

Ein Sonnenstrahl fiel ins Klavierzimmer, bahnte sich einen Weg durch die blauviolette Blütenpracht der Jacaranda-Bäume und malte flirrende Muster auf den Parkettboden.

Maya öffnete das Fenster, Frühlingswärme strömte ins Haus. Sie kannte kein anderes Land, in dem der November so schön war.

„Dort unten im Garten hat Gerhard mir seinen Hirnschrittmacher erklärt", sagte Alejandra. „Er war so voller Hoffnung. Er sagte, wenn seine Erfindung funktionierte, und er wäre sicher, dass sie funktionierte, dann hätte ich ein langes Leben vor mir."

Alejandra schloss die Augen, als könnte sie dann besser in die Vergangenheit sehen. „Gerhard hatte recht. Ich lebe noch, aber: Jetzt ist es genug."

Maya ängstigte der traurige Ton, den sie so nicht kannte.

„Was hat Buddha über den Tod gesagt?", fragte Alejandra.

Sie wusste, dass Maya eine Nachfahrin des Siddhartha Gautama war, des Prinzen aus dem Geschlecht der Shakya, der fünfhundert Jahre vor Christus geboren und zu Buddha, dem Erleuchteten wurde.

„Bitte“, flüsterte Alejandra, „was hat Buddha über den Tod gesagt?“

Maya suchte nach einem Zitat. „Unser ganzes Dasein ist flüchtig wie Wolken im Herbst; Geburt und Tod der Wesen erscheinen wie Bewegung im Tanz. Ein Leben gleicht dem Blitz am Himmel, es rauscht vorbei wie ein Sturzbach den Berg hinab.“

„Ich will wie die Wolken tanzen. Wie ein Blitz im Sturzbach“, wiederholte Alejandra. „Ich habe keine Angst vor dem Tod, weißt du? Ich habe gerne gelebt. Ich habe genug gelebt. Vielleicht nicht an Jahren, aber an Leben.“

Aus der Halle drang Lärm. Stiefel marschierten über Marmor. Die Tür des Musikzimmers flog auf. Ignacio Valdez trat ein, Alejandras Fahrer, groß mit Pferdeschwanz. Für Ignacio war Macho nichts Negatives, er sah sich als der zuverlässige Mann, der Frauen immer beschützen würde.

„Hast du bekommen, worum ich gebeten habe?“, fragte Alejandra.

„Ja“, sagte Ignacio. Er holte eine Pistole aus seiner Lederjacke, eine Smith & Wesson.

„Was soll das werden?“, fragte Maya.

„Ein Blitz auf Erden“, sagte Alejandra.

Ignacio legte die Waffe in ihren Schoß.

Alejandra schaute Ignacio an: „Wenn ich es nicht kann, musst du es für mich tun.“

Kapitel 3

Jan schlief in seinem CoWoK-Bürostuhl, sein Oberkörper lag auf dem Schreibtisch.

Es klingelte in seinem Kopf.

Jan blinzelte in Richtung des Handy-Displays. Anruf von Walter Prüm, seinem Laufkumpel und Lieblingspriester. Sie hatten sich auf der Bonner Uni kennengelernt, als Jan dort Theologie studierte.

„Maria Magdalena, nimm das Gespräch an", sagte Jan.

Maria Magdalena war der Name seiner persönlichen Sprachassistentin. Vor einigen Jahren hatten die Handyhersteller erlaubt, den Programmen eigene Namen zu geben. Statt „OK Google", „Hey Siri" oder „Alexa" riefen die Menschen jetzt eben irgendwelche ausgedachten Namen.

Jans Maria Magdalena, die eine „Siri" war, erschien als animierte Büßerin auf dem Bildschirm, wie Tizian sie gemalt hatte, sprach aber mit tiefer Männerstimme, eine Kombination, die das schräge Ergebnis eines kleinen Computerspaßes war, den Jan sich ausgedacht hatte.

„Herr Prüm", meldete sich Maria Magdalena, „Herr Bach hat mich gebeten, das Gespräch anzunehmen."

„Maria Magdalena, sag deinem vom Glauben abgefallenen Meister, dass ich seit einer halben Stunde auf ihn warte. Heute ist Dienstag. Lauftag. Ich stehe hier, arschkalt und laufbereit, und er lässt mich sitzen."

„Ja, was denn?", schaltete sich Jan in das Gespräch ein, „stehst du oder sitzt du?"

„Hä?", fragte Walter.

„Sorry, ich war eingedöst. Im Büro. Wo bist du?"

„Wo soll ich sein? Ex-Vertretung. Wie immer."

„Ich bin in 15 Minuten da."

Die Ex-Vertretung war eine Gaststätte in der Kölner Altstadt direkt am Rhein. Sie trug einst den Spitznamen „Rote Kapelle", weil sich hier die Sozis versammelten, als sie sich noch mächtig in Köln fühlten und es wohl auch waren.

Später war sie eine Filiale der Bonner und Berliner Polit-Kneipe „Ständige Vertretung", nach einem Besitzerwechsel hieß sie die Ex-Vertretung, das Konzept mit den Politiker-Fotos an den Wänden wurde beibehalten. Walter und Jan tranken hier ihre Absacker nach den Joggingrunden.

„18 Minuten 30", sagte Walter nach einem Blick auf seine Stoppuhr, als Jan keuchend und regennass ankam.

„Schneller konnte ich nicht bei dem Wetter", sagte Jan, „wollen wir noch?"

Walter schüttelte den Kopf und zeigte auf seinen Deckel mit drei Strichen für Bier und zwei Kreuzen für Doppelkorn: „Ich musste mich aufwärmen."

„Geht auf mich", sagte Jan.

„Klar", sagte Walter.

Walter war Jans bester Freund.

Vermutlich war er sogar Jans einziger Freund.

„Ich bin eingepennt", sagte Jan, „tut mir leid."

„Du musst dich nicht entschuldigen. Du bist ein Genie", sagte Walter. Dann rief er in den Wirtsraum hinein: „Wahrlich, ich sage euch, dieser Mann wird die Welt verändern."

„Hier, zwei Bier", sagte Agnes, die Kellnerin.

Sonst gab es keine Reaktionen.

„Du könntest für mich predigen wie Johannes der Täufer für den Messias, keiner würde dich hören."

„Ist dir schon mal aufgefallen, dass die Initialen deiner Vornamen JC sind? JC wie Jesus Christus?"

„Meine katholische Mutter hat sich das ausgedacht. Aus Protest bin ich dann Protestant geworden."

„Schade, dass du die Theologie aufgegeben hast."

„Ich bin Doktor der Theologie."

„Du hättest Pfarrer werden können. Wie ich. Aber du musstest ja aus der Kirche austreten."

„Wenn Gott existierte, würde er nicht all das Elend zulassen. Krankheiten. Hunger. Kriege."

„Was ist mit allem anderen? Liebe? Freundschaft? Hilfsbereitschaft. Den Wundern der Natur?"

„Wir drehen uns im Kreis."

„Die Erde dreht sich im Kreis. Und deshalb ist jeden Morgen ein neuer Tag. Und Menschen wie du werden Neues erschaffen."

„Prost", sagte Jan und hob sein Kölschglas.

Walter antwortete, indem er den Boden seines Glases an den Boden von Jans Glas anstieß.

„Wie weit bist du?", fragte Walter.

„571 Tage."

„571 Tage? Brauchst du noch so lange?"

„Nein. Mein Chip hätte Energie für 571 Tage, ehe er ausgetauscht werden müsste."

„Aber das ist besser als alles vorher."

„Ich brauche über 1000 Tage."

„Auf deinem Reiskorn sitzen eine Milliarde Transistoren?"

„1,07 Milliarden."

„Sag ich doch. Brauchst du die alle? Oder sitzen die nur auf deinem Reiskorn, damit du damit angeben kannst?"

Jan winkte nach der Kellnerin: „Noch zwei Kölsch, bitte."

„Deine 1,07 Milliarden Transistoren. Die brauchen jede Menge Energie. Die brauchen sogar Energie, wenn sie dumm rumsitzen und nichts tun, denn sie müssen ja immer mal melden, dass sie da sind und bei Bedarf mitrechnen könnten. Aber wenn sie niemand ruft, dann machen sie sich einen Lenz und fressen Energie."

„Du meinst, ich sollte einen Chip konstruieren, der mit 500 Millionen Transistoren auskommt?"

Jan legte einen 50-Euro-Schein auf den Tisch und sprang auf. „Zahl du. Ich muss ins Büro. Wir sehen uns."

Jan lief zum CoWoK und programmierte seine Computer um.

„Alfa", „Bravo" und „Charlie" bekamen denselben Rechenauftrag, der bei „Echo" zum Ergebnis von 571 Tagen geführt hatte.

„Delta" und „Foxtrot" sollten nicht mehr 1,07 Milliarden Transistoren versorgen, sondern 500 Millionen.

„Echo" erhielt den Spezialauftrag, zu bestimmen, welche Transistoren man stilllegen könnte, ohne die Funktionsfähigkeit des Chips insgesamt zu gefährden.

„Golf" durfte weiter den Eingangsbereich überwachen.
Lydia war nicht da.
Wenn sie nicht da war und er trotzdem an sie dachte und nach ihr suchte, war sie dann doch da?

Kapitel 4

Jan fuhr nach Hause ins Belgische Viertel und holte Kobe zu einem nächtlichen Spaziergang ab. Der Lagotto liebte die letzte Runde des Tages, kaum Autos, kaum Spaziergänger.

Diesmal änderte Jan den üblichen Weg und landete im Eckschlösschen, seiner Lieblingskneipe am Stadtgarten.

Jan setzte sich allein an einen Tisch, Kobe schlief zu seinen Füßen und rührte sich nicht, als sein Herrchen ans schwarze Klavier auf dem Podium trat.

Im Eckschlösschen waren Jazz, Blues und Swing angesagt, Jan durfte spielen, was er wollte. Heute war ihm nach den Goldberg-Variationen seines Namensvetters Johann Sebastian Bach.

Olaf Geisler, dem Schlossherrn, gefiel es so gut, dass er dem Mann am Klavier gleich ein Bier spendierte.

Jan hatte seit dem dritten Lebensjahr Klavierunterricht bekommen, zunächst von seiner Mutter, der großen Alejandra Irigoyen, später, als er zu seinem Vater Gerhard nach Deutschland zog, von Lehrern, von denen keiner seinem Vater gut genug war.

Mit vierzehn hatte Jan sich auf die Computerei verlegt.

Als Klavierspieler wäre er immer schlechter geblieben als seine Mutter, aber am Computer konnte er besser werden als sein Vater.

Bei der Auswahl seines Studienfachs hatte er seine Eltern ein zweites Mal enttäuscht. Wenn schon nicht Musik, dann wenigstens Medizin, hatten sie gehofft. Er wählte Theologie, die protestantische Variante.

Jans Mutter war katholisch, sein Vater evangelisch. Sie stritten nie über Religion. Im Zweifel einigten sie sich auf die Musik von Bach, der ein Lutheraner war, und die Ermahnungen des argentinischen Papstes Francisco, der Oberhaupt aller Katholiken war.

Olaf brachte ein weiteres Bier. Er deutete mit dem Kopf zur Seite, als wollte er sagen, schau mal, wer gekommen ist.

Lydia Wellmann. Sie saß an einem der kleinen runden Tische vor der Theke und beobachtete Jan.

Jan nahm das Bier, stieg vom Bühnenpodest hinab und ging zu ihr. „Darf ich?“

Sie nickte.

„Wieso bist du nachts allein in einer Kneipe?“, fragte er.

„Versetzt worden.“

„Oh!“

„Will nicht drüber reden. Warum bist du allein hier?“

„Ich bin nicht allein. Mein Hund ist bei mir.“

Jan weckte Kobe auf und zog ihn an Lydias Tisch.

„Der ist aber süß“, sagte sie.

„Das sagen alle“, sagte Jan und schaute in ihre blauen Augen. Sie hielt dem Blick stand.

„Ich wusste nicht, dass du Klavier spielst.“

„Ich dachte, du weißt alles über mich.“

„Falsch gedacht.“

Jan lachte.

„Warum lachst du?“

„Über uns. Sind wir nicht komisch?“

„Findest du?“

Olaf brachte Lydia ein Wasser.

„Prost“, sagte Jan.

„Prost. Ich trinke keinen Alkohol.“

„Ich auch nicht, normalerweise. Aber heute …“

„War wohl kein so guter Tag“, sagte Lydia.

Am nächsten Morgen wachte Lydia gegen zehn Uhr in Jans Bett auf. Die Orgasmusquote stand nicht mehr auf null.

Jan war nicht da.

Die Wohnungstür wurde aufgesperrt, dann sprang ein braunes Fellknäuel aufs Bett und leckte mit feuchter Schnauze Lydias Hand und nahm Kurs auf ihr Gesicht.

„Nein, nicht“, wehrte sie ab.

Jan brachte einen Kaffee ans Bett: „Kobe ist es gewohnt, nach unserem Morgenspaziergang noch etwas zu schmusen.“

Rings um das französische Bett herrschte Junggesellenunordnung. Jan sorgte für Übersicht, indem er die Stapel auf drei reduzierte.

Lydia stieg aus dem Bett, sie trug einen Slip und eins von Jans schwarzen T-Shirts.

Sie inspizierte die Wohnung.

Das war alles andere als eine kleine Studentenbude.

Ein Altbau mit hohen Decken, vor Kurzem renoviert.

Es gab eine moderne Küche mit Kochinsel, ein kombiniertes Musik- und Bücherzimmer mit alten Regalen und einem schwarzen Konzertflügel.

Glastüren führten auf eine Terrasse und in einen Garten.

Jan besaß ein Arbeitszimmer mit mehreren Rechnern, ein Gästezimmer, sogar ein Hundezimmer.

Der Clou in Lydias Augen war das Bad mit ebenerdiger Dusche und einer Doppelwanne mit Whirlpool.

„Ich habe eine reiche Mutter", sagte Jan. „Mein Vater hat mir auch etwas Geld gegeben, ich sollte es in einer Wohnung anlegen."

Beim Frühstück erzählte Jan von seinen Mikrochips, mit deren Hilfe er alle Krankheiten der Welt besiegen wollte. Er sprach von seinen Testreihen im CoWoK, seinen Misserfolgen.

„Deshalb warst du gestern so wütend?", fragte sie.

„Am Ende nicht mehr. Nachdem du gegangen bist …"

„Interessant" unterbrach sie ihn.

„Nachdem du gegangen bist, hat Echo, so heißt einer meiner Computer, ein Ergebnis ausgespuckt: 571 Tage. So lange würde die Batterie halten. Die Hälfte des Weges ist erreicht. Und für die zweite Hälfte habe ich schon eine Idee gefunden."

Jan steigerte sich in seine Vision hinein, redete schneller und schneller, bis er sich an Lydia wandte: „Was meinst du?"

„Du hast dir viel vorgenommen."

„Wieso?", sagte Jan.

„Für mich klingt das, als wolltest du Gott spielen. Übernimm dich nicht. Wer wie Gott sein will, muss zum Unmenschen werden."

„Was soll das denn bitte?"

„Denk drüber nach."

„Ich will doch nur Krankheiten besiegen."

„Wer wie Gott sein will, muss zum Unmenschen werden", wiederholte Lydia, „mir gefällt der Satz. Reine Logik."

„Reine Logik?“, sagte Jan, „reiner Unsinn. Wenn es einen Gott gäbe, so wie du ihn dir vorstellst, dann hätte er auch den Unmenschen erschaffen, weil er alles erschaffen hat. Dann wäre der Unmensch ein Gottesgeschöpf. Ein solcher Gott ist ein Widerspruch in sich selbst. Diesen Gott kann es nicht geben. Und diesen Gott will ich nicht spielen. Ich will einfach Gutes tun. Wenn ich ein Menschenleben retten könnte! Ein einziges Menschenleben! Ist das zu viel vorgenommen?“

Lydia schaute ihn mit ihren blauen Augen an und sagte endlich: „Du schaffst es noch, mir Gott auszutreiben.“

„Willst du mal auf den Dornenjesus schießen?“

„Nein, auf keinen Fall. Aber danke. Für alles.“

„Nichts zu danken. Darf ich einen Wunsch äußern?“

Lydia nickte.

„Darf ich dich zum Essen einladen?“

„Das hatten wir schon.“

„Ja“, sagte Jan und wartete auf eine Antwort.

„Einverstanden“ sagte Lydia.

„Wann?“

„Freitagabend. Nach meiner Schicht. Um neun.“

Kapitel 5

Im ersten Stock der Casa Irigoyen tobte der Religionskrieg.

Begonnen hatte ihn Sofía Valdez, Haushälterin und Ehefrau des Fahrers Ignacio, nachdem der von Alejandras Selbstmordgedanken erzählt hatte.

Vor Alejandras Zimmer baute Sofía einen Marienaltar auf. Ins Zentrum stellte sie ein Bild der Virgen de Guadalupe, die vor Hunderten von Jahren einem Indio in Mexico City erschienen war.

„Ich will das nicht“, protestierte Doña Alejandra, „spart euch die Blumen und die Kerzen für meine Beerdigung.“

Ignacio schimpfte mit seiner Frau: „Wieso stellst du ein mexikanisches Heiligenbild auf?“

„Die Madonna ist die Madonna. Schutzpatronin Amerikas. Der Papst hat sie anerkannt, dann wirst du das auch tun.“

Am nächsten Morgen errichtete Ignacio neben dem Marienaltar einen zweiten Altar, geweiht dem „Heiligen Gaucho“.

Antonio Mamerto Gil Núñez war ein argentinischer Landarbeiter, der in der Mitte des 19. Jahrhunderts wegen eines Verhältnisses mit einer reichen Witwe in Schwierigkeiten geriet. Er wurde verhaftet und zum Tode verurteilt. Ausgerechnet sein Henker baute ihm den ersten Altar, weil sein Sohn von schwerer Krankheit genas, wie der Gaucho es vor seinem Tod prophezeit hatte.

Den dritten Altar steuerte Maya bei. Über der Jungfrau von Guadeloupe und dem Heiligen Gaucho spannte sie ein Seil mit buddhistischen Gebetsflaggen in den fünf Farben Blau, Weiß, Rot, Grün und Gelb.

Sofía rief Ignacio zu Hilfe. „Das darf sie nicht. Alejandra ist Christin. Das ist Gotteslästerung.“

Ignacio nahm das Seil mit den Fähnchen ab, was ihm den Zorn der Nepalesin einbrachte: „Ich werde mich bei Doña Alejandra über dich beschweren. Sie fragt immer nach dem Buddha.“

Ignacio brummte etwas und hängte die Fähnchen wieder auf.

An der Wand links neben dem Altar der Madonna befestigte die Nepalesin das Foto eines jungen Mädchens, Stirn und Lippen rot geschminkt, die großen Augen schwarz umrandet, rot und golden ihr Gewand, das Bild der Kumari von Kathmandu, einer lebenden Göttin.

„Bist du das?“, fragte Ignacio?

Maya sagte nichts.

„Soll jetzt jeder hier ein Karnevalsbild aufhängen, oder was?“, polterte Ignacio.

Sofía ließ einen Rosenkranz durch die Finger gleiten und betete: „Heilige Maria, bitte für uns. Heilige Mutter Gottes, bitte für uns. Heilige Jungfrau der Jungfrauen …“

„Ich weiß nicht, ob das hilft“, sagte Ignacio, „wir müssen etwas unternehmen.“

„Beten hilft immer“, sagte Sofía und fuhr mit ihrer Litanei fort: „Mutter der göttlichen Gnade …“

„Wieso hast du ihr die Pistole gekauft?“, fragte Maya.

„Ich mache nur, was sie sagt“, antwortete Ignacio.

„Wirst du sie erschießen?“

„Alejandra weiß, dass ich das nicht tun werde.“

Sofía war bei „Du Königin der Familien …“

„Das ist es“, sagte Ignacio.

„Was ist was?“, fragte Maya.

„Wir müssen ihrer Familie Bescheid geben.“

„Sie sehnt sich nach ihren Kindern“, sagte Maya.

„Amen“, sagte Ignacio.

„Wir müssen das mit Alejandra besprechen“, sagte Sofía.

„Was?“, fragte Ignacio.

„Das mit ihrer Familie.“

„Es sind ihre Kinder“, warf Maya ein.

„Was ist mit ihren Männern?“, fragte Ignacio.

„Die sollen bleiben, wo kein Pfeffer wächst“, ertönte Alejandras Stimme.

Die Herrin des Hauses war unbemerkt in den Flur gerollt und fuhr zu den drei Altären.

Als sie das Bild des Heiligen Gaucho entdeckte, lachte sie laut auf. Vor dem Foto der Kumari machte sie einen Stopp: „Bist du das?“, fragte sie Maya.

„Das ist meine kleine Schwester.“

„Gut sieht sie aus. Kleine Göttin. Wie du.“

„Doña Alejandra“, sagte Maya, „Sie sollten sich nicht so anstrengen.“

„Ach was! Ich möchte meine Kinder sehen. Bekommt ihr das hin? Bis Freitag.“

„Wie soll das gehen?“, fragte Ignacio.

„Was soll ich kochen?“, fragte Sofía.

„Samstag haben Sie Geburtstag“, sagte Maya.

„Wenigstens eine, die sich daran erinnert. Ich will meinen Kindern etwas bieten. Ignacio, du sorgst für die Parilla und die Getränke. Sofía, du kümmerst dich um Dekoration und Süßes. Du Maya, du organisierst was mit Tango.“

„Aber“, stotterte Maya, „müssten das nicht die Argentinier?“

Kapitel 6

Als Jan Christian Bach und Kobe am Donnerstag im CoWoK erschienen, war Lydia nicht da.

„Sie hat ihren freien Tag. Morgen ist sie wieder hier“, sagte der junge Mann an der Kaffeebar. Er trug ein Namensschild mit der Aufschrift „Ingo“.

„Morgen, Freitag“, murmelte Jan enttäuscht vor sich hin. Kobe wuffte aus Solidarität zu seinem Herrchen.

Im Büro füllte Jan Wasser in Kobes Napf und kontrollierte die sechs Arbeitsrechner. Keine neuen Erkenntnisse.

Mit dem siebten Rechner ging Jan auf die Suche nach einem Restaurant, das Lydia gefallen sollte.

Alles, außer Pizza.

Jan entschied sich für ein japanisches Restaurant, das Menüs für Vegetarier und Veganer im Angebot hatte. Er reservierte online einen Tisch für zwei und einen Hund.

Jan googelte Lydias Namen. Sie war 22 Jahre alt, sechs Jahre jünger als er. Sie studierte Deutsch und Kunst auf Lehramt. Er schaute auf ihre Profile in den sozialen Netzwerken. Er fand viele Fotos, die Lydia mit Freundinnen zeigten. Oft war sie mit einer blonden Frau unterwegs, die sie Vera nannte. Auf zwei Fotos wurde sie von Männern umarmt. Sie lachte ihr strahlendes Lachen.

Der Dornenjesus auf dem Zielsack neben der Bürotür schaute Jan traurig an. Die roten Farbflecken klebten noch auf dem Boden. Jan rief Ingo an der Kaffeebar an und fragte nach einem Reinigungsunternehmen. „Können Sie nicht googeln?“, war die Antwort.

Jans Handy meldete sich.

Ein unbekannter Anrufer.

Er nahm das Gespräch nicht an.

Jemand sprach auf seine Mailbox.

Eine Frauenstimme. Sie redete spanisch und englisch durcheinander. Sie war aufgeregt.

Es ginge um seine Mutter Alejandra. Sie wäre sterbenskrank. Jan müsste nach Buenos Aires kommen. Dann nannte die Stimme eine Telefonnummer mit argentinischer Vorwahl.

In Köln war es ein Uhr. In Buenos Aires musste es sieben Uhr morgens sein.

Er wählte die Nummer. „Hola“, meldete sich die Frauenstimme.

„Ich bin Jan Christian Bach. Ich sollte zurückrufen.“

„Ja, Don Juan“, sagte die Frauenstimme, „ich bin Maya Shakyamuni. Die Krankenschwester Ihrer Mutter.“

„Ich heiße Jan, nicht Juan“, sagte Jan.

„Sí, Señor Batsch“, sagte die Frauenstimme.

Jan ließ es dabei bewenden, dass sein Name nicht korrekt ausgesprochen wurde, spanisch „Batsch“ und nicht deutsch „Bach“.

„Wie geht es meiner Mutter?“, fragte er.

„Sie hat Geburtstag. Sie will ihre Kinder sehen. Sie müssen kommen. Sie sagt, sie müssen am Freitag alle hier sein.“

„Aber Freitag, das ist morgen.“

„Ja.“

„Ich kann nicht.“

„Sie müssen kommen. Wenn Sie Ihre Mutter lebend sehen wollen. Doña Alejandra wünscht sich das so. Es geht ihr nicht gut.“

Er erinnerte sich an die lange Umarmung seiner Mutter, als er mit seinem Vater Buenos Aires verließ. Es wäre besser, wenn er in Deutschland zur Schule ginge.

„Also gut“, sagte er. „Ich rufe an, wenn ich einen Flug habe.“

Er ging zur Rezeption des CoWoK. „Kannst du Lydia Wellmann etwas ausrichten?“, fragte er Ingo.

„Sie hat heute frei.“

„Ich meine, ob du ihr das morgen ausrichten kannst.“

„Morgen habe ich frei.“

Wie konnte man so desinteressiert sein an einem Job, für den man ordentlich bezahlt wurde? Jan grauste davor, irgendwann einmal solche Mitarbeiter einstellen zu müssen.

War er zu anspruchsvoll? Nein, das musste besser gehen. Er würde die Maßeinheit „ein Ingo“ für das Mitdenken und die Empathie von Menschen nehmen, je weniger „Ingo“, desto besser. Der CoWoK-Ingo bekam von ihm 100 Ingo.

Jan nahm einen hellgrünen CoWoK-Zettel und schrieb eine Notiz an Lydia: „Ich muss aus familiären Gründen dringend nach Buenos Aires. Sorry. Jan.“

Wohin mit dem Zettel?

„Lydia hat ein Fach“, sagte Ingo.

„Ja?“, fragte Jan.

„Ich kann die Notiz hineinlegen.“

Geht doch. Ingos Ingo-Wert verbesserte sich auf 90.

Die schnellste Verbindung nach Buenos Aires führte über Madrid. Abflug Donnerstag um 18:40 Uhr, Ankunft Freitag um 7:25 Uhr Ortszeit. Reisezeit: 16 Stunden und 45 Minuten.

Jan rief Maya an und teilte ihr die Daten mit, was sie mit einem Freudenschrei beantwortete: „Don Juan kommt“, rief sie laut, als müsste sie das ganze Haus informieren.

„Ignacio wird Sie am Flughafen abholen, Señor Batsch.“

Jan fuhr in die Privatklinik Lindenthal.

Pflegeroboterin Dana ließ ihn mit seinem Vater allein, als wäre sie das rücksichtsvollste Wesen der Welt.

Kobe sprang auf das Krankenbett und kuschelte sich in Gerhards Achselhöhle. Kobe war Gerhards Hund gewesen, Jan hatte ihn nach dem Unfall zu sich genommen.

Jan berührte Gerhards rechte Hand und hoffte auf Antwort.

„Ich fliege nach Buenos Aires. Zu Alejandra. Ich werde sie von dir grüßen“, sagte er.

Gerhards Pulsschlag erhöhte sich um zwei auf 45. Bekam sein Vater doch etwas mit?

„Alejandra. Hast du gehört? Deine Frau. Meine Mutter.“

Der Puls sank wieder auf die üblichen 43 Schläge.

„Dana bleibt hier und wird sich um dich kümmern.“

Jan drückte Gerhard einen Kuss auf die kühle Stirn.

Dana saß vor dem Krankenzimmer in einem beigen Ledersessel und las in einer Frauenzeitschrift.

„Interessiert Sie das?“, fragte Jan.

Die Roboterfrau schaute Jan verwundert an. „Interessiert Sie alles, was Sie lesen? Ich mache meinen Job und ich mache ihn gut. Das Lesen von Frauenzeitschriften gehört zu den zulässigen Freizeitbeschäftigungen.“

„Und was tun Sie, das unzulässig ist?“

„Ich verstehe nicht“, sagte Dana.

„Was dürfen Sie auf keinen Fall tun?“, hakte Jan nach.

Dana schien zu überlegen, welche Antwort Jan erwarten könnte: „Ich darf die künstliche Ernährung Ihres Vaters nicht unterbrechen.“

„Unterstehen Sie sich“, sagte Jan und war nicht beruhigt.

„Sei vorsichtig“, meldete sich Maria Magdalena auf seinem Handy, „Danas Intelligenz ist nur künstlich.“

„Musst du gerade sagen.“

Sollte er schellen oder durch den Garten nach nebenan gehen? War Gianna Berardi, seine Nachbarin, zu Hause? Und ihr Junge? War Adriano in der Schule?

Kobe sprang in den Garten und bog links ab, wo Giannas Kater Carlo ihn schnurrend begrüßte.

Jan stolperte hinterher. Das Essen, das er bei seinem Lieblingsitaliener Giovanni besorgt hatte, trug er in der linken, eine Flasche Sauvignon Blanc in der rechten Hand.

„Gianna“, sagte Jan, „ich muss noch heute Abend nach Buenos Aires. Meiner Mutter geht es nicht gut. Könntest du, bitte, auf Kobe aufpassen? Ich würde euch natürlich bezahlen.“

„Wir wollen dein Geld nicht“, sagte Gianna, „Adriano, sag was.“

„Kein Geld. Geht klar“, sagte der Junge.

„Wir sind Nachbarn. Wir helfen uns.“

„Danke“, sagte Jan, „kann ich euch wenigstens einen Gefallen tun, wenn ich zurück bin?“

„Ja“, freute sich Adriano, „ich brauche Nachhilfe.“

„Welche Fächer?“

„Musik. Mamma will, dass ich Celentano werde."

„Klar."

„Und ich", unterbrach Gianna, „hätte auch etwas, bei dem du helfen könntest. Du hast einen Freund, einen Deutschen, den ich nett finde, der mich nicht beachtet. Dem bin ich vermutlich zu katholisch. Den möchte ich kennenlernen."

Im Hintergrund lief Celentanos „Azzurro", Gianna und Adriano sangen voll Inbrunst mit: „Ma il treno dei desideri, nei miei pensieri, all'incontrario va."

Doch der Zug der Sehnsucht, in meinen Gedanken, fährt er verkehrt herum.

Kapitel 7

Ignacio Valdez döste vor sich hin. In seiner dunkelblaugebügelten Chauffeuruniform wartete er in der wuseligen Halle des Flughafens Ezeiza von Buenos Aires. Er war einer von vielen mit einem Pappschild in der Hand, seines war weiß und blau mit einer gelben Sonne wie die argentinische Nationalflagge, darüber rot gedruckt: „Señor Jan Christian Bach."

Jan sprach ihn an: „Vos sos el Señor Valdez?"

Ignacio schreckte hoch. Er musterte den jungen Mann, der vor ihm stand. Jan trug einen weißen Leinenanzug.

„Pero sí, sí", rief Ignacio, setzte sich hastig die Mütze auf, griff nach dem Pappschild, ließ es fallen, hob es wieder auf, umarmte den Ankommenden: „Willkommen zu Hause. Groß sind Sie geworden. Ein Mann."

„Ignacio! Und du bist dick geworden. Wir können uns duzen. Wie geht es meiner Mutter?"

„Sie ist traurig. Sie ist lustig. Ihr wird es besser gehen, wenn sie dich sieht."

Ignacio packte Jans Koffer und verstaute ihn auf dem Rücksitz des alten weinroten Mercedes-Cabrio, das er im Halteverbot vor dem Eingang geparkt hatte.

Sie kamen nach Recoleta. Am Café La Biela fuhr Ignacio Schritttempo, schlürfte Mate aus seiner in der Frühlingssonne funkelnden Bombilla, nickte Terrassengästen zu, bekreuzigte sich und erwies der Skulptur des argentinischen Formel-1-Weltmeisters Juan Manuel Fangio die Ehre, der lebensgroß in Rennmontur vor dem Eingang stand, den Helm in der Hand. „Nur den Tod, den Tod hat Fangio nicht überlebt. Der Unsterbliche."

Ignacio gab Gas, erschreckte eine greise Hundesitterin, die ein Dutzend große und kleine Kläffer Gassi führte und Mühe hatte, die aufjaulende Meute zu bändigen. Die Frau drohte Ignacio mit der Faust, ging zeternd weiter, barfuß.

Am Bund ihrer zerlumpten Hose trug sie einen Gürtel aus Kordeln, an dem die vielen Hundeleinen befestigt waren.

Ein weißbrauner Windhund lief verstört im Kreis um die arme Alte herum, bis sie über die verdrehte Leine stolperte und auf den Steinboden fiel, erst auf die Knie, dann mit dem ganzen Körper.

Sie fluchte, konnte sich aus dem Leinenwirrwarr befreien und humpelte in Richtung des Friedhofeingangs von Recoleta, wo drei Kolleginnen und vier Kollegen auf sie warteten.

„Faules Gesindel! Alle. Die blieben besser in ihren Löchern!", schimpfte Ignacio.

„Ignacio!", sagte Jan, „was redest du?"

Ignacio öffnete das Handschuhfach, holte eine Pistole heraus, fuchtelte mit der Waffe herum: „Man muss sich verteidigen."

„Verteidigen? Gegen wen?", fragte Jan. „Gegen die Frauen? Gegen die Armen? Gegen die Polizei?"

„Deine Mutter hat mir aufgetragen, diese Waffe zu besorgen: Smith & Wesson Military & Police, 9 mm Luger."

„Du bist verrückt."

Ignacio sah Jans missbilligenden Blick.

„Nicht verrückt. Das ist die Wahrheit. Arm sein ist die Pest. Ansteckend. Gewalttätig."

„Total verrückt!", wiederholte Jan.

„Du warst lange nicht hier. Es ist anders als früher. Arm sein ist die Pest. Und arme Polizisten sind die schlimmsten."

Alejandras Haus lag in einer durch einen Sicherheitsdienst bewachten Gated Community.

In seiner Erinnerung war Jan durch ein freistehendes doppelstöckiges Haus mit einem großen Garten getollt, jetzt stand an derselben Adresse ein fünf Stockwerke hohes Gebäude, das eng in die benachbarten Fassaden eingepasst war.

Die Eingangshalle war in weißem Marmor ausgekleidet. Jan klopfte gegen eine der Wandplatten. Kühl und echt.

Links am Eingang saß ein Mann in einer Uniform, die an Ignacios Dienstkleidung erinnerte. „Das ist mein Neffe Horacio, er passt auf und weiß alles."

Vier goldgerahmte Weltzeituhren dominierten die Halle. In Buenos Aires waren es 10:43 Uhr, eine Köln-Uhr zeigte 15:43 Uhr. Jan wurde bewusst, dass er seit zweiunddreißig Stunden auf den Beinen war.

„Wo ist meine Mutter?“, fragte Jan.

„Sie hat ihre Räume im ersten Stock“, sagte Ignacio.

„Ich will zu ihr.“

„Das geht jetzt nicht. Der Arzt ist da. Komm, ich zeig dir dein Zimmer.“

Ignacio verschwand in einem Gang, der links von der großen Halle abzweigte. „Hier rechts wohnen die anderen. Deine Schwester Stella hat das alles sehr mitgenommen. Ihr Bruder Geronimo versucht, sie aufzubauen. Lockerer Typ.“

Jans Zimmer hatte eine Tür zum Garten. Er trat hinaus, ließ sich auf den Rasen fallen und schlief ein unter einem Dach aus blauvioletten Jacaranda-Blüten.

„Aufstehen, Señor Batsch!“

Jan öffnete die Augen. Vor die Jacaranda-Blüten hatte sich ein Frauengesicht geschoben. Er sah tiefschwarze Mandelaugen und rote Lippen. Sein Herz schlug schneller.

„Es ist gleich elf Uhr. Ihre Mutter erwartet Sie. Ich bin Maya Shakyamuni. Wir haben telefoniert.“

Was für eine angenehme Stimme!

Jan stand auf, klopfte sich die Grashalme vom weißen Leinenanzug.

Maya lachte ihn an. „Ich bin die Pflegerin Ihrer Mutter. Doña Alejandra ist aufgeregt. Und Ihre Geschwister wollen Sie wiedersehen. Kommen Sie.“

Maya schwebte voran. Sie trug ein seidenleichtes rotes Kleid. Jan konnte den Blick nicht abwenden.

Am Absatz zur ersten Etage blieb sie stehen. An der Stirnseite befanden sich drei Türen. Vor der linken Tür brannten Kerzen. Jan erkannte einen Marienaltar. Darunter sah er ein rotes Häuschen mit der Figur eines Gaucho.

Über den Altären wehten bunte Fähnchen mit Aufdrucken in einer ihm unbekannten Schrift.

Links neben den Altären hing das Foto eines geschminkten Kindes, auf dem die Farben Rot und Schwarz dominierten.

Zwischen den Altären und der mittleren Tür stand ein Paar.

„Ist das …?“, fragte Jan.

„Das ist Ihre Schwester Stella mit ihrem Mann Edward.“

Stella war blass. Ihr blondes Haar fiel glatt über die linke Schulter. Wieso blonde Haare als Tochter einer Argentinierin und eines Mexikaners?

Jan wusste über seine Halbgeschwister nur das, was ihm sein Vater erzählt hatte. Stella war in San Francisco geboren worden, als Alejandra Irigoyen dort den mexikanischen Dirigenten Pablo Rodriguez kennenlernte. Er leitete das San Francisco Symphony Orchestra, sie war eine aufstrebende Pianistin. Neun Monate nach einem gemeinsamen Konzert wurde Alejandra von Zwillingen entbunden, Stella war zwölf Minuten älter als Geronimo, beide bekamen die amerikanische Staatsbürgerschaft. Pablo überließ Alejandra sein Haus in San Francisco, er selbst verbrachte die Zeit zwischen seinen Welttourneen lieber in Mexiko.

Als Geronimo sieben Jahre alt war, zog er zu seinem Vater und bekam neben der US-amerikanischen die mexikanische Staatsbürgerschaft. Stella lebte weiter in San Francisco, Geronimo hatte sich inzwischen in Tijuana direkt an der mexikanisch-amerikanischen Grenze niedergelassen.

Stella kam Jan ein paar Schritte entgegen und umarmte ihn: „Ich bin so froh, dass du da bist.“

„Stella. Lange nicht gesehen.“

Sie hakte sich bei Jan ein. „Meinen Mann Edward und meine Kinder kennst du nicht, oder?“

Edward Frost, grauer Anzug, graue Haare, begrüßte ihn zurückhaltend. „Sie sind der Theologe und Tüftler.“

„Mehr Tüftler“, sagte Jan, „die Religion hilft nicht, die Welt zu verbessern.“

Die Kinder, Joe und Zoe, kickten sich am Ende der Halle einen Tennisball zu und hatten keine Lust, Jan zu begrüßen.

„Wo ist Geronimo?“, fragte Jan.

„Der hat mit Ignacio Freundschaft geschlossen und zieht mit ihm um die Häuser“, sagte Stella mit missbilligendem Ton.

„Wenn man vom Teufel spricht …“, sagte Edward.

Geronimo und Ignacio verließen gut gelaunt den Aufzug. Jeder hatte ein Mategefäß in der Hand, in dem Bombillas steckten. Ignacio hatte außerdem eine knallgelbe Thermosflasche bei sich.

„Du musst Jan sein“, sagte Geronimo und klopfte ihm auf die Schulter. Geronimo war einen halben Kopf kleiner als er, aber kräftig. „Hier, probieren“, sagte er und hielt Jan die Kalebasse hin.

„Trink schon“, sagte Geronimo.

„Aber die Blätter“, widersprach Jan.

„Du musst die Flüssigkeit durch den Trinkhalm einsaugen. Der hat unten ein Sieb, du wirst dich nicht verschlucken.“

Der Mate-Tee war heiß und bitter. Jan verzog das Gesicht.

„Ist wohl nichts für Bleichgesichter“, lachte Geronimo.

Jan mochte dieses Lachen.

Geronimos braune Füße steckten in offenen Sandalen. Er trug blaue Jeans und eine braune Lederjacke über einem weißen Hemd, auf dem Kopf saß eine Che-Guevara-Kappe mit rotem Stern.

Es war fünf Minuten nach elf, als Ignacios Frau Sofía die Tür zum Salon öffnete und alle hereinbat.

Alejandra trug ein weißes Nachtgewand. Sie saß im Rollstuhl. Sie strecke ihre rechte Hand aus. Die Hand zitterte.

Geronimo erreichte sie als erster.

Alejandra beachtete ihn nicht.

Stella und Edward folgten, Joe und Zoe versteckten sich hinter ihren Eltern.

Alejandra schien sie nicht zu erkennen.

Jan blieb hinter seiner Schwester.

Alejandra schaute ihn an.

„Gehen Sie schon, sie meint Sie“, sagte Maya und schubste ihn nach vorne.

Stella und Edward machten den Weg frei.
Jan trat vor diese zittrige Frau, die seine Mutter war.
Er beugte sich hinab, nahm Alejandra in die Arme.
„Mutter“, sagte er leise.
Ihr Körper zitterte.
„Mein Junge“, war alles, was sie sagte.
Das Zittern hörte auf.

Kapitel 8

Aus dem Hintergrund des Salons traten drei Männer.

„Es sind Doña Alejandras Arzt, ihr Pfarrer und ein Notar“, flüsterte Maya.

Der Arzt, Doktor Palazón, sprach als erster. Der Gesundheitszustand von Señora Irygoyen de Bach wäre ernst.

Pfarrer Córdoba erklärte, sie hätte die Krankensalbung erhalten, was nicht bedeutete, dass sie im Sterben liege.

Als Letzter ergriff Notar Hitschler das Wort. Doña Alejandra hätte entschieden, einen Teil ihres Vermögens zu Lebzeiten zu verschenken.

Ignacio, Sofía und Maya bekämen jeder hunderttausend Dollar. Er reichte jedem der drei einen gelben Umschlag.

Ebenfalls je hunderttausend Dollar wären für ihre Enkel Zoe und Joe. Bis zu ihrer Volljährigkeit sollte Stella, die Mutter der Kinder, das Geld verwalten. Zwei grüne Umschläge gingen an Stella.

Alejandras Kinder Stella, Geronimo und Jan Christian sollten jeder fünf Millionen Dollar erhalten.

Fünf Millionen Dollar! Jan schaute Alejandra an, sie lächelte.

Er ging zu ihr. „Danke“, sagte er. „Ich werde das Geld einsetzen, um die Krankheiten der Welt zu bekämpfen.“

Sie hörte ihn nicht. Oder sie verstand ihn nicht.

Der Notar gab Jan einen blauen Umschlag: „Darin finden Sie alle nötigen Informationen, Señor Bach.“

Geronimo hatte seinen Umschlag geöffnet und strahlte, als wäre er mit einem Schlag von einer großen Last befreit.

„Ich habe außerdem einen schwarzen Umschlag“, sagte der Notar, „Frau Irigoyen de Bach hat erklärt, dass dieser Umschlag für diejenigen ist, die ihr helfen, aus dem Leben zu scheiden. Sie hat bestimmt, dass der schwarze Umschlag nur an einen oder mehrere aus der Gruppe der sechs Menschen gegeben werden darf, die sie heute mit einem gelben oder blauen Umschlag bedacht hat.“

Totenstille legte sich über den Salon.

„Dann bin ich raus“, sagte Edward.

„Fein raus“, kommentierte Geronimo.

Ignacio brauchte ein paar Sekunden, bis er begriffen hatte: „Niemals. Doktor, sagen Sie mal was. Die Frau ist krank.“

Statt des Arztes sprach wieder der Notar: „Wir alle sind zur Verschwiegenheit verpflichtet. Bitte dringen Sie nicht weiter in uns. Es ändert nichts am bezeugten Willen von Doña Alejandra.“

Jan schnürte es das Herz zu. Er ging zum Rollstuhl, in dem seine Mutter saß.

„Mein Junge, sorge für Maya, wenn es so weit ist“, sagte Alejandra.

„Wir sind hier, deinen Geburtstag zu feiern. Du kannst jetzt nicht gehen. Und schon gar nicht so.“

Alejandra lächelte. „Du hast recht, mein Junge. Heute feiern wir Wiedersehen. Morgen feiern wir Geburtstag. Und dann kümmern wir uns um den schwarzen Umschlag.“

Zwei Stunden später war das ganze Haus ein illuminierter Palast. Ignacio kommandierte seine halbe männliche Verwandtschaft beim Dienst am Grill und beim Ausschenken der Getränke. Auf einem gigantischen Rost brutzelten zwei Rinderhälften, daneben brieten Würste, Innereien und was es sonst noch so gab.

Auf der Dachterrasse dirigierte Sofía die weibliche Verwandtschaft an einem Büffet mit herzhaften Empanadas und süßen Alfajores. Die Palmen waren mit Lichtern geschmückt, der Pool leuchtete im Himmelblau der argentinischen Flagge.

In der Mitte der Eingangshalle wurde ein Tanzboden verlegt, um ihn herum standen Tische und Stühle wie in einem Tangocafé. An der Stirnseite entstand auf einem Podest eine Bühne mit Piano, Lautsprechern und sechs Stühlen für ein Orchester.

Maya überwachte den Aufbau.

Auf einige Tische stellte sie Namensschilder, den besten Tisch vorne links reservierte sie für „Alejandra y familia“. „Hier wirst du sitzen“, sagte Maya zu Jan.

„Und du?“, fragte er zurück.

„Ich habe zu tun“, sagte sie.

„Aber nicht, wenn gefeiert wird. Du musst in der Nähe von Alejandra sein. Und in meiner Nähe. Bitte."

Maya lachte. Sie beschriftete ein Schild mit den Namen „Ignacio, Sofía, Joe, Zoe y Maya" und stellte es auf den Nachbartisch.

„Sieht gleich besser aus", sagte Jan.

Die Künstlertische auf der anderen Seite der Tanzfläche füllten sich. Ein Raunen durchzog die Halle, als ein drahtiger alter Mann durch den Saal tänzelte. „Das ist Pablo", hörte Jan ein Geflüster. Er kannte diesen Mann, er hatte eine Hauptrolle in dem Film „Tango Lesson" von Sally Potter gespielt.

Als alle erwarteten Gäste anwesend waren, trat Sofía ans Mikrofon: „Willkommen! Sie erfüllen einer bewundernswerten Frau mit Ihrem Besuch den sehnlichsten Wunsch. Begrüßen Sie unsere Gastgeberin Alejandra Irigoyen."

Man hörte, wie der Aufzug sich in Bewegung setzte und im Foyer ankam. Die Tür öffnete sich, Maya schob Alejandra im Rollstuhl an ihren Tisch, die Gäste applaudierten, der alte Pablo machte ihr mit Handkuss seine Aufwartung.

„Ich habe gehofft, dass du kommst", sagte Alejandra.

„Einer schönen Frau konnte ich nie widerstehen."

Das Orchester spielte einen Vals, die argentinische Form der Musik im Dreivierteltakt, die auch mit Tangofiguren getanzt werden konnte.

„Das ist Alejandras Geburtstagswalzer", erklärte Maya.

„Sie hat erst morgen Geburtstag", sagte Jan.

„Eine Frau entscheidet immer noch selbst, wann sie ihren 39. Geburtstag feiert", scherzte Alejandra.

Pablo nickte ihr zu und lud sie mit den Augen ein, sie schaffte es, ihren Rollstuhl auf die Tanzfläche zu fahren und ließ sich von dem alten Milonguero gefühlvoll im Kreis drehen. Nach etwa zwanzig Sekunden kam ein anderer Tänzer, Hector, und klatschte Pablo ab, und so ging es weiter, bis alle Männer mit Alejandra getanzt hatten.

Maya schubste Jan und versuchte, ihn in die Reihe von Alejandras Geburtstagskavalieren zu schieben.

„Erst wenn du mir die Schritte beigebracht hast."

Die Nepalesin trug ein aufregendes schwarz-rotes Kleid, eng geschnitten am Oberkörper, schulterfrei, dekolletiert, ab der Taille ausschwingend mit einem Schlitz auf der linken Seite, der ihr schlankes Bein enthüllte.

„Ist sie nicht wunderschön?", fragte Alejandra, als der Geburtstagsvals beendet war und sie an Jans Tisch rollte.

„Du bist wunderschön", sagte Jan.

„Ich weiß", lachte Alejandra, „ich mache mir Sorgen um dich. Du bist fast dreißig und hast keine Frau."

„Weißt du doch gar nicht."

„Weiß ich doch. Und Maya hat keinen Mann. Aus lauter Verzweiflung tanzt sie mit Frauen."

Maya protestierte: „Stimmt nicht. Ich nehme Unterricht bei Johana, der Tochter deines uralten Tangoschwarms. Hast du gesehen, wie Pablo dich anguckt."

„Ja, habe ich", sagte Alejandra und strahlte.

Plötzlich kippte Alejandras Kopf auf ihre Schulter.

Jan packte sie. Sie reagierte nicht.

Er schrie: „Hilfe. Meine Mutter. Wir müssen was tun."

Maya fühlte Alejandras Puls und rief: „Schnell, einen Krankenwagen!"

Kapitel 9

Alejandra Irigoyen de Bach lag in einem Einzelzimmer auf der Intensivstation des Hospital Alemán in Buenos Aires. Ihr Körper war an Geräte und Monitore angeschlossen.

Doktor Palazón hatte Alejandras Kinder in die Klinik gerufen. „Ihre Mutter hat einen Herzinfarkt erlitten. Sie sehen hier auf dem linken Monitor eine große grüne Zahl aufblinken. Jetzt eine 18. Jetzt eine 20. Das sind die Herzschläge pro Minute. Diese Werte sind viel zu niedrig. Mit einem Puls von 20 wird sie die nächsten drei Tage nicht überleben. Ich schlage deshalb vor, einen Herzschrittmacher einzusetzen. Ein Routineeingriff."

Geronimo ergriff das Wort: „Warum lassen wir sie nicht in Würde sterben, so wie sie es gewollt hat?"

Jan widersprach: „Ich hatte nicht den Eindruck, dass Mutter nicht mehr leben will. Warum hat sie uns sonst beschenkt? Der Notar hat gesagt, sie wollte dies zu Lebzeiten tun."

„Aber der schwarze Umschlag", sagte Geronimo.

„Ich habe die Worte des Notars im Ohr", sagte Jan: „Dass dieser Umschlag für diejenigen ist, die ihr helfen, aus dem Leben zu scheiden. Da ist kein Datum genannt. Schon gar nicht heute."

Doktor Palazón unterbrach: „Es geht nicht darum, dass Sie entscheiden, ob und wie ich Ihre Mutter behandle. Ich werde ihr einen Herzschrittmacher einsetzen und wollte nur, dass Sie Bescheid wissen. Am besten warten Sie zu Hause."

Drei Stunden später klingelte Ignacios Handy. „Das Krankenhaus. Alejandra hat den Eingriff überstanden. In einer Stunde können wir sie besuchen."

„María ayudó." Maria hat geholfen. Für Sofía gab es keinen Zweifel. Es war ein Wunder.

Ignacio wollte auf den Heiligen Gaucho einen Wein trinken.

Maya sagte: „Ihre Zeit war nicht gekommen."

Alejandra Irigoyen de Bach empfing ihre Kinder und ihre Hausangestellten sitzend im Krankenbett.

Sie zitterte, aber sie hatte sich selbst aufgerichtet.

Der Herzmonitor zeigte einen Puls von 75 an.

Jan sah, wie jeder einzelne Pulsschlag seine Mutter kräftigte. Von Sekunde zu Sekunde ging es ihr besser.

Jan spürte, dass etwas Großes geschah, etwas, nach dem er seit Langem gesucht hatte. Dann traf ihn der Geistesblitz: Was wäre, wenn sein Mikrochip die benötigte Energie direkt aus dem Blutkreislauf ziehen könnte?

Wäre es möglich, dass die Kraft, die seine Mutter aufleben ließ, seinen Mikrochip antreibt?

Er schaute zu Alejandra. Sie zitterte. Sie wirkte glücklich. Ihre Stärkung ging sichtbar weiter. Pulsschlag für Pulsschlag. Ihr Gesicht war nicht mehr bleich, sondern leicht gerötet.

Jan hielt drei Finger seiner rechten Hand ans linke Handgelenk. Er spürte seinen Puls. Wie deutlicher musste der Puls von einem hochsensiblen Sensor im Innern des Körpers registriert werden können. Dieses Pulsieren des Blutkreislaufs ist reine Energie, die man speichern und nutzbar machen muss.

So einfach.

Sein Mikrochip würde so lange funktionieren, wie der Mensch, der ihn trägt, lebt.

Mehr wäre nicht nötig.

Vielleicht zwei Extra-Stunden, damit der Chip ein finales Rettungssignal aussenden könnte.

Das Blut als Kraftwerk.

PowerBlood.

„Wenn alles so bleibt, kann Frau Irigoyen de Bach morgen wieder nach Hause“, schloss Doktor Palazón seinen Vortrag.

„Das ist fantastisch“, sagte Jan.

„Danke“, sagte Doktor Palazón, „aber es handelte sich um einen Routineeingriff. Er regelt leider nur den Herzschlag. Gegen Parkinson hilft das nicht.“

„Meine Mutter wirkt viel vitaler als vor dem Eingriff.“

„Komm, lass dich umarmen“, sagte Alejandra und schaute ihn zufrieden an. „Habe ich euch überrascht?“

„Das mit dem Herzinfarkt wäre nicht nötig gewesen.“

Kapitel 10

Jan schloss sich in seinem Zimmer in Alejandras Haus ein und nahm Verbindung zu seinen Rechnern im Kölner CoWoK auf.

„Echo" hatte einen Vorschlag, wie man die Zahl der Transistoren auf 500 Millionen senken könnte. „Delta" und „Foxtrot" lieferten unterschiedliche Ergebnisse: „Delta" 1020 Tage, „Foxtrot" 815 Tage.

Jan hatte keine Vorgaben gemacht, welche Transistoren stillgelegt werden sollten. Würde das Ergebnis konsistenter ausfallen, wenn er die von „Echo" berechnete Konfiguration als Ausgangsbasis vorgab? Jan gab fünf Rechnern den Auftrag, die Batterielaufzeit mit den neuen „Echo"-Daten zu berechnen.

Jan legte sich auf das Bett, schloss die Augen und versuchte, seinem Gedankensturm zu folgen. War es möglich, einen Chip zu bauen, der seine Energie aus dem Blutkreislauf bezog?

Er skizzierte seine Idee auf Papier.

Er schrieb „PowerBlood" über die Zeichnung, es fühlte sich gut an. Bis Zweifel kamen.

Er rief seinen Freund Walter Prüm in Köln an. Eine Frau meldete sich mit verschlafener Stimme: „Ja, bitte?"

„Jan hier. Jan Christian Bach. Kann ich Walter sprechen? Ich dachte, ich hätte seine Nummer gewählt."

Die Frau lachte. „Nummer? Er ist etwas außer Atem."

„Wir sind erst für Dienstag verabredet. Ist heute Dienstag?", meldete sich Walter missgelaunt.

„In Buenos Aires ist Freitag", sagte Jan.

„Was treibst du in Buenos Aires?"

Jan erzählte. Vom Herzinfarkt seiner Mutter, der Genesung durch die Implantation des Herzschrittmachers, was ihn zu einer neuen Idee inspiriert hätte, einen Chip zu konstruieren, der seine Energie aus dem Blutkreislauf ziehen könnte.

„Das ist fantastisch", sagte Walter und lachte laut auf.

„Warum lachst du?", fragte Jan zurück.

„Diese Frau in meinem Bett, Walla, du musst sie kennenlernen, ist unmöglich. Hör auf, mich zu kitzeln.“

„Soll ich später anrufen, wenn es besser passt?“

„Nein. Ist schon gut. Sie weiß, wer du bist.“

„Ich habe eine Idee. Ich habe einen Plan. Aber ich habe keine Ahnung, wie ich das umsetzen soll.“

„Und weiter?“, fragte Walter.

„Wie weiter? Ich brauche einen Anwalt. Und einen Unternehmensberater. Ich dachte, du kannst mir helfen.“

„Bin ich Anwalt?“

„Du bist mein Freund.“

„Es ist Freitag.“

„Bitte.“

„Vielleicht kann Walla helfen.“

„Walla?“

„Sie kennt Gott und die Welt.“

„Meinetwegen. Melde dich, wenn du etwas hast.“

Die Stimmung beim späten Abendessen in der Casa Irigoyen war gelöst. Jan erzählte von seinem „ImpChip“, der die vollkommene Gesundheitsvorsorge wäre.

Edward war Feuer und Flamme. „ImpChip. Klingt großartig. Du wirst viel Geld verdienen. Du wirst aber auch sehr viel Geld brauchen. Ich kann das besorgen.“

„Ich habe die fünf Millionen von Alejandra“, sagte Jan.

Edward lachte. „Fünf Millionen. Du brauchst Hunderte Millionen. Du brauchst Milliarden.“

„Ich werde das regeln“, blockte Jan ab.

Edward lachte: „Du wirst Konkurrenz haben. Kennst du Bears? Die konstruieren perfekte Pflegeroboter.“

„Mein Vater wird von einem Bears-Roboter gepflegt.“

„Da hast du's“, sagte Edward, „sie haben ähnliche Pläne wie du. Bears nennt seine Chips FriendChips.“

„Woher weißt du das?“

„Ich habe einige Millionen Dollar in Bears investiert“, fuhr Edward fort. „Implantierte Mikrochips sind weltweit auf dem Vormarsch. Du kannst davon ein Stückchen abbekommen.“

„Nur ein Stückchen?"

„Oder du tust dich mit Bears zusammen und wirst groß."

„Mein Chip ist anders. Die Blutwerte holen wir aus dem Kapillarsystem, nicht aus Venen oder Arterien. Das ist sicherer und einzigartig. Außerdem analysieren wir DNA und Gene. Wenn wir das Energieproblem lösen, sind wir unschlagbar."

„Gegen die mächtigen US-Konzerne wirst du nie ankommen", sagte Edward. „Das Beste, was du erreichen kannst, ist, sie so nervös zu machen, dass sie dich aufkaufen. Dann hast du ausgesorgt. Und ich auch, falls du mich zu deinem Finanzchef ernennst."

Alle lachten.

Nur Geronimo stimmte nicht ein. „Ich habe nichts gegen Spinnereien. Doch ihr beide meint es ernst. Jan, mag sein, dass du ehrbare Absichten hast. Aber letztlich läuft dein Plan auf die vollständige Kontrolle des Menschen hinaus. Nichts bleibt geheim. Ein unkontrolliertes kapitalistisches Unternehmen oder der allmächtige Staat wissen alles über dich. Wo du bist, wo du warst. Mit wem du zusammen bist. Wann du Verdauung hattest. Welche Pillen du nimmst. Das ist die letzte Form der kolonialistischen Unterdrückung. Viva la revolución!"

„Womit verdienst du denn dein Geld?", fragte Stella.

Geronimo lachte. „Große Schwester, dass du nicht verstehst, dass es wichtig ist, dagegen zu sein, wenn du mit dem US-Kapitalismus im Bett liegst, habe ich mir gedacht. Aber ich will nicht ausweichen. Ich berate US-Firmen, die in Mexiko Geschäfte machen wollen. Ein paar Geschäfte betreibe ich selbst, ein Flüchtlingslager, zwei Bordelle, eine Armenküche."

„Wie edel", sagte Stella.

„Dein reicher Mann tut bestimmt auch viel Gutes. Man erzählt sich in Tijuana, er wäre ihr drittwichtigster Drogen-Importeur in den USA."

„Ich bin nicht in Bordelle investiert", sagte Edward.

„Es gibt schlimmere Geschäfte", sagte Geronimo.

„Warum faselst du immer von revolución?", fragte Stella.

„Warum? Das ist meine Geschäftsadresse: Avenida Revolución. Die beste Adresse der Stadt."

„Ich bin beeindruckt", flachste Stella.

Geronimo setzte unbeeindruckt fort: „Champs Élysées in Paris. Fifth Avenue in New York. Avenida Revolución in Tijuana. So ist das. Sogar ‚Caesar's Salad‘ wurde hier erfunden.“

„Sie sollten nicht so reden“, unterbrach Maya die Runde. Alle waren überrascht, die sanfte Stimme zu hören. „Sie sollten dankbar sein, dass Ihre Mutter lebt. Sie sollten darüber reden, wie Sie sich regelmäßiger um sie kümmern. Ich bin seit drei Jahren in diesem Haus. Seit drei Jahren hat sie nicht ein einziges Mal Besuch von ihren Kindern bekommen. Wissen Sie, was das für eine Mutter bedeutet? Keiner von Ihnen hat gesehen, wie sie jeden Tag aufs Neue stirbt. Warum, glauben Sie, hat sie Ihnen so viel Geld geschenkt? Damit Sie sie öfter besuchen kommen, egal, wo auf der Welt Sie leben.“

Kurz nach Mitternacht ging Jan zurück auf sein Zimmer.

Walter hatte eine E-Mail geschickt: „Walla empfiehlt eine Norma Markovic. Sie kennen sich aus dem Tantra-Kurs. Rechtsanwältin. Ihr Kompagnon versteht was von Firmengründungen.“

Jan startete eine Internet-Suche, Norma Markovic hatte von allen Klienten fünf Sterne bekommen, den Spitzenwert.

Er schickte eine Mail an die Kanzlei. Es wäre dringend, sie möge bitte „PowerBlood“ national und international als Marke schützen lassen. Außerdem müsste die Gründung einer Firma vorbereitet werden. Er fotografierte seine PowerBlood-Skizze und sandte die Datei nach Köln.

Es kamen automatisierte Antworten zurück, das Büro wäre am Wochenende nicht besetzt und ab Montagmorgen wieder erreichbar.

Jan war enttäuscht.

Er checkte, welche Domainnamen zu PowerBlood frei waren, und sicherte sich die Internetadressen.

Wenigstens das wäre geschafft!

„Faszinierende Brüder hast du“, sagte Edward Frost zu Stella, die in einem Sessel vor dem großen Fenster zum Garten saß und hinaus in die argentinische Frühlingsnacht schaute.

„Ich weiß nicht", sagte sie, ohne sich zu Edward umzudrehen. „Geronimo spricht mir zu viel von Revolution. Wie er sein Geld verdient, gefällt mir nicht."

„Geronimo ist ein Träumer", sagte Edward, „aber Jan, was hältst du von Jan? Er könnte ein Vermögen machen."

„Geld interessiert ihn nicht", sagte Stella.

„Jan weiß nicht, wie man Geschäfte macht. Ich denke, wir sollten ihn schützen", sagte Edward.

„Wie meinst du das?"

„Ich könnte eine kleine Firma gründen, die sich um Jans Idee kümmert."

„Du willst ihn bestehlen?"

„Nein. Bleibt doch in der Familie. Wir könnten die Firma Revolución nennen. Dann hätte auch Geronimo etwas davon."

„Du machst dich lustig."

„Nein, ich meine es ernst."

„Dann will ich die Geschäftsführerin sein."

„Du hast keine Ahnung von Geschäften."

„Wir wollen doch keine Geschäfte machen. Oder habe ich das falsch verstanden?"

„Nein, du hast richtig verstanden. Erst wenn Jan anfängt, Millionen zu machen, möchte ich einen Anteil."

„Sollten wir Jan fragen und einweihen?"

„Meinst du?"

„Ja. Ich werde zu ihm gehen."

Stella klopfte an Jans Tür.

Nicht abgeschlossen.

Jan lag im Bett und schlief.

Auf dem Schreibtisch sah Stella ein Papier mit einer Skizze, auf der das Wort „PowerBlood" stand. Darunter hatte Jan etwas gezeichnet. Stella fotografierte das Blatt und erschrak, als ihr Handy das Blitzlicht zuschaltete.

Schnell raus hier. Sie öffnete die Tür zum Flur, ein Luftzug wehte das Blatt mit der Zeichnung auf den Boden.

„Hier“, sagte Stella, als sie Edward das Foto zeigte. „Das hat Jan gezeichnet. Er schlief. Ich habe ihn nicht geweckt.“

„Wir sollten tun, was wir besprochen haben“

„Viva PowerBlood. Viva la revolución“, sagte Stella.

Edward setzte sich an seinen Rechner und leitete die Gründung der neuen Firma ein: Revolución LLC, eingetragen auf den Namen seiner Frau, mit Sitz in San Francisco.

Dann beantragte er den Schutz der Marke PowerBlood in allen Schreibweisen für die USA und Kanada.

Stella war zufrieden, als Edward Vollzug vermeldete und sie sah, dass sie als Geschäftsführerin eingetragen war.

„Was soll der Name PowerBlood bedeuten? Warum nicht mehr ImpChip?“, fragte Edward.

„Du hast ihm von Bears' FriendChip erzählt. Das klingt ähnlich. Da hat er was anderes gesucht.“

„Möglich. Aber vielleicht steckt mehr dahinter.“

Kapitel 11

Josefine Weber lebte seit fünf Jahren im Silicon Valley.

Nach ihrem Medizin-Staatsexamen an der RWTH Aachen hatte sie ein Stipendium für ein Informatik-Studium an der Stanford-Universität bekommen, das sie letztes Jahr mit einem Doktor abgeschlossen hatte.

Seit sechs Monaten hatte sie einen festen Job bei der Bears Corporation, dem Weltmarktführer für medizinische Informatik, zum Beispiel Pflegeroboter, der perfekten Verbindung aus menschenähnlichen Puppen und künstlicher Intelligenz.

Josefine Weber PhD, die sich in den USA „Fine" nannte, was die meisten „Fein" aussprachen, und Bears, das hätte eine Traumkombination sein können, wenn der Job nicht so traurig gewesen wäre.

Sie war 29 Jahre jung, aber sie saß in ihrem Homeoffice in Mountain View und durchsuchte das Internet nach Schlüsselwörtern, die ihr die Bears-Corporation aufgetragen hatte. Offiziell nannte sich ihre Arbeit Konkurrenzbeobachtung, de facto war es eine stümperhafte Spionagetätigkeit ohne Mehrwert.

Juniorchef John Bears hatte ihr ein Büro in der Firmenzentrale in Palo Alto versprochen, aber dafür müsste sie erst einmal brauchbare Ergebnisse liefern.

Was für brauchbare Ergebnisse sollten das bitte sein bei diesem hirnlosen Googeln für Anfänger?

Zum Glück bekam sie kein Anfängergehalt.

Zum Glück hatte sie eine günstige Wohnung gefunden, als sie den Campus verlassen musste.

Das große Drei-Zimmer-Appartement in Mountain View gehörte einem verrückten Mexikaner, Geronimo Rodriguez, der sich höchstens dreimal jährlich sehen ließ.

Fine erledigte für ihn ein paar Botengänge und bekochte ihn, wenn er es wünschte. Sie hatte keinen festen Freund, aber sie hatte einen Liebhaber, Edward, siebzehn Jahre älter als sie, Millionär, verheiratet, zwei Kinder, der sie einmal die Woche besuchte.

Manchmal gingen sie aus, in ein Restaurant, auf ein Konzert, ins Kino, aber nie in San Francisco, wo ihr Sugardaddy wohnte. Er wollte „Mrs. Frost" nicht kompromittieren, sagte er. Fine vermutete, er wollte nicht erwischt werden.

Fine hatte ihre Internet-Beobachtungsliste um einige Begriffe erweitert, darunter die Namen Edward Frost und Stella Frost.

Ausgerechnet Stella Frost lieferte den ersten Recherche-Treffer dieses grauen Arbeitstages: Unter ihrem Namen wurde eine neue Firma angemeldet, Revolución LLC, Sitz in San Francisco, die Anmeldung kam aus Buenos Aires.

Wenig später neuer Alarm: Die Revolución LLC beantragte die Markenrechte für etwas, das sich „PowerBlood" nannte.

Power und Blood standen auf ihrer Bears-Liste. Fine startete eine Recherche und wurde fündig: Ein Deutscher, Jan Christian Bach, hatte von Buenos Aires aus verschiedene Internet-Domains angemeldet, in denen „powerblood" und „power-blood" vorkamen.

Was hatte Stella Frost mit diesem Jan Christian Bach zu tun? Was trieben die beiden in Buenos Aires?

Fine hatte das Gefühl, dass sie dem Büro in der Bears-Zentrale und dem Junior-Chef näherkam.

Kapitel 12

Es war grau und dunkel, als Jan am Samstag aufwachte. So kannte er Buenos Aires nicht. Regenverhangen. Ungemütlich.

Auf dem Schreibtisch seines Zimmers lag ein Zettel, handgeschrieben, eine Einladung: Doña Alejandra gab sich die Ehre, zur Feier ihres 64. Geburtstages zu einem Konzert ins Musikzimmer einzuladen. Auf dem Programm stand Mozarts Klavierkonzert Nr. 20 in d-Moll.

Auf dem Boden neben dem Schreibtisch fand er die Skizze seines PowerBlood-Chips, die er gestern Abend erstellt hatte. Jan packte wieder das Entdecker-Fieber. Er modifizierte die Zeichnung, ergänzte die Liste der Sensoren.

Er musste seinen Partner in China mit ins Boot holen, der seit zwei Jahren die Prototypen seiner Chips produzierte und die Massenproduktion übernehmen sollte.

Jan baute eine Videoverbindung zu Li Lián auf, der lächelnd vor seinem Bildschirm saß, als hätte er nie etwas anderes getan.

„Li, ich habe etwas Neues. Ich will wissen, ob es Spinnerei ist, oder ein Geniestreich."

„Und wenn es irgendetwas dazwischen ist?"

„Wenn es nicht genial ist, schmeißen wir es weg. Aber es ist genial. Und du musst mir helfen, es zu bauen."

Jan sah, wie Li sich einen Papierblock und einen Füller neben die Tastatur legte. Dann sagte er: „Erkläre es mir. Du hast dreißig Sekunden."

Jan nahm seine PowerBlood-Skizze, hielt sie in die Kamera und sagte: „Ich will die Energie für meinen Chip aus dem Blutdruck des Menschen holen. Ich brauche keine Batterie, die drei Jahre hält, sie muss nach dem letzten Herzschlag nur weitere zwei Stunden durchhalten. Kriegen wir das hin?"

„Vierzehn Sekunden", sagte Li.

„Nein. Zwei Stunden."

„Hab schon verstanden. Du hast vierzehn Sekunden gebraucht, deine Idee zu erklären. Gut."

„Und, was meinst du?"

„Aus dem Blutdruck kannst du keine Energie gewinnen, das geht nur aus der Veränderung des Blutdrucks."

„Das ist doch klar."

„Hast du aber nicht gesagt. Ruf mich in drei Tagen an. Und schicke mir deine Zeichnung und was du sonst hast. Wenn wir bei 5nm-Chips bleiben können, wird es preiswerter, die 3nm-Chips brauchen wir vermutlich nicht."

Jan hatte von Li gelernt, dass 1nm, ein Nanometer, der milliardste Teil von einem Meter oder der millionste Teil von einem Millimeter war. Unvorstellbar klein.

Jan wurde durch ein Klopfen aus seinen Gedanken gerissen. Stella stand in der Tür. „Mutter kommt aus dem Krankenhaus zurück. Wir wollen sie begrüßen", sagte sie mit leiser Stimme.
Stella wirkte unsicher. Jan konnte sich nicht erinnern, jemals allein mit seiner Halbschwester gewesen zu sein.

„Ja", sagte Jan und ging mit ihr in die große Halle.

„Ich bewundere, was du machst", sagte Stella.

Jan nahm seine Schwester in den Arm. „Ich bin froh, dass wir uns getroffen haben. Wir sollten mehr auf unsere Familie achten."

Der Einzug Alejandras war eine Prozession. Vorneweg schritt Ignacio, als hätte er höchstpersönlich seine Chefin zurück ins Leben geholt. Dann folgte Alejandra, aufrecht sitzend im Rollstuhl, dahinter Maya, die den Rollstuhl schob.

Links standen Hausangestellte und Familienmitglieder, rechts hatten sich die Bewohner aus den oberen Etagen versammelt.

Alejandra grüßte mit der zitternden rechten Hand wie die Queen von Buenos Aires.

Jan sah, dass das Wunder fortwirkte. Jeder Herzschlag machte sie stärker.

Er ging auf sie zu: „Herzlichen Glückwunsch zum Geburtstag. Ich bin so froh, dass es dir gut geht."

Jan stimmte „Happy Birthday" an, alle stimmten ein, sangen in Spanisch, Englisch und Deutsch durcheinander.

Alejandra stoppte sie: „Vergesst nie, dass mit der Geburt der Tod beginnt."

Sie winkte Jan heran und flüsterte: „Hat Maya dir die Einladung zu meinem Konzert gegeben?“

„Ja“, sagte Jan, „natürlich komme ich.“

„Pst“, mahnte Maya die kleine Runde, die im Musikzimmer der Casa Irigoyen der Aufführung von Mozarts Klavierkonzert Nr. 20 in d-Moll zuhören sollte.

Über seinen Laptop stellte Jan eine Video-Verbindung in das Krankenzimmer seines Vaters in Köln-Lindenthal her und platzierte den Rechner auf dem Sims des Kamins.

Alejandra freute sich, ihren Ehemann zu sehen, der in Deutschland im Koma lag. Pflegeroboterin Dana schickte das Signal aus Buenos Aires auf den Bildschirm über Gerhards Kopf, der Patient zeigte keine Reaktion.

Alejandra saß nicht im Rollstuhl, sondern in einem schwarzen Ledersessel. Sie trug ein schwarzes Kleid, dasselbe Kleid wie bei ihrem letzten Konzert im Teatro Colón von Buenos Aires.

Das Ende des ersten Satzes. Maya stand bereit, um Alejandras erwarteten Zusammenbruch aufzufangen.

Der bittersüße zweite Satz. Diese eine Stelle.

„Hast du gehört?“, fragte Alejandra.

„Ja“, sagte Jan.

„Du hast es gehört?“, fragte Alejandra ein zweites Mal.

„Ja. Du hast minimal verzögert. Wenn man wollte, könnte man es ausdrucksstark nennen. Eine eigene Interpretation.“

„Aber?“, insistierte Alejandra.

„Aber früher hast du diese Stelle anders gespielt. Flüssiger. Ausgewogener. Mozartesker.“

„Mozartesker“, rief Alejandra. „Habt ihr gehört? Mozartesker. So schön. Gibt es das Wort überhaupt?“

„Ein Wunder“, sagte Maya, „sonst ist sie in der Mitte des Konzerts immer zusammengebrochen.“

Alejandra hörte das Stück bis zum letzten Ton und genoss den Schlussapplaus, der nicht aufhören wollte.

„Danke“, sagte Alejandra, „danke, dass ihr hier seid. Es war so schön. Es war ein schönes Leben.“

Kapitel 13

Alejandra holte den schwarzen Umschlag aus einer Falte ihres Rollstuhls hervor und legte ihn auf den weißen Flügel. Dann fragte sie Maya: „Was hat der Buddha über den Tod gesagt?"

„Hat jemand Einsicht gewonnen und gepflegt, hat der Tod nicht Gewalt über ihn."

„Beim letzten Mal hast du etwas anderes gesagt."

Maya zögerte.

„Sag es", wiederholte Alejandra.

„Unser ganzes Dasein ist flüchtig wie Wolken im Herbst; Geburt und Tod der Wesen erscheinen wie Bewegung im Tanz. Ein Leben gleicht dem Blitz am Himmel, es rauscht vorbei wie ein Sturzbach den Berg hinab."

„Ist das nicht wunderbar?", fragte Alejandra in die Runde.

„Buddha wollte nicht, dass man sich das Leben nimmt", sagte Maya.

„Du bist katholisch", protestierte Sofía, „du solltest dir den Trost in der Bibel holen."

„Jesus war ein Buddha", sagte Maya.

„Ich will keinen Streit", rief Alejandra.

„Jesus war Gottes Sohn", sagte Sofía.

„Sofía, bitte, geh mit den Kindern hinaus", sagte Alejandra.

Die Kinder protestierten. Stella nahm Zoe und Joe an der Hand: „Ich mach das schon."

„Nein, ich möchte, dass du bleibst. Es geht um den schwarzen Umschlag. Bitte, Sofía."

Die Haushälterin schien froh zu sein, die Versammlung verlassen zu können.

„Es geht um den schwarzen Umschlag", sagte Alejandra, „er ist für diejenigen, die mir helfen, aus dem Leben zu scheiden. Ich habe den Herzinfarkt überstanden. Aber ich weiß, dass meine Krankheit mich im Griff hat. Heute bin ich stark genug, selbst zu entscheiden. Die, die mir helfen, sollen es nicht bereuen."

„Bitte, Alejandra“, sagte Jan, „tu das nicht. Wir könnten gemeinsam für eine bessere Zukunft sorgen.“

„Ach, mein Junge. Ich weiß, welche Frau ich war und welches Wrack ich morgen sein werde. Ich habe nicht alles richtig gemacht. Aber ich habe ein Recht, in Würde zu sterben.“

Sie wandte sich an Ignacio: „Hast du die Pistole?“

„Warum die Pistole?“

„Hast du die Pistole?“

Ignacio legte die Waffe neben den schwarzen Umschlag.

„Lass mal sehen“, sagte Edward, nahm die Waffe in die Hand und spielte mit ihr rum. „Schönes Teil, made in the USA.“

Ignacio sah ihn missbilligend an.

Edward legte die Waffe zurück auf den Flügel, dann hämmerte er unvermittelt auf die Klaviatur und spielte den Anfang von Beethovens 5. Symphonie: Da da da daaa.

„Schicksalssinfonie“, sagte Jan.

„Ich habe mir alles überlegt“, fuhr Alejandra fort.

Ihre Stimme war fest, die Hände zitterten.

„Ich werde Ignacio bitten, mich zu töten. Ihr anderen habt die Möglichkeit, das Zimmer zu verlassen oder zu bleiben. Alle, die bleiben, sollen ihren Anteil an dem schwarzen Umschlag erhalten. Ignacio wird auch den Anteil für Sofía bekommen. Wer gehen will, möge gehen.“

Niemand rührte sich.

Niemand sagte etwas.

„Dann. Ignacio. Bitte.“

Der Fahrer nahm die Waffe, setzte wieder ab.

„Nein. Ich werde es nicht tun“, sagte er. „Ich habe immer gesagt, dass ich es nicht tun werde. Es ist mir egal, ob der Umschlag schwarz oder aus purem Gold ist.“

Er reichte die Waffe an Maya weiter. „Hier. Du hast sie gepflegt. Du kannst sie in den Tod begleiten. Wie war das? Leben und Tod wie Bewegung im Tanz? Dann tanze.“

Die Nepalesin reichte die Waffe an Stella weiter, die sie wortlos an Edward gab, der neben ihr stand.

„Eine Smith & Wesson. Ich habe eine zu Hause“, sagte Edward, „aber ich habe gestern keinen Umschlag bekommen, also bin ich nicht gemeint. Ich sollte nicht hier sein.“

„Dann verschwinde“, sagte Geronimo.

Edward gab Jan die Pistole und verließ den Raum.

Jan hatte noch nie eine Feuerwaffe in der Hand gehabt. Er erinnerte sich an seine Pfeil-und-Bogen-Attacke, als er auf den Dornenjesus schoss und beinahe Lydia getroffen hätte.

Er schaute nach links, auf Geronimo, seinen zornigen Bruder, den nächsten und letzten in der Reihe. Würde Geronimo schießen?

„Jan, was ist?“, mahnte Alejandra.

Jan zögerte weitere drei Sekunden, ehe er Geronimo die Waffe in die Hand drückte.

Der ließ die Waffe wie ein Cowboy rotieren und gab sie an Alejandra: „Du siehst, alles Schwächlinge hier.“

Alejandra nahm die Waffe in die rechte Hand. „Ich bin euch nicht böse. Ihr meint es gut. Bitte, denkt manchmal an mich.“

Sie setzte sich die Pistole an die Schläfe.

Sie zitterte.

Sie ließ die Waffe zurück in ihren Schoß sinken.

Sie unternahm einen neuen Versuch. Diesmal mit beiden Händen. Sie hielt den Lauf direkt an ihr Herz.

Sie spannte den Abzug, sie mobilisierte alle Kräfte, sie drückte zu, sie schoss.

Ein lauter Knall.

Ihr Oberkörper fiel zur Seite.

„Das kann nicht sein“, schrie Ignacio.

Maya beugte sich über Alejandra.

Stella schrie auf.

Edward stürzte zurück in den Saal: „Was ist passiert?“

Jan versuchte, Alejandra in ihrem Sessel aufzurichten. Auf dem schwarzen Kleid erschien ein dunkelroter Blutfleck.

Wie in Zeitlupe wiederholte sich der Selbstmord in Jans Kopf.

Alejandra zitterte.

Sie nahm die Waffe in die rechte Hand.

Hielt sie an die Schläfe.

Sie war schwach, zu schwach, um abzudrücken.

Sie nahm die linke Hand zu Hilfe.

Sie verdrehte die Hände, bis der Lauf auf ihre Brust zeigte.

Sie mobilisierte ihre letzten Kräfte.

Ihr Gesicht verzerrte sich vor Schmerz.

Der Zeigefinger der rechten Hand bewegte sich.

Der Schuss wurde ausgelöst.

Die Kugel flog ihre tödliche Strecke und zerfetzte Alejandras Herz, das in tausend Stücke zersprang.

Eines der Herzstücke sah aus wie Jan.

Er erschrak.

Er spürte den Schmerz, als wäre er selbst getroffen.

Er umarmte sie.

Auf Alejandras schwarzem Kleid erschien ein dunkelroter Blutfleck.

Maya legte eine Hand auf Jans Schulter: „Du musst loslassen."

Jan wachte aus seiner Trance auf.

Ein Fluss von Tränen strömte über sein Gesicht.

Ignacio war außer sich: „Ich hatte die Waffe nicht scharf geladen. Einer von euch ist ein Mörder."

„Wir alle sind Mörder", sagte Geronimo. Er hatte den schwarzen Umschlag in der Hand. „Wollt ihr wissen, was drin ist?"

„Du hast kein Recht …", protestierte Stella.

„Hab ich doch. Haben wir alle. Es ist ein Scheck. Er lautet auf … hundert Millionen Dollar."

„Macht 16,66 Millionen für jeden von euch", rechnete Edward vor, „wenn wir Sofías Anteil mit einrechnen."

„Ihr dürft jetzt keine Fehler machen", fuhr Edward fort. „Ich denke, als Erstes rufen wir den Hausarzt an. Und den Notar. Ist gut möglich, dass es ein weiteres Testament gibt."

„Ich will wissen, wer die Waffe manipuliert hat", schrie Jan und zeigte auf Geronimo.

„Was habe ich mit der Waffe zu tun? Du hast sie mir in die Hand gedrückt."

„Ich will das Geld nicht", sagte Maya.

„Macht dann 20 Millionen“, rechnete Edward vor.

„Entweder nehmen wir alle das Geld, oder keiner“, rief Geronimo. „Wenn Maya das Geld nicht will, soll sie es ihrem Buddha stiften.“

„Hört auf mit dem Gerede“, schrie Jan. „Mutter ist tot. Und ihr denkt nur ans Geld und wie wir damit durchkommen.“

Jan sank weinend zu Boden.

Maya setzte sich neben ihn.

Jan legte seinen Kopf auf die Schulter der Nepalesin.

„Sie wollte sterben“, sagte Maya.

Jans Laptop auf dem Kaminsims sendete noch immer in das Kölner Krankenzimmer.

Jan sah seinen leblosen Vater und Pflegeroboterin Dana, die Gerhards Hand hielt. Hatte sie alles mitbekommen?

Kapitel 14

Doktor Palazón holte das verformte Projektil aus Alejandras Brustkorb und stellte „Tod durch Herzversagen“ fest.

Maya nahm die Kugel an sich.

Die Beerdigung fand im engsten Familienkreis auf Recoleta statt, dem Friedhof der Reichen und Mächtigen, wo – vierundzwanzig Jahre nach ihrem Tod – auch Eva „Evita“ Perón im Familiengrab der Duartes die letzte Ruhe gefunden hatte.

Notar Guillermo Hitschler eröffnete das Testament zwei Stunden nach der Beerdigung. Die Erbansprüche der Kinder von Doña Alejandra wären durch die am Freitag übertragenen Summen vollständig abgegolten. Das Geld aus dem schwarzen Umschlag hätte er nach dem Willen von Doña Alejandra aufgeteilt.

Das verbliebene Bargeld, eine Summe von etwas über dreihunderttausend Dollar, war für eine Stiftung zum Wohl argentinischer Straßenkinder.

Das Haus in Buenos Aires wurde Sofía und Ignacio Valdez zugesprochen.

Maya würde ein Jahr das Gehalt weiter ausgezahlt.

Für Stella, Geronimo und Jan hatte Alejandra Andenken ausgesucht, drei Gemälde, die sie von ihren Ehemännern und Vätern ihrer Kinder bekommen hatte.

Stella erhielt ein Selbstporträt von Frida Kahlo.

Geronimo freute sich über ein monumentales Bild von Diego Rivera, Kahlos kommunistischem Ehemann.

Jan bekam ein Bild von Andy Warhol, auf dem ein Foto von Alejandra viermal in bunten Farben wiederholt wurde.

Das Testament sah außerdem vor, dass sich jeder ein persönliches Andenken aussuchen könnte.

„Ich will die Pistole“, sagte Jan.

„Die kannst du nicht mitnehmen“, sagte Ignacio.

„Ich kann das regeln“, ließ sich Edward Frost hören. „Aber was willst du mit der Waffe?“

„Sie ist der letzte Gegenstand, den Alejandra in der Hand hatte“, sagte Jan. „Ich werde sie in Ehren halten.“

„Wir sollten die Waffe verschwinden lassen“, sagte Ignacio.

„Hast du doch ein schlechtes Gewissen“, sagte Jan. „Du warst es, der die Waffe gekauft hast.“

Sofía murmelte eine ihrer Litaneien.

„Warum sollte ich Doña Alejandra töten?“, fragte Ignacio. „Ja, ich habe die Waffe gekauft. Aber ich habe darauf geachtet, dass die Pistole nicht scharf geladen war. Ich wollte nichts riskieren. Ihr habt euch nie um Alejandra gekümmert.“

„Spiel dich nicht so auf“, rief Geronimo.

„Ignacio“, sagte Edward, „du hast ihr Haus geerbt. Du und deine Frau haben doppelt so viel Geld aus dem schwarzen Umschlag bekommen wie alle anderen.“

„Und du, Edward, bist sauer, weil du gar nichts bekommen hast“, sagte Geronimo. „Ist das kein Motiv, Rache, Enttäuschung?“

„Ich brauche das Geld nicht“, sagte Edward, „aber Jan braucht es. Für seine Firma.“

Es war ein böser, nutzloser Streit.

Stellas Familie und Geronimo verließen Buenos Aires gemeinsam am Mittwochnachmittag. Geronimo hätte in San Francisco etwas zu erledigen. Edward bot an, er könnte in ihrem Haus übernachten.

Geronimo lehnte ab: „Sechs Tage Familie am Stück ist das Höchste, was ich ertragen kann. Die hatten wir. Ich muss dringend andere Gesichter sehen.“

„Danke gleichfalls“, sagte Stella.

Li Lián aus Shenzen rief an: „Was ist los? Drei Tage sind längst rum und du hast dich nicht gemeldet.“

„Es ist viel geschehen. Meine Mutter ist gestorben.“

„Mein Beileid“, sagte der Chinese, „dabei warst du so hoffnungsvoll wegen des Herzschrittmachers.“

Es entstand eine Schweigeminute, die von Li unterbrochen wurde: „Ich habe deine neuen Pläne analysiert.“

„Und?“

„Ich denke, es wird funktionieren. Wir haben im Chip einen piezoelektrischen Blutdrucksensor, der den Druckunterschied fühlen und daraus Energie gewinnen kann. Wir müssten testen, ob die Wirksamkeit ausreicht, den Chip mit der nötigen Energie zu versorgen. Es kann nicht schaden, die Zahl der Transistoren weiter zu verringern, wie du vorgeschlagen hast. Möglicherweise brauchen wir für das Komplettsystem etwas mehr Platz."

„Zu groß darf der Chip nicht werden, wenn er implantiert werden soll."

„Wenn ich von groß spreche, meine ich immer Nanometer."

„Bis wann kann ich mit Prototypen rechnen?"

„Nächstes Jahr."

„Nächstes Jahr ist in fünf Wochen."

Auf Jans Bankkonto waren zwei Zahlungseingänge vorgemerkt, fünf Millionen Dollar und 16.666.666,66 Dollar, die Summe aus dem blauen und sein Anteil aus dem schwarzen Umschlag. Die Beträge waren seinem Konto noch nicht gutgeschrieben.

Er rief seinen Bankberater an, der Markus Thaler hieß, obwohl Mark und Taler als Währung ausgedient hatten.

Nein, es bestünde kein Grund zur Aufregung, versicherte Herr Thaler, die Bank wollte nur sichergehen. Wenn Jan sagte, dass er diese Zahlungen erwartete, wäre alles in Ordnung. Das Geld stünde morgen zur Verfügung. Die Bank würde ihm gerne behilflich sein, die Summe anzulegen.

„Nein, danke", sagte Jan.

Wie viel Geld hatte die Bank mit der verzögerten Überweisung auf sein Konto verdient? Bei einem moderaten Zinssatz von vier Prozent machten das an einem einzigen Tag 2374,42 Euro.

„Kann man die Bank auf Schadenersatz verklagen?", fragte er Anwältin Norma Markovic am Telefon.

„Klagen Sie nur", sagte eine dunkle Frauenstimme, „ich freue mich über jedes Honorar."

„Also besser nicht?"

„Sie haben anderes zu tun. Power Blood. Der deutsche und europäische Schutz der Marke ist gesichert."

Frau Markovic machte eine lange Pause.

„Was ist los?“, fragte Jan.

„Ich habe Kund*innen, die würden sich jetzt bedanken. Sie sind ein Kunde, den ich nicht einmal persönlich kenne. Wer ist so verrückt, einen Anwalt per E-Mail zu beauftragen? Und welcher Anwalt ist so verrückt, einen solchen Auftrag per E-Mail anzunehmen? Sie müssen irre sein.“

„Danke“, sagte Jan.

„Ich habe Erkundungen eingeholt. Kind aus reichem Hause, das meine nächsten sechs Rechnungen bezahlen kann.“

„Die siebte wäre auch drin“, unterbrach Jan.

„Warten Sie meine erste Rechnung ab. Die Firmengründung ist vorbereitet. Wann sind Sie zurück in Köln?“

„Am Freitag.“

„Dann sehen wir uns Samstag um elf in meinem Büro.“

Kapitel 15

Es klopfte an Jans Tür.

„Señor Batsch, sind Sie da?", rief eine Männerstimme.

Jan öffnete.

Draußen stand der junge Portier Horacio in Begleitung eines schlecht gelaunten Mannes.

„Das ist Comisario Fernando Brusco", sagte Horacio.

Der Mann nickte.

„Polizei?", fragte Jan.

„Es geht um Ihr Portemonnaie", sagte Horacio.

„Was ist mit meinem Portemonnaie?"

„Wir haben es gefunden."

„Sie haben es gefunden?"

Der Comisario nickte. „In einem Waffengeschäft. Der Inhaber sagt, Sie hätten eine Smith & Wesson und Munition gekauft."

„Habe ich nicht. Und mein Portemonnaie ist auch nicht weg."

Jan tastete an die linke Hosentasche, da war nichts. „Ist doch weg. Muss es verloren haben. Oder ich bin bestohlen worden."

„Mit der Pistole ist eine Frau erschossen worden."

Jan erbleichte.

„Eine von diesen alten Hundefrauen am Friedhof La Recoleta. Am Samstagmorgen."

Jan sah die arme Alte mit den vielen Hunden vor sich, die Ignacio angefahren hatte. Wo war Ignacio am Samstagmorgen gewesen? Wo war die Pistole jetzt?

„Die Spuren sind eindeutig", fuhr der Comisario fort. „Der tödliche Schuss kam aus dem Lauf der Waffe, die Sie gekauft haben. Haben Sie die Waffe hier?"

„Ich habe keine Waffe."

„Dann haben Sie nichts dagegen, wenn ich mich in Ihrem Zimmer umsehe?"

Der Comisario schob Jan beiseite. Er sah den gepackten Koffer. „Sie wollen uns verlassen?"

„Ja."

„Darf ich?“, fragte der Comisario, öffnete den Koffer und tastete die gepackten Gegenstände ab.

„Alles ordentlich, Señor Bach.“

Der Polizist sprach seinen Namen korrekt aus.

„Was ist mit meinem Portemonnaie? Geld? Kreditkarten? Personalausweis? Führerschein?“

Der Comisario nickte. „Die Polizei der Stadt Buenos Aires freut sich, Ihnen Ihr Portemonnaie zurückgeben zu können. Wenn Sie bitte den Empfang quittieren könnten.“

Der Polizist hatte das Formular vorbereitet und deutete auf die Stelle, an der Jan unterschreiben sollte.

„Wenn ich bitte erst das Portemonnaie …“

„Sicher“ sagte der Polizist und gab ihm die Börse.

„Es fehlen fünfhundert US-Dollar“, sagte Jan.

„Das ist ärgerlich“, sagte der Comisario, „ich habe das Portemonnaie so bekommen, wie es hier liegt.“

Jan unterschrieb die Empfangsbestätigung und verabschiedete die beiden ungebetenen Gäste.

Horacio trat von einem Bein aufs andere.

„Ist was?“, fragte Jan.

„Die Bearbeitungsgebühr“, sagte der Portier.

„Welche? Ah. Ich verstehe.“

Jan holte aus der Innentasche seines Jacketts einen Briefumschlag hervor, in dem Bargeld steckte.

„Horacio, wie kann ich mich bei dir und Comisario Brusco bedanken? Er darf ja kein Geld annehmen.“

Der Comisario nickte.

„Wenn ich dir etwas geben sollte, Pesos oder Dollars?“

„Dollars“, sagte der Portier.

Jan drückte Horacio zwei 100-Dollar-Scheine in die Hand, die blitzschnell in dessen Hemdsärmeln verschwanden. Horacio verneigte sich tief und zog den Comisario aus dem Zimmer.

„Bleiben Sie vorsichtig“, sagte der Polizist, „und hüten Sie sich vor Pistolen.“

Das Haus war leer. Aus der ersten Etage, wo Alejandra nicht mehr wohnte, kam Musik. Kein Mozart.

Eine exotischere Musik. Die sich wiederholte. Immer wieder.

Maya war dabei, ihre buddhistischen Fähnchen abzuhängen. Sie stand neben dem Bild der Kindgöttin.

„Sie sieht aus wie du“, sagte Jan.

Maya schaute ihn an. „Das war ein anderes Leben.“

Das Lied entfaltete eine magische Wirkung.

„Was bedeutet der Gesang?“, fragte Jan.

„Om mani padme hum“, antwortete Maya, „das bekannteste Mantra des Buddhismus; wörtlich aus dem Sanskrit übersetzt heißt es: ‚Oh du Juwel in der Lotusblüte', das Mantra ist ein universeller Ausdruck der Liebe und des Mitgefühls. Wenn du es 108-mal wiederholst, wirkt es am stärksten.“

„Liebendes Mitgefühl“, sagte Jan, „Alejandra hat mir aufgetragen, mich um dich kümmern, wenn es so weit wäre. Ist es so weit?“

„Ich weiß nicht“, sagte die Nepalesin. „Ich weiß nicht, wie mein Leben ohne Ihre Mutter aussehen wird. Ich liebe Buenos Aires. Argentinien. Sofía und Ignacio haben gesagt, ich könnte hier wohnen, solange ich will.“

„In Deutschland bist du immer willkommen.“

„In Deutschland ist es kalt.“

„Im Himalaya auch.“

Ignacio erschien kurz vor 15 Uhr.

„Wo warst du am Samstagmorgen?“, herrschte Jan ihn an.

„Samstagmorgen? Samstagmorgen. Da war ich im Krankenhaus. Mit Maya. Bei deiner Mutter. Warum willst du das wissen?“

„Ich hatte Besuch von der Polizei. Hast du die arme Hundesitterin am Friedhof La Recoleta erschossen?“

„Jan“, sagte Ignacio mit ehrlicher Empörung, „was soll der Unsinn. Ich würde doch einer Frau nichts tun.“

„Du hast sie angefahren und bedroht.“

„Das war eine Warnung. Was war das für ein Polizist?“

„Frag Horacio, der hat ihn mitgebracht.“

„Ach, Horacio. Wie viel hast du bezahlt?“

„Was meinst du?“

„Die werden doch nicht so gegangen sein.“

„Zweihundert Dollar.“

„Du bist der dümmste Deutsche, der jemals argentinischen Boden betreten hat. Horacio hat dich ausgenommen. Und der angebliche Polizist mit. Obwohl, der war vermutlich echt."

„Sie haben mir mein Portemonnaie zurückgebracht, das verschwunden war."

„Und, alles drin?"

„Das Bargeld fehlte. Rund 500 Dollar."

„Arme Polizisten sind die schlimmsten."

Ignacio zeigte Jan eine Holzkiste. „Das ist für dich."

„Was soll das sein?"

„Das ist die Spezialverpackung für das Andy-Warhol-Bild deiner Mutter. Dein Schwager Edward kannte sich aus und hat alles bezahlt. Ich bringe das zu einer Kunst-Spedition, die dir das Bild nachschicken wird. Das kann dauern, bis es in Köln ist. Und wenn es dann ankommt, sei vorsichtig."

„Warum soll ich vorsichtig sein?"

„Der Rahmen hat einen doppelten Boden, in dem Alejandras Pistole versteckt ist."

„Und das geht durch den Zoll?"

„Ist gut abgeschirmt. Wer weiß schon so genau, was Warhol in seinen Werken verarbeitet hat."

Ignacio packte Jans Koffer in das Mercedes-Cabrio.

Sofía verdrückte ein paar Tränen zum Abschied.

Maya legte ihm einen indigoblauen Schal über die Schultern. „Kaschmirwolle. Handarbeit aus Kathmandu. Damit du im kalten Köln überlebst. Und damit du an mich denkst."

Sie faltete die Hände vor ihrer Brust, neigte den Kopf und sagte: „Namasté."

„Namasté", antwortete Jan mit der gleichen Geste.

Auf dem Weg zum Flughafen machte Ignacio Halt am Café La Biela. Nach dem obligatorischen Gruß an Juan Manuel Fangio suchte er die Wiese ab, die nach oben zum Eingang des Friedhofs La Recoleta führte.

„Da ist sie", sagte er und ließ das Cabrio in den Weg hineinrollen, der für Fußgänger und Leichenwagen gedacht war.

Er stoppte vor der alten Hundesitterin. „Abuelita, der Deutsche in meinem Wagen hat mir vorgeworfen, ich hätte dich erschossen. Was sagst du dazu?"

„Ignacio, du fetter Nichtsnutz", rief sie, „hättest du das mal getan, dann müsste ich nicht so ein elendes Hundeleben führen."

„Du kennst diese Frau?", fragte Jan.

„Arme Verwandtschaft. Ihr Sohn ist bei der Polizei."

Kapitel 16

Am Flughafen San Francisco stieg Geronimo in ein Mustang Cabrio um. Er liebte es, über die kalifornischen Highways zu cruisen.

Er wählte die Nummer seines Appartements in Mountain View. „Hola Fine, Geronimo hier. Entschuldige, dass ich mich so kurzfristig melde. Ich bin in einer halben Stunde bei dir."

„Kein Problem, ich freue mich."

Geronimo mochte seine deutsche Mieterin. Sie war superintelligent, hatte in Stanford promoviert, pflegte seine Wohnung wie ihre eigene.

Er selbst nutzte das Appartement kaum.

Mountain View war seine amerikanische Basis. Für einen US-Mexikaner wie ihn war es praktisch, im Silicon Valley eine Zuflucht zu haben, wo Banker keine Fragen stellten, wenn man ein paar Millionen in bar deponieren wollte.

Fine hatte neben der amerikanischen die mexikanische Flagge gehisst, umarmte und küsste ihn zur Begrüßung.

Geronimo sah, wie schön sie war. Schulterlange braune Haare. Schlank. Sportlich.

Sie tischte ein Schnitzel mit Kartoffelsalat auf, dazu ein kühles deutsches Pils.

„Als ob du mich erwartet hättest", freute sich Geronimo.

„Du weißt doch, auf Männerbesuche bin ich vorbereitet."

Geronimo ging davon aus, dass sie einen Freund hatte. Erzählt hatte sie mal von einem Sugardaddy.

„Ich komme gerade aus Buenos Aires", sagte Geronimo.

„Steht noch auf meinem Wunschzettel", sagte Fine.

„Meine Mutter ist gestorben."

„Das tut mir leid."

„Meine Mutter war Argentinierin. Eine Pianistin."

Geronimo hatte Tränen in den Augen.

Fine nahm ihn in den Arm und seufzte: „Buenos Aires."

„Ja, Buenos Aires. Eine wunderbare Stadt."

„Ich hatte heute schon Erfahrungen mit Buenos Aires. Ich arbeite seit ein paar Monaten für die Bears Corporation. Internet-Recherchen. Dabei habe ich entdeckt, dass eine Frau aus San Francisco in Buenos Aires eine Firma gegründet hat. Mit dem Namen Revolución LLC."

„Revolución, das ist mein Name."

„Habe ich auch gleich gedacht."

„Wie heißt die Frau?"

„Stella Frost."

„Mierda", schimpfte Geronimo, „was soll der Scheiß?"

„Was weiß ich! Revolución LLC hat die amerikanischen Markenrechte für etwas namens PowerBlood erworben."

„Sagt mir nichts."

„Ein Deutscher, Jan Christian Bach, hat Webdomains mit PowerBlood angemeldet. Auch von Buenos Aires aus."

„Hijos de puta", schimpfte Geronimo. „Jan lebt in Köln. Er ist mein Halbbruder. Stella ist meine Zwillingsschwester. Die hecken was aus. Ohne mich. Was für eine Scheißfamilie."

„Stella Frost ist deine Schwester?"

„Ja. Meine Schwester. Zwölf Minuten älter als ich."

„Mierda", sagte Fine.

„Warum sagst du das?"

„Stella ist die Frau meines Sugardaddys."

„Du treibst es mit Edward Frost?"

Fine nickte.

„Du hilfst ihm, meine Schwester zu betrügen."

„Ich betrüge niemanden. Er sagt, dass seine Frau ihn betrügt. Mit einem Mexikaner."

„Mexikaner. Ausgerechnet. Edward ist ein Rassist."

„Er ist charmant. Auf seine Art."

„Zahlt er gut?"

„Ich beklage mich nicht."

Kapitel 17

Samstag um neun Uhr erschien Jan im CoWoK.

Lydia hatte Dienst an der Kaffeebar.

„Ich bin wieder da“, sagte Jan.

Lydia reagierte nicht.

„Einen Cappuccino bitte.“

„Ich nehme Bestellungen nur schriftlich entgegen. Schreib auf diesen hellgrünen CoWoK-Zettel. Wie sonst auch.“

„Lydia, ich war in Buenos Aires.“

„Wie schön für dich. Ich war hier. Habe auf dich gewartet. Es sollte ein Abendessen geben. Alles außer Pizza.“

„Ich hatte eine Notiz hinterlassen.“

„Sag ich ja. Auf einem hellgrünen Zettelchen. Wie konnte ich das nur übersehen.“

„Meine Mutter hatte einen Herzinfarkt“, sagte Jan.

„Armer Junge.“

Jan stampfte in sein CoWoK-Büro.

War alles zu klein hier. PowerBlood musste groß werden. Er brauchte eine ganze Etage. Mindestens.

Er ging zurück an die Kaffeebar. „Bitte einen dieser hellgrünen CoWoK-Zettel.“

Lydia lächelte. „Hier, bitte.“

„Hast du auch einen Stift?“

Lydia zeigte auf ein Glas, in dem CoWoK-Kulis steckten.

Jan schrieb: „Lydia, in der letzten Woche hat sich manches verändert. Ich möchte dich auf eine Pizza einladen. Bitte.“

Er schob den Zettel zu ihr hinüber.

Sie las, drehte den Zettel um, schrieb etwas und schob ihn zurück zu Jan.

„Pizza? Heute Abend. 21 Uhr.“

„Maria Magdalena, was weißt du über Rechtsanwältin Norma Markovic?“, fragte Jan auf der Fahrt zum vereinbarten Termin.

Sein schlaues Handy antwortete nach drei Sekunden: „Sie ist Spezialistin für Markenrecht, Designrecht, Werberecht, Marketingrecht und Internetrecht. Sie arbeitet in einer Praxisgemeinschaft mit einem Kollegen für Handels- und Gesellschaftsrecht zusammen. Sie spricht und schreibt mit Gender*innen-Sternchen."

„Gender*innen-Sternchen, das Wort gibt es nicht."

Norma Markovics Kanzlei lag in einem Neubau in Mülheim unweit des Rheins. Die Inneneinrichtung war von schlichter Funktionalität. Ein paar gerahmte Fotodrucke an den Wänden.

Die Vorzimmerdame war freundlich. Ende dreißig. Halblange dunkle Haare. Lächeln.

„Ich möchte zu Frau Markovic", sagte Jan.

„Dann sind Sie Herr Bach", sagte die Frau mit tiefer Stimme. Es war die Stimme der Frau, mit der er telefoniert hatte.

„Kommen Sie", sagte sie zu ihm.

„Darf ich vorstellen? Mein Kollege Jörg Zielinski. Unsere Assistentin Vera Salm. Jan Christian Bach, CEO von PowerBlood."

Der Anwalt, Mitte vierzig, trug Jeans und T-Shirt.

Die Assistentin kam Jan bekannt vor, aber woher? Sie hatte mittelblonde Haare, die ihr bis auf die Schulter reichten.

„Kennen wir uns?", fragte sie.

„Das habe ich mich gerade gefragt", sagte Jan.

„Kann sein aus dem CoWoK", sagte sie, „meine Freundin arbeitet dort. Sie hat von Ihnen erzählt. Sie haben sie versetzt."

Anwalt Jörg Zielinski hatte genaue Vorstellungen darüber, wie sich PowerBlood als Firma entwickeln sollte, von der Ein-Personen-Gesellschaft zur Aktiengesellschaft.

„Wissen Sie, Herr Bach", sagte Norma Markovic, „es kommt nicht oft vor, dass man das Gefühl hat, bei etwas Großem von Anfang an dabei zu sein. Wir glauben an Sie. Und wir haben die Zeit, uns um Ihr Unternehmen zu kümmern. Unsere sonstige Auftragslage ist …"

„Überschaubar", ergänzte Jörg Zielinski.

Jan gefiel diese Offenheit.

„Wir haben einen weiteren Vorschlag", sagte die Anwältin. „Vera ist die Kreative in unserem Team. Willst du?"

Die Assistentin breitete Kartons auf dem Konferenztisch aus, drei Entwürfe des PowerBlood-Schriftzuges in jeweils unterschiedlichen Größen, vom Web-Logo bis zur Plakatauflösung.

„Was sagen Sie?", fragte Norma Markovic.

Vera schaute ihn erwartungsvoll an.

„Eigenartig", sagte er, „ich hatte keine genauen Design-Vorstellungen, außer, dass das Logo ein rotes Herz enthalten sollte. Als Andenken an meine Mutter. Genau wie in Ihrem dritten Entwurf."

Jan holte Kobe zu Hause ab und fuhr in die Lindenthal-Klinik. Pflegeroboterin Dana erschrak, als sie ihn und den Hund sah.

Jan überreichte ihr einen rotblühenden Weihnachtsstern.

„Für mich?", fragte die Roboterfrau.

„Mein Vater hat Weihnachtssterne geliebt. Stellen Sie ihn an sein Bett. Zweimal gießen pro Woche."

Kobe riss sich los und stürmte in Gerhards Zimmer. Jan und Dana folgten. Der Hund leckte Gerhards Gesicht.

„Was meinen Sie, wird mein Vater sich jemals erholen?"

„Mein Konstrukteur hat gesagt, dass man jedes Programm reparieren und verbessern kann."

„Haben Sie ein Video von meinem Anruf aus Buenos Aires?"

„Ja", sagte Dana.

„Löschen Sie alle Kopien, auch die in Ihrem Gedächtnis."

Dana zog ihr Hemd hoch und gab den Blick auf einen Bildschirm frei. „Videodatei gelöscht" war dort zu lesen.

„Gut gemacht", sagte Jan.

Pünktlich um neun Uhr abends erschien Jan im CoWoK.

Lydia erwartete ihn.

Giovanni hatte für sie den „besten Tisch" reserviert.

„Ich möchte mich noch einmal für letzten Freitag entschuldigen", begann Jan das Gespräch.

„Schon vergeben. Was ist mit deiner Mutter?"

Jan erzählte. Von der Hoffnung, die sie hatten, als es Alejandra nach der Herzschrittmacher-OP besser ging.

Wie er zu den PowerBlood-Chips inspiriert wurde, und dass Alejandra dann trotzdem gestorben wäre.

„Mein Beileid“, sagte Lydia.

„Wenigstens konnte ich mich von ihr verabschieden.“

Das Essen nahmen sie schweigend zu sich. Beim Espresso kam Jan auf PowerBlood zurück: „Ich brauche mehr als ein Büro im CoWoK. Ich brauche eine ganze Etage. Mindestens.“

„Klingt großartig“, sagte Lydia.

„Aber?“

„Wenn ich dich reden höre, ist immer alles bestens. Erst warst du Feuer und Flamme für deine Tests im CoWoK. Jetzt wirfst du sie weg, weil du etwas anderes hast.“

„So ist es nicht. Ich habe immer nach dem gesucht, was ich jetzt gefunden habe. Energie für meine Mikrochips. Ich wusste nur nicht, dass es eine Lösung gibt, die ohne Batterie auskommt.“

Jan erzählte von seinen Vertragsgesprächen in der Kanzlei Markovic & Zielinski am Spreeufer.

„Ich habe Vera kennengelernt. Sie sagte, sie wäre deine Freundin und du hättest mit ihr über mich gesprochen.“

„Ja. Sie ist meine beste Freundin. Oder etwas mehr.“

„Sie hat Logos für PowerBlood entworfen.“

„Hat sie mir gezeigt. Ich habe vorgeschlagen, das Herz im Kreuz rot einzufärben. Das könnte ein Markenzeichen werden.“

„Die Version mit dem roten Herzen hat mir gefallen.“

„Echt?“

Jan schaute ihr in die Augen: „Willst du für mich arbeiten?“

Lydia fiel der Espresso-Löffel aus der Hand.

„Als PR-Frau. Pressefrau. Kommunikationschefin?“

„Ich studiere auf Lehramt.“

„Das passt schon.“

Jans Handy vibrierte. „Hier ist Norma Markovic. Störe ich?“

„Sie stören nicht“, sagte Jan.

„Ein Unternehmen aus San Francisco hat die Amerikarechte für eine Marke namens PowerBlood.“

„Was?“, rief Jan.

„Ich habe recherchiert“, fuhr Norma fort, „beantragt wurden sie am letzten Samstag.“

„Edward Frost“, sagte Jan.

„Ich habe Sie nicht verstanden.“

„Edward Frost. Mein Schwager. War mit in Buenos Aires.“

„Was ist mit ihm? Kann er uns helfen?“

„Edward Frost ist der Mann meiner Halbschwester.“

„Die Firma, die uns ärgert, heißt ‚Revolución'.“

„Das klingt nach Geronimo. Geronimo Rodriguez. Mein Halbbruder. War auch in Buenos Aires. Wohnt in Tijuana. Ist am Donnerstag mit den Frosts nach San Francisco geflogen.“

„Da hat Ihre Sippe gemeinsame Sache gemacht.“

„Kann sein. Ich werde das regeln. Wir konzentrieren uns auf Deutschland und Europa. Und Asien. Und Australien. Sorgen Sie dafür, dass nichts schiefgeht.“

„Du machst das gut, Boss“, lobte Lydia.

„Ich wollte nie Boss sein.“

„Du wolltest eine Antwort auf dein Jobangebot“, sagte sie.

„Einen Moment“, sagte er, „mir ist schwindelig.“

„Was ist?“, fragte Lydia besorgt.

„Nichts“, sagte Jan und wankte in Richtung Toilette.

Er hielt sich am Waschbecken fest.

Er war außer Atem, musste sich übergeben.

„Geht es dir besser?“, fragte Lydia bei Jans Rückkehr.

„Es ist nichts“, sagte Jan, „nichts Schlimmes. Kreislauf. Ich hab in den letzten Tagen einiges mitgemacht.“

„Gilt dein Job-Angebot noch?“

„Ja, sicher.“

„PowerBlood. Ich bin dabei“, sagte Lydia.

Kapitel 18

Den Sonntag verbrachte Jan zu Hause im Bett.

Wenn er sich von der rechten auf die linke Seite drehte, drehten sich auch Wände und Möbel in seinem Kopf, rutschten wieder und wieder nach unten und kamen doch nie an.

Er wollte an seinen PowerBlood-Chips arbeiten und schaffte es nicht, länger als eine Viertelstunde bei der Sache zu bleiben.
„Maria Magdalena, rufe Walter an. Er muss herkommen. Er soll was zu Trinken mitbringen."

Jan hatte die Bettdecke über den Kopf gezogen.

Viel zu laut und viel zu munter wurde er geweckt.

„Das ist dein geheimnisvoller Freund", hörte er eine rauchige Frauenstimme. Im selben Augenblick zog ihm jemand die Decke weg und dieselbe Frauenstimme sagte: „Dein Freund schläft nackt."

„Walter", rief Jan, „was ist los?"

„Das war Walla", sagte Walter und warf Jan T-Shirt und Boxershorts zu, die auf dem Stuhl vor dem Bett lagen. „Ich habe dir von ihr erzählt."

„Wann?"

„Am Telefon. Du hast aus Buenos Aires angerufen."

„Ach ja, die Tantra-Tante. Wo ist sie? Ich sehe niemand."

„Wird schon wiederkommen."

Jan zog sich an.

„Schön, dass du da bist. Ich brauche deine Hilfe. Deinen Rat. Ich möchte beichten."

„Vorher einen Espresso und einen Whisky?", fragte Walla.

Sie balancierte ein Tablett mit Getränken.

Was für ein Auftritt. Was für eine Erscheinung. Lange rote Haare, große grüne Augen, Sommersprossen, perfekte Zähne für ein strahlendes Lächeln, weißes T-Shirt mit rundem Ausschnitt, roter Minirock, rote High Heels.

„Sie sind Walla?"

„Walburga Windeck, wenn Sie es genau wollen."

„Angenehm. Jan Christian Bach."

„Hat Walter mir schon gesagt. Sie sind der Theologe, der aus der Kirche ausgetreten ist."

„Und Sie sind Fotomodell?"

Walla lachte, schüttelte ihr Haar und setzte sich in Pose: „Ist Fotografieren Ihr Hobby?"

„Nein."

„Ich bin Finanzbeamtin."

„Finanzamt?"

„Finanzministerium. Dienstsitz Bonn."

„Ist jetzt gut mit Rumgegurre?", ging Walter dazwischen. „Walla, das ist Jan. Jan, das ist Walla. Und jetzt möchte ich wissen, warum du uns am heiligen Sonntag hergerufen hast."

Neben der flotten Walla wirkte Pfarrer Prüm im karierten Flanellhemd wie ein Darsteller aus „Bauer sucht Frau".

Jan nahm den Espresso.

Walla trank Mineralwasser.

Walter schlürfte den Whiskey.

„Entschuldigt", sagte Jan, „ich brauche jemanden, mit dem ich reden kann."

Er berichtete über die Ereignisse in Buenos Aires, erzählte von seiner Mutter, dem „mozartesken" Konzert und dem Selbstmord.

„Bin ich ein Mörder? Ist nur der ein Mörder, der die Waffe geladen hat? Ist niemand ein Mörder, weil meine Mutter sich selbst erschossen hat? War es richtig, dass wir und Alejandras Arzt den Selbstmord verschwiegen haben?"

„Ich verstehe deinen Kummer", sagte Walter, „aber ein Mörder bist du nicht. Die Kirche spricht sich immer für den Schutz des Lebens aus, deshalb wurde Selbstmördern jahrhundertelang ein kirchliches Begräbnis verweigert. Martin Luther hat sich auch dagegen aufgelehnt und mit eigenen Händen einen Jungen beerdigt, der sich das Leben genommen hatte."

„So kirchlich wollte ich es gar nicht", sagte Jan.

„Ich bin dein Freund, aber ich bin auch Pfarrer."

Walla trat an Jans Bett: „Darf ich etwas sagen?"

Jan nickte.

„Wenn ich einer der Augenzeugen des Todes deiner Mutter wäre, dann würde ich Himmel und Hölle in Bewegung setzen, um die Wahrheit herauszufinden. Wer hat die Munition besorgt? Welche Munition wurde benutzt? Wer hat die Waffe geladen? Ich würde nicht ruhen, bis ich den oder die Schuldigen gefunden hätte."

„Die Hölle kannst du außen vor lassen", sagte Walter, „es reicht, den Himmel in Bewegung zu setzen."

„Sie hat recht", sagte Jan, „auch mit der Hölle. Nur habe ich keine Ahnung, wie ich das anstellen soll."

„Indem du jemanden anstellst", sagte Walla.

„Wie meinst du das?"

„Es gibt Detektive, Polizisten, Geheimdienstleute."

„Und Pfarrer", ergänzte Walter.

„Ihr meint, ich sollte Pater Brown anheuern?"

„Ich fürchte, dein Fall wird nicht so lustig", sagte Walla. „Ich könnte mich umhören. Ich kenne da jemanden."

„Aus dem Tantra-Kurs?"

„Aus dem Ministerium."

„Es gibt jemanden hier in Deutschland, der den Tod meiner Mutter beobachtet hat", sagte Jan.

Jan berichtete, wie er für Alejandra die Computerverbindung in das Krankenzimmer seines Vaters hergestellt hatte und wie er vergessen hatte, diese Verbindung zu beenden.

„Ich habe Dana befohlen, alle Dateien zu löschen."

„Ich mag diese künstlichen Menschen nicht", sagte Walter.

„Jan, du Computerexperte", sagte Walla, „wenn du einen Roboter wie Dana programmiert hättest, was hättest du für den Fall der Löschung von Daten vorgesehen?"

„Dass ich eine Sicherungskopie bekomme."

Walla nickte.

„Ich Idiot."

Kapitel 19

Am Montagmorgen erschien Jan erholt im CoWoK. Seine Rechner lieferten gute Ergebnisse: In der letzten Konfiguration mit 500 Millionen Transistoren war die Laufzeit über 1000 Tage; „Echo", der mit der optimierten Transistoren-Konfiguration gerechnet hatte, kam sogar auf 1222 Tage.

Sollte die PowerBlood-Version sich nicht realisieren lassen, könnte man mit der Batterie-Version starten.

Die „lebende" Version musste nur halb so groß sein wie die mit Batterie. Der Sensor, der die Blutdruckunterschiede in Energie umwandeln konnte, war außerdem ein wichtiger Datenlieferant, weil er Blutdruck und Puls messen konnte.

Wie einfach alles war, wenn man die richtige Idee hatte.

Jans Handy klingelte.

„Edward hier. Ich wollte dich nicht beunruhigen."

„Was ist passiert?"

„Stella hatte einen Unfall. Sie ist in der Küche ausgerutscht und mit dem Kopf auf den Steinfußboden geknallt."

„Oh, das tut mir beim Zuhören weh. Wie geht es ihr?"

„Soweit alles o.k. Sie nimmt Schmerztabletten."

„Grüße sie von mir. Oder, besser, gib sie mir mal."

„Sie schläft schon."

„Wie spät ist es bei euch?"

„Kurz nach Mitternacht."

„Dann störe sie nicht. Ich wollte dich auch anrufen."

„Ja?"

„Es geht um meine künftige Firma. Sie soll PowerBlood heißen. Das habe ich euch in Buenos Aires nicht erzählt, da habe ich nur von ImpChips gesprochen. Hast du mir die US-Rechte an der Marke ‚PowerBlood' gestohlen?"

„Wie bitte?"

„Eine Firma aus San Francisco hat die US-Rechte an ‚PowerBlood' beantragt und erhalten. Mein Kölner Anwaltsbüro kam um Stunden zu spät. Warst du das?"

„Aber Jan", sagte Edward, „sicher waren wir das. Deine Schwester und ich. Aber wir haben dich nicht bestohlen. Wir haben die Rechte gesichert."

„Warum hat dann eine Firma namens ‚Revolución' die Rechte und nicht meine Firma PowerBlood?"

„Vielleicht, weil es deine Firma noch gar nicht gab?"

„Oh. Woher wusstet ihr von PowerBlood?"

„Stella war in deinem Zimmer. Sie wollte von unseren Plänen erzählen. Du hast geschlafen. Deine Zeichnung lag auf dem Tisch, da stand das mit PowerBlood drauf. Ich habe im Internet gesehen, dass du eine Webdomain mit dem Namen angemeldet hast. Da musste ich handeln, damit uns keiner zuvorkommt. Du bist leichtsinnig. Ich hatte angeboten, bei deinen Geschäften zu helfen."

„Als Finanzchef?"

„Warum nicht. Du musst nicht alles selbst machen."

„Ich denke drüber nach. Eine letzte Frage. Wenn du ein Versuchskaninchen für die PowerBlood-Chips benötigen würdest, was würdest du nehmen."

„Ein Kaninchen."

Kaninchen! Jan wurde im Kleinanzeigenteil der Zeitung fündig. Angeboten wurde eine „Acht Monate alte Löwenkopf-mix-Dame" mit braunem Fell und weißer Nase.

Im Text hieß es: „Ich suche ein schönes neues Zuhause für meine Löwenkopf-mix-Dame (nicht geimpft!), da sie sich nicht mehr mit den anderen Kaninchen versteht. Im Moment lebt sie in freier Wohnungshaltung & bekommt Heu & frisch Futter zu fressen. Ich würde mir wünschen, wenn sie zu einem netten Männchen kommt, wo sie artgerecht gehalten wird. Abzuholen wäre sie nahe U-Bahnhof Köln-Chorweiler. 20 Euro VB."

„Nicht geimpft", sagte Jan, als er das Tierchen abholte, ein Zwergkaninchen, kaum schwerer als ein Kilo.

„Für 20 Euro kann ich sie nicht impfen lassen", sagte die Hobby-Züchterin, „mit Impfung wäre teuer."

„Verstehe", sagte Jan, „ich werde sie Mixi nennen."

Am Tag vor Heiligabend erschien Jan im CoWoK, Mixi saß in einer Transportbox, Kobe trottete brav hinter ihm her.

Ein Marzipanengel stand vor seiner Bürotür: „Mit den besten Empfehlungen der PowerBlood-PR-Abteilung."

Neben dem süßen Engel lag ein Luftpostpaket aus China. Von Li Lián: „Da du immer so ungeduldig bist, sind hier die ersten drei Prototypen. Die nächste Lieferung ist unterwegs und sollte in zwei Wochen bei dir sein."

In goldenes Papier eingeschlagen entdeckte Jan drei Röhrchen mit den winzigen Chips.

Jan rief Li an: „Du bist ein Zauberer."

„Nein", widersprach der Ingenieur, „ich weiß nur, was ich kann und tun muss. Die Rechnung ist unterwegs."

„Ich dachte, die nächsten Chips sind unterwegs?"

„Die auch. Und die Rechnung."

Jan ging zu Lydia: „Danke, Weihnachtsengel."

„Frohes Fest."

„Du musst mir assistieren.".

„Was hast du vor?", fragte sie.

„Wir haben die ersten Chips. Die will ich testen."

Jan zeigte ihr den Kaninchenkäfig.

„Mixi ist mein Versuchskaninchen. Ich werde ihr den ersten funktionsfähigen PowerBlood-Chip implantieren."

„Keine Tierversuche", protestierte Lydia.

„Das ist kein Tierversuch. Ich brauche nur diese kleine Spritze, um zu sehen, ob der Chip durch den Blutkreislauf des Kaninchens aktiviert wird."

„Ich will das nicht sehen." Lydia wandte sich ab.

„Es reicht, wenn du sie festhältst."

Jan setzte die Spritze an, Mixi zuckte nicht einmal.

„Wie lange soll ich noch …?", sagte Lydia.

„Wir sind längst fertig."

Lydia ließ das Kaninchen vorsichtig frei. Mixi tollte sich zu ihrer Kiste und futterte ihr Heufrühstück.

Jan setzte sich vor seinen Rechner. „Du musst dir das ansehen. Ein kleiner Stich für ein Kaninchen, ein großer Schritt für die Menschheit."

„Implantieren klingt so kompliziert und gefährlich“, sagte Lydia, „warum sprechen wir nicht von impfen?“

„Manche mögen nicht geimpft werden. Wir bringen keinen Wirkstoff in den Körper, sondern einen Mikrochip.“

„Was ist mit chippen?“

„Hunde werden gechippt. Vielleicht finden wir einen neuen Begriff. So wie googeln.“

„Power? Oder Pauer, weil wir ein deutsches Unternehmen sind. Wer einen PowerBlood-Chip bekommt, wird gepowert. Oder gepauert.“

„Wow. Aber bitte die englische Version.“

Auf dem Monitor tat sich etwas.

„Du hast es geschafft?“, fragte Lydia.

„Wir haben es geschafft“, sagte Jan.

PowerBlood-Chip Nr. 000 nahm seine Arbeit auf.

Kapitel 20

Zwischen den Jahren bezog PowerBlood neue Räume oberhalb des CoWoK. Eine Etage mit sieben Einzelbüros, einem Großraumbüro, zwei Konferenzzimmern und Technikräumen.

Es gab ein „Spielzimmer“ mit Tischtennis, Pool-Billard, Fußball-Kicker und E-Piano sowie ein „Wellnesszimmer“ mit Laufbändern, Fitnessgeräten und Massageliegen.

Zwischen Büros und Freizeitbereich lag eine Küche.

Highlight war die Dachterrasse, auf der man einen Blick über Kalk und Köln bis zum Dom hatte. Im Frühjahr wollte Jan Palmenbäume und Liegestühle aufstellen, bis dahin war ein Strandkorb das einzige Mobiliar.

Jan als CEO, Chief Executive Officer, nutzte das Eckbüro links. An der Wand hinter Jans Schreibtisch lehnte die Holzkiste mit dem Warhol-Bild, das ihm seine Mutter geschenkt hatte.

Der Zoll hatte die Fracht aus Argentinien freigegeben, nachdem Jan eine Gebühr bezahlt hatte.

„Lydia“, rief Jan, „bitte hilf mir.“

Die Wand in Jans Büro besaß eine Bilderschiene, wie sie in Kunstgalerien benutzt wurde.

„Das ist also deine Mutter“, sagte Lydia. „Aber das ist ein Warhol, oder? Ein echter Andy Warhol?“

„Ja“, sagte Jan.

„Der Rahmen. Ist etwas dick“, sagte Lydia.

„Ist so aus Buenos Aires geliefert worden“, sagte Jan.

Lydia nutzte das etwas kleinere Eckbüro rechts.

Sie trug den Titel CCO, Chief Communication Officer.

Ein drittes Büro war für den CFO, Chief Financial Officer.

Zwischen den Chefbüros lag ein Sekretariat, aber PowerBlood hatte außer Jan und Lydia keine Mitarbeiter. Sie schalteten Anzeigen und hängten Stellengesuche in Unis, im CoWoK und anderen Spaces aus. Für sechs Jobs erhielten sie dreihundert Bewerbungen.

Die Einstellungsgespräche begannen am zweiten Montag im Januar. Jan war zuständig für Programmierer, IT-Spezialisten und Mediziner, Lydia suchte Büroassistenten, Betriebswirte und Marketingleute.

Jan führte zum ersten Mal Einstellungsgespräche.

Der erste Kandidat, der für neun Uhr bestellt war, erschien nicht. Jan wartete fünfzehn Minuten. Aus!

Er war sauer. Am Kaffeeautomaten machte er sich einen Frust-Cappuccino.

Um 21 Minuten nach neun trudelte der Kandidat ein.

„Zu spät", sagte Jan.

„Wer zu spät kommt, den bestraft das Leben", brummte der Mann. Er wirkte verfroren. Trug eine Sommerjacke und eine Schiebermütze. Er nahm die Kappe ab. Ein Glatzkopf.

Nur kein Mitleid, sagte sich Jan. Pünktlichkeit und Zuverlässigkeit waren wichtig für ein Unternehmen wie PowerBlood. Außerdem war der Mann zu alt. Über fünfzig. Wieso hatte Jan ihn in die engere Auswahl geholt?

Er war Spezialist für Gefahrenabwehr. Hatte für den russischen Geheimdienst gearbeitet, später für einen west-deutschen Großkonzern, der russische Cyberangriffe abwehren wollte. Besaß seit 2000 die deutsche Staatsangehörigkeit.

„Sie sind Wladimir Kruschew", sagte Jan.

„Bin ich."

„Kaffee?", fragte Jan.

„Warum nicht."

Jan ließ den Automaten einen Becher füllen und gab ihn an den Besucher weiter. Der Mann legte seine Hände um das wärmende Gefäß.

Jan nahm Kruschews Unterlagen und blätterte darin.

Der Bewerber kannte die gesamte IT-Geschichte. Konnte improvisieren. Sprach Russisch, Deutsch, Englisch und Chinesisch.

Wenn er denn mal sprach.

„Kann ich die Bewerbung zurück? Ist teuer", sagte Kruschew.

„Sicher" sagte Jan.

Der Mann steckte die Mappe in eine speckige Aktentasche.

„Danke für Kaffee", sagte er und schlurfte zum Ausgang.

„Warten Sie. Warum haben Sie sich nicht für Ihre Verspätung entschuldigt?"

„Will ich Sie nicht anlügen. Ich war zu spät. Hatte den Verkehrsstau nicht richtig einberechnet. Hätte sein können, dass es trotzdem funktioniert. Haben Sie Ihre Prinzipien. Haben Sie gesagt: Zu spät. Was ich sollte da sagen?"

Der Mann imponierte Jan, obwohl er die Worte verdrehte.

„Der nächste Bewerber kommt um zehn Uhr. Ich hätte ein paar Minuten. Können Sie mir sagen, warum Sie der richtige Mann für den Job bei PowerBlood sind?"

„Könnte ich noch einen Kaffee?"

Jan füllte den Becher ein zweites Mal.

„Eins: Ich brauche Job. Bin ich jetzt seit sechs Monaten arbeitslos. Langsam wird eng. Werde ich nicht jünger."

„Sie würden jeden Job nehmen?"

„Nein", sagte Kruschew.

„Der zweite Grund?"

„Zwei: Weiß ich nicht viel über PowerBlood. Aber was ich weiß, klingt spannend. Bin ich Spezialist für Mikrochips. Für ganz kleine Mikrochips. Habe etwas erfunden, was nützlich sein könnte."

„Würden Sie es mir verraten?"

„Nein. Es ist ein Programm, das die Datenausgabe von Mikrochips beeinflussen kann, ohne Spuren zu hinterlassen."

Jan machte sich einen weiteren Cappuccino.

„Noch einen Kaffee?", fragte er Kruschew.

„Danke. Sie haben keine Zeit mehr. Der nächste Bewerber. Müssen Sie pünktlich sein."

„Da haben Sie recht", sagte Jan. „Hätten Sie einen dritten Grund, warum Sie der richtige Mann für mich sind?"

Kruschew schaute sich um. Er sah das Spielzimmer. „Drei: Bin ich gut in Billard. Könnte ich Ihnen beibringen."

Jan lachte. „Ich melde mich. Bis Donnerstag."

„Danke", sagte Kruschew und ging in die Januar-Kälte.

Die beiden nächsten Bewerber waren pünktlich, aber uninteressant. Hochschulabschluss ohne Praxiserfahrung. Jan gab ihnen ziemlich hohe Ingo-Werte, was sie aus dem Rennen nahm.

Da war Kruschew trotz Verspätung ingomäßig weit vorne.

Um zwölf trafen sich Lydia und Jan zur Personalkonferenz.

„Und, hast du Beute gemacht?“, fragte Jan.

„Klar“ sagte Lydia. „Hier, das ist unsere Assistentin.“

Das Foto in der Bewerbung zeigte eine sympathische Frau.

„Name? Wie alt? Was hat sie gelernt?“, fragte Jan.

„Britta Brandenburg. Neunundzwanzig. Bürokauffrau und Fremdsprachenassistentin.“

„Welche Sprachen?“

„Englisch und Spanisch.“

„Ingo-Wert?“

„Viel besser geht nicht.“

„Was macht sie besonders?“

„Sie war Praktikantin in einem Kindergarten.“

„Wann kann sie anfangen?“

„Im Prinzip sofort. Ich wollte ihr am Donnerstag Bescheid geben. Dann könnte sie am Montag hier sein.“

„Warum nicht morgen? Oder heute?“

„Jan, übertreibe nicht.“

„Ich schaffe das mit den Bewerbungen nicht. Wenn wir eine Assistentin hätten, könnte sie mir die unangenehmen Dinge wegorganisieren.“

Der Nachmittag verlief besser. Der erste Bewerber, Ibrahim Özil, geboren in Gelsenkirchen, nicht verwandt mit dem ehemaligen Fußballnationalspieler, war Absolvent einer privaten Hochschule in Berlin, die von einem jungen Kölner gegründet worden war. Coden und Praxisorientierung standen im Mittelpunkt. Brauchbar.

Die letzte Bewerberin war eine Medizinstudentin. Maria-Carmen Lichtenbach. Ihr Vater war Allgemeinmediziner, hatte eine Praxis in Thüringen und erwartete, dass seine Tochter seine Nachfolgerin werden würde. Ihre Mutter kam aus Venezuela und hatte Verständnis dafür, dass ihre Tochter lieber in Köln bleiben wollte.

„Welche Krankheiten würden Sie als erste bekämpfen, wenn Sie die Möglichkeiten dazu hätten?“, fragte Jan.

„Herz-Kreislauf, Krebs und Virus-Pandemien wie Corona“, sagte sie spontan und überzeugend.

„Ich werde Ihnen Bescheid geben“, sagte Jan.

„Sind Sie offen für Verbesserungsvorschläge?“

„Ja, natürlich.“

„Ihre Büroräume sind zu kalt. Optimale Leistung gibt es erst ab 21 Grad.“

Kapitel 21

Am Dienstagmorgen übernahm die fröhliche Britta Brandenburg das Vorzimmerkommando bei PowerBlood. Die junge Frau brachte ein Kleinkind mit, Jonas, drei Jahre. „Frau Wellmann hat darauf bestanden, dass ich heute anfange. Ich bin alleinerziehende Mutter. Am besten richten Sie eine Betriebskrippe ein."

„Wir brauchen erst einmal Personal. Hier die Liste der Bewerber, die sich heute vorstellen wollen."

Um neun Uhr tat sich nichts. Wurde er wieder versetzt?

Jan spinxte ins Vorzimmer. Ein Bewerber wartete darauf, eingelassen zu werden. Frau Brandenburg war beschäftigt. Oder spielte sie nur die Beschäftigte?

Um fünf Minuten nach neun öffnete sie die Tür zu Jans Büro: „Der Herr ist jetzt da", sagte sie mit einem Unterton, als wollte sie andeuten, dass die Verspätung zulasten des Bewerbers ging.

Jan war mit keinem Bewerber zufrieden.

In einer Pause bestellte er bei seiner neuen Assistentin einen Espresso: „Frau Brandenburg, wie kam es, dass alle Bewerber mit fünf Minuten Verspätung zu mir kamen?"

„Herr Bach, das muss sein. Fünf Minuten zu warten ist das Mindeste. Das macht sie gefügiger. Und billiger."

Lydia war wieder erfolgreich gewesen. „Was hältst du von einem männlichen Assistenten? Könnte Chef der Buchhaltung oder sogar Finanzchef werden." Sie zeigte Jan ein Schwarz-Weiß-Foto eines jungen Mannes mit gelocktem Haar, „Björn Eisenstein. Hat Betriebs- und Volkswirtschaft studiert. In München und Stanford. Eine Granate. PowerBlood wäre sein erster fester Arbeitsplatz."

„Einverstanden" sagte Jan.

„Dann habe ich einen persönlichen Vorschlag", sagte Lydia, „ich würde gerne Vera einstellen. Meine Freundin Vera. Als Designerin. Sie könnte die Werbematerialien gestalten."

„Ich denke, sie arbeitet bei unseren Rechtsanwälten."

„Das ist das Problem. Wenn du mit Frau Markovic und Herrn Zielinski reden könntest? Du bist ihr größter Kunde."

Plötzlich überfiel Jan wieder dieser unberechenbare Schwindel. Er hielt sich an der Stuhllehne fest. Er stöhnte laut auf.

„Was ist?", fragte Lydia.

„Ich muss eine Schmerztablette nehmen", sagte Jan.

„Du arbeitest zu viel", sagte Lydia. „Seit Wochen hast du keine freie Minute mehr. Schläfst du auch mal?"

„Schlafen kann ich, wenn ich tot bin."

„Blödmann", sagte Lydia.

Jan wankte in die Küche, um die Pille mit einem Glas Wasser runterspülen, und brach zusammen.

Jan verbrachte die Nacht auf einer Matte im Wellnessbereich von PowerBlood. „Es war eine Kreislaufattacke. Nichts Ernstes", sagte er, als er um sechs Uhr morgens aufwachte.

Lydia holte Verstärkung von den Früharbeitern im CoWoK, um Jan auf die Massageliege zu hieven.

„Du musst zu einem Arzt. Es ist das zweite Mal innerhalb weniger Wochen, dass du diesen Kollaps hast", mahnte Lydia.

„Wir haben unsere eigene Ärztin", widersprach Jan. „Habe ich nicht jemand eingestellt? Diese Maria-Carmen?"

„Ihr Vater ist Arzt. Sie studiert Medizin. Eingestellt hast du niemanden. Du hast alle auf Donnerstag vertröstet."

„Diese ganze Stellensucherei ist nicht mein Ding. Ich werde die Drei nehmen, die mir am besten gefallen haben. Da waren dieser Ex-KGB-Agent, die Ärztin und dieser junge Coder. Sie sollen sofort anfangen. Allen anderen absagen."

„Du kannst nicht alle Termine absagen", widersprach Lydia. „Heute kommt dein Schwager, den du als Finanzier brauchst."

Jan weihte die firmeneigene Dusche ein. „Wir brauchen Kleiderschränke oder Spinde, damit wir Wäsche zum Wechseln aufbewahren können", sagte er zu Lydia.

„Kann ich besorgen. Aber wir sollten versuchen, uns selbst und unsere Mitarbeiter nicht länger als acht Stunden täglich auszubeuten", antwortete Lydia.

„Es geht nicht ums Ausbeuten. Es geht um Flow. Kennst du diesen Moment, wo du dich völlig in ein Problem versenkst und du plötzlich spürst, dass du der Lösung näherkommst? Dann willst du weiterarbeiten, bis du umfällst, aber du fällst nicht um, ehe du am Ziel bist."

„Was du nicht sagst", spottete Lydia. „Und warum bist du gestern Abend umgekippt?"

„Weil ich zu wenig Schlaf und zu viel Arbeit hatte. Das war alles andere als Flow. Flow macht dich stark."

Um zehn Uhr marschierte Gianna mit Kobe in Jans Büro ein. „Es reicht. Zum x-ten Mal lässt du mich hängen. Wenn ich einen Hund anschaffen wollte, hätte ich das getan. Ich bin eine Katzenfrau."

„Jan ist zusammengebrochen und hat hier übernachtet", verteidigte ihn Lydia.

„Es gibt Telefone", schimpfte Gianna, „aber damit ruft man natürlich nur Menschen an, die einem wichtig sind."

Jan wollte Gianna umarmen.

„Lass das", sagte sie.

„Danke, dass du mir aus der Patsche geholfen hast. Ich werde mich um eine Lösung bemühen."

„Ach ja, der Herr will sich bemühen. Mich überzeugt das nicht", sagte Gianna und drehte ab zum Ausgang.

Kobe stellte sich Gianna in den Weg.

„Platz", sagte Gianna und wollte vorbei, der Hund legte sich ihr zu Füßen und schaute sie mit großen Augen an.

„Ich habe eine Idee", sagte Jan. „Wir suchen neue Mitarbeiter. Stimmt's Lydia?"

Lydia nickte.

„Wir hätten eine Position frei, eine verantwortungsvolle Position, die nur von einer tierliebenden Mutter ausgefüllt werden könnte."

„Was soll das?", fragte Gianna.

„Wir suchen jemanden, der den Betriebskindergarten aufbaut und sich um die Haustiere der Mitarbeiter kümmert. Bisher haben wir ein Kleinkind und einen Hund."

„Wenn ich dazu verdiene, kürzt mir mein Ex den Unterhalt."

„Du bist geschieden?“, fragte Jan.

„Nein. Trotzdem ist er mein Ex, sonst wäre er ja hier.“

„Wenn wir Ihnen das Doppelte Ihres Unterhaltes zahlen, dann brauchen Sie Ihren Ex gar nicht mehr. Und für Ihren Sohn muss er weiterzahlen“, sagte Lydia.

„Adriano kannst du natürlich mitbringen“, sagte Jan, „ich könnte ihm hier die versprochene Nachhilfe geben.“

„Ich werde es mir überlegen“, sagte Gianna.

Jan und Lydia warteten gespannt.

„Und?“, fragte Lydia.

„Ich mach's. Doppelt so viel wie mein Unterhalt.“

Kapitel 22

Edward Frost erschien um elf Uhr. Zu Jans Überraschung war Stella mitgekommen.

Sie fiel Jan um den Hals. „Kleiner Bruder, ich bin so stolz auf dich. Ich wünsche dir alles Glück der Welt."

Edward packte sein Handy aus, eines mit eingebautem Beamer, und warf eine Präsentation an eine weiße Wand.

„Ich möchte euch etwas zeigen", sagte er: „Der Mann auf dem Bild ist John Bears, Juniorchef der Bears Company. Einer der Neureichen im Silicon Valley. Seine Firma entwickelt sogenannte ‚FriendChips', Mikrochips, die Menschen implantiert werden."

„Davon hast du schon in Buenos Aires gesprochen."

„Bears hat Milliarden eingesammelt. Der steht kurz vor einem Großangriff auf einen Markt, den es noch nicht gibt. Ich sage euch, die Bears-Chips funktionieren."

„Du sollst uns keine Angst einjagen, du sollst Geld besorgen."

„Ich denke, Bears würde PowerBlood kaufen."

„Woher willst du das wissen?"

„Bears checkt alles in der Welt, um Sachen zu finden, die ihm schaden oder nützen könnten. Der Begriff ‚PowerBlood' hat ihm so gut gefallen, dass er sofort Nachforschungen anstellte. Zum Glück bin ich ihm mit meiner Revolución zuvorgekommen und habe die US-Rechte gesichert."

„Edward", unterbrach Stella, „du solltest nicht vergessen, dass ich die Chefin von Revolución bin."

„Vergesse ich nicht. Aber du, Jan, vergisst die nötige Vorsicht. Du kannst nicht öffentlich eine Internet-Domain anmelden, ohne dich abgesichert zu haben."

„Hacke nicht so auf meinem Bruder rum", sagte Stella.

„Ist schon gut", sagte Jan. „Wir haben gelernt. Wir haben die Rechte für die EU, Großbritannien, Russland, Südamerika, China und Indien."

„Nicht schlecht", sagte Edward. „Kannst du innerhalb eines Jahres eine Milliarde Dollar verdienen?"

„Ich muss im ersten Jahr keine Milliarde verdienen."

„Wäre aber möglich."

„Ich muss nur mein Geschäft in Gang bringen. Es reicht, wenn wir die Milliarden in drei, fünf oder sieben Jahren verdienen."

Edward zeigte die nächste Folie.

„Das sind vier der fünf wertvollsten Unternehmen der Welt. Alle haben zugesagt, FriendChips zu unterstützen. Drei der vier Konzernchefs haben Geld in Bears investiert. Gegen diese kapitalistische Übermacht hast du keine Chance."

„Unser Chip ist besser", sagte Jan.

„Nicht immer gewinnt das bessere Produkt. Dein Erfolgsgeheimnis ist nicht so geheim. Oder meinst du, dass es schwer ist, sich auf PowerBlood einen Reim zu machen, die Kraft, die aus dem Blut kommt? Sag mir, wenn ich falschliege."

„Shit."

„Wir sollten mit Bears über einen Verkauf verhandeln. Ich denke, dass bis zu einer Milliarde drin sind. Dann hätten wir ausgesorgt. Ohne Arbeit. Ohne Risiko."

„Shit", wiederholte Jan.

„Dann starte ich die Verkaufsgespräche", sagte Edward.

„Nein. Kein Verkauf an Bears. Wir gehen meinen Weg: Aufbau der Produktion, schnelle Eroberung des Marktes in Deutschland und in Europa. Dann sehen wir weiter."

Lydia und Britta ließen sich von Jans Optimismus anstecken, Edwards Miene war skeptischer. „Hast du mal ausgerechnet, wie viel Geld wir im ersten Jahr benötigen?"

Jan lachte. „Nein. Ich werde meinen Finanzchef fragen."

Jan lotste Edward in das vorbereitete CFO-Büro. „Dein Reich. Fehlt irgendetwas? Du musst es nur sagen."

Edward tippte in seinen Computer. „Komm in einer halben Stunde wieder, dann weiß ich mehr."

Während Edward rechnete, machte Jan mit Stella einen Rundgang. Er stieg die Wendeltreppe hinauf zur Dachterrasse, bat sie in den Nordsee-Strandkorb für zwei.

Stella zitterte vor Kälte.

„Normalerweise blickt man aus diesen Strandkörben hinaus aufs Meer. Geschützt vor dem Wind", sagte er.

„Ich sehe kein Meer. Ich sehe viele hässliche Häuser und Hinterhöfe“, sagte Stella.

„Schau in die andere Richtung. Da hinten. Der Dom.“

„Kannst du die Firma nicht nach Kalifornien verlegen?“

Jan lachte. „Vom Wetter her wäre das ein Fortschritt. Edward kann seine Außenstelle in San Francisco einrichten, manchmal komme ich euch besuchen. Wenn du nichts dagegen hast.“

„Ich würde mich freuen“, sagte Stella.

„Ist bei euch alles in Ordnung?“, fragte Jan.

„Was meinst du?“

„Bist du glücklich mit Edward?“

„Ich liebe unsere Kinder. Und Edward? Er betrügt mich. Er weiß nicht, dass ich es weiß.“

Stella legte ihren Kopf an Jans Schulter, als wäre er der große Bruder und sie die kleine Schwester.

„Meinst du, er wird mich auch betrügen?“

„Ja.“

Edward startete eine eigene Erkundungsrunde durch die PowerBlood-Räumlichkeiten.

Auf der Dachterrasse sah er seine Frau im Gespräch mit Jan. Er schlich in die Küche und in das Spielzimmer. Überall machte er sich zu schaffen, pappte magnetische Mini-Kameras an Decken, Wände oder Schreibtische, und entschwand, ehe er gesehen wurde. In einem Raum spielte eine Frau mit einem Kleinkind, ein Hund bellte ihn an. Zuletzt war Edward in Jans Büro, wo Britta Brandenburg ihn entdeckte. „Ich wollte Jan in mein Büro bitten“, sagte Edward verlegen.

„Ich habe eine Liste“, sagte Edward, als Jan zu ihm kam: „Businessplan. Kosten. Mieten. Gehälter. Spesen. Investitionen. Bauen wir eigene Werke oder kaufen wir ein? Ich empfehle die zweite Variante. Wir brauchen 200 Millionen Dollar, die ich in einer Woche von Anlegern besorgen kann.“

„Was sind das für Leute?“

„US-Investoren, die mir vertrauen.“

„Ich will PowerBlood europäisch aufziehen.“

„Das können wir über europäische Banken abwickeln."

„Ich will wissen, wem ich etwas schulde."

„Kein Problem", sagte Edward, „wann kommst du nach San Francisco?"

„Sobald ich Zeit habe."

„Du hast keine Zeit", sagte Edward. „Lass mich die ersten 200 Millionen besorgen. Dann sehen wir weiter."

Jan schaute Edward an: „Ich habe kein gutes Gefühl."

„Vertrau mir", sagte Edward.

„Ich will es ohne deine 200 Millionen versuchen."

Edward verschlug es die Sprache.

Jan genoss die Stille.

„Dann musst du auf mich verzichten", sagte Edward.

„Dann verzichte ich", sagte Jan.

Jan spürte, wie es im Innern des Herrn Frost kochte.

„Das wirst du noch bereuen", zischte Edward.

Auf ein geheimes Signal öffnete Britta die Tür, Kobe sprang Edward an und hörte nicht auf zu bellen.

„Aus", kommandierte Jan. Und dann sagte er zu Edward: „Hunde haben ein feines Gespür, der mag dich auch nicht."

Kapitel 23

Von der Zentralen Unterstützungsgruppe Zoll, ZUZ, hatte Jan noch nichts gehört, bis Walla ihm ihren Spezi vorstellte.

Michael Schumacher war ein Ein-Meter-Neunzig-Mann. „Kein Deckname. Sie können mich ‚Schumi' nennen."

Walla hatte als Treffpunkt eine alternative Kneipe in einer ehemaligen Fabriklandschaft in Ehrenfeld ausgesucht.

„Die ZUZ gehört zum Zollkriminalamt Köln. Sie ist so etwas wie die Spezialeinsatzkommandos der Polizei", erklärte Walla Windeck.

„Allerdings hat man mich nach Bonn in die Außenstelle des Finanzministeriums befördert", sagte Schumi.

„Ist wahrscheinlich besser bezahlt", sagte Jan.

„Ist vielseitiger. Deutschland. Europa. Weltweit."

„Sie dürfen überall ermitteln?"

„Was heißt dürfen?", sagte Schumi.

„Weltweit", sagte Walla, „deswegen habe ich ihn mitgebracht."

„Sie kennen sich in Argentinien aus?", fragte Jan.

Schumi nickte. „Die Leute mögen mich. Wenn ich meinen Namen nenne, flippen die Argentinier regelrecht aus. Da gibt es mehr Formel-1-Verrückte als hier."

„Stimmt", sagte Jan und erinnerte sich an die Fangio-Statue vor dem Café La Biela.

„Dann erzählen Sie mal", sagte Schumi, „ich sage Ihnen dann, ob und wie ich Ihnen helfen könnte. Und was es kostet."

Daher wehte der Wind.

Jan berichtete, was in Buenos Aires geschehen war. Er nannte Orte und Namen. Alles, was wichtig war.

„Ich denke, wir müssen uns zuerst auf die Waffe und die Munition konzentrieren", sagte Schumi. „Ist die Pistole in Ihrem Büro, versteckt in dem Warhol-Bild?"

„Ich denke ja. Edward Frost hat die Transportkiste und den Spezialrahmen für das Bild herstellen lassen. Ignacio Valdez, der Fahrer und Hausmeister, hat sie über eine Kunstspedition nach Deutschland geschickt. Der deutsche Zoll hat sie freigegeben."

„Sie haben nie nachgesehen, ob die Waffe in dem Bild steckt?“

„Nein. Habe ich nicht.“

„Das muss ich als erstes tun.“

„Ja. Wann immer Sie wollen.“

„Am besten heute Abend.“

„In Ordnung.“

„Was wissen Sie von der Munition?“

„Nichts. Ignacio hat beteuert, die Pistole wäre nicht scharf geladen gewesen.“

„Was nicht stimmt. Sonst wäre Ihre Mutter am Leben.“

„Ja“, sagte Jan. „Der Doktor meiner Mutter hat die Kugel entfernt. Und ...“

„Was und?“

„Ich glaube, Maya, die nepalesische Krankenschwester, hat die Kugel an sich genommen.“

„Halten Sie sie für verdächtig?“

„Nein.“

„Andere Verdächtige?“

„Mein Halbbruder Geronimo. Betreibt in Mexiko dubiose Geschäfte. Mein Schwager Edward Frost. So reich wie er wird man kaum mit ehrlicher Arbeit. Außerdem betrügt er meine Schwester.“

„Das klingt nach normalen Familienstreitigkeiten. Trotzdem bin ich bereit, Ihren Auftrag anzunehmen. Sagen wir 5000 Euro Vorschuss und weitere 5000, wenn ich Ergebnisse habe.“

„Einverstanden“, sagte Jan.

„Dazu Spesen für eine Recherche-Reise nach Buenos Aires. Ich werde Ihnen eine Kontonummer zukommen lassen. Bis dahin nehme ich Ihren Warhol als Pfand.“

Jan verstand nicht sofort.

„Keine Angst, sobald ich den Rahmen auseinandergenommen und die Waffe gefunden habe, bekommen Sie das Bild zurück.“

Kapitel 24

Am Montag war der Warhol wieder an seinem Platz.

„Ich verstehe meine Kollegen vom Zoll nicht“, sagte Schumi, „dass sie die Kiste durchgelassen haben. Neben der Waffe war Kokain im Rahmen versteckt.“

„Davon wusste ich nichts“, sagte Jan.

„Wer würde Ihnen das glauben?“

„Niemand.“

„Jetzt ist das Bild sauber. Ich habe alle Spuren getilgt. Da findet kein Rauschgifthund was.“

Jan ging in den Konferenzraum, wo die neue Belegschaft versammelt war.

„Wir sind acht, mit Mixi sind wir neun“, begann Jan eine kleine Ansprache.

„Wer ist Mixi?“, fragte Vera.

„Unser Versuchskaninchen“, sagte Jan. „Das war ein Scherz. Wir sind acht. Mich und Lydia Wellmann kennen Sie ja schon. Herr Eisenstein, Björn, wird die kaufmännische Leitung übernehmen.“

Björn Eisenstein nickte. Die Kolleginnen und Kollegen klopften zustimmend mit den Handknochen auf den Tisch.

„Sie alle sind für Ihren Bereich verantwortlich. Britta, Björn und Vera berichten an Lydia. Wladimir, Ibrahim und Maria-Carmen berichten an mich. Jeden Montag um neun Uhr ist Konferenz. So wie heute. Nur, dass es heute noch eine Vorstellungsrunde gibt. Wladimir, wollen Sie bitte beginnen.“

Der ehemalige russische Agent redete nicht viel, aber was er sagte, sorgte für lockere Stimmung: „Ich habe meine Geheimdienstkenntnisse genutzt. Ich weiß alles über jeden hier. Das ist die merkwürdigste Betriebsgemeinschaft, die man sich denken kann. Fangen wir beim Chef an. Stellt Leute ein, die zu spät kommen. Als wäre er der Vater des verlorenen Sohnes. Dabei könnte ich sein Vater sein. Ich werde mich für ihn zerreißen. Ich werde mich von seinem Feuer anstecken lassen. Ich rate jedem anderen hier am Tisch, dasselbe zu tun. Sonst verrate ich, was ich über euch weiß.“

Ibrahim Özil erwies sich als schüchtern. „Ich bin Programmierer. Wenn ihr ein Problem habt, das sich durch ein Computerprogramm lösen lässt, ich werde es lösen. Und, bitte, nennt mich Ibo.“

Vera Salm hatte bei ihrer Vorstellung nur Augen für Lydia: „Ich bin so gespannt auf die Aufgabe. Ich bin so gespannt auf dieses Team. Lasst uns die Welt besser machen.“

Maria-Carmen wiederholte die Geschichte von ihrem thüringischen Vater und der Mutter aus Venezuela. „Ich werde versuchen, trotz der Arbeit hier mein Studium zu beenden. Und danke für das warme Klima hier.“

„21 Grad“, sagte Jan.

Björn Eisenstein berichtete über sein Wirtschaftsstudium in München und Stanford. „Stanford liegt im Silicon Valley. Das Besondere dort ist, dass die jungen Unternehmer lernen, groß zu denken. Sie wollen nicht nur viel erreichen, sondern alles. Mich fasziniert, dass Jan dieselben Grundsätze verkörpert. Er will nicht irgendeine Krankheit besiegen, er will alle Krankheiten besiegen.“

„Ihr seid großartig“, sagte Britta Brandenburg, „ich werde die Ruhe im Sturm sein. Ich bin Bürokauffrau, aber ich kann auch Kindergarten.“

Lydia war die Letzte, die sich vorstellte. „Ich weiß, dass Jan verrückt ist. Verrückt in dem Sinn, wie Björn es beschrieben hat. Verrückt danach, sein Ziel zu erreichen. Wie der Pfeil, der sein Ziel kennt, wenn er die Sehne des Bogens verlassen hat. Ich will mit dafür sorgen, die gute Nachricht über unsere Chips zu verkünden und sie zum Erfolg zu machen.“

Jan schloss die Runde. „Wir sind eine bunte Gesellschaft. Wir spornen uns gegenseitig an. Wir glauben an die Zukunft von PowerBlood. Wir werden die Ersten sein, die sich unsere Chips implantieren lassen.“

Jan zeigte auf Li Liáns Paket, das vor ihm auf dem Konferenztisch lag. Tausend Chips. Jan bewunderte das Päckchen aus China wie seinen Erstgeborenen.

„Power to the people“, schloss Jan.

Die Belegschaft nahm die Ansage gelassen, außer Wladimir, der irgendetwas von „ich lasse mich nicht überwachen“ murmelte.

„Kommst du mit zu mir?“, fragte Jan Lydia vor Feierabend.

„Warum nicht?“, sagte sie, „falls dein Hund mich lässt.“

„Kobe ist bei Gianna. Ich habe eine Überraschung.“

„Du hast aufgeräumt“, stellte Lydia fest.

„Ich hatte keine Zeit, etwas in Unordnung zu bringen.“

Jan verschwand in seiner Küche. „Ich habe von Giovanni was kommen lassen.“

Jan balancierte ein Tablett, auf dem neben einer Pizza Funghi zwei Gläser und eine Flasche Valpolicella standen.

Jan schenkte ein, schaute ihr in die Augen: „Cin cin.“

Lydia trank einen Schluck Wein und lachte.

Jan nahm einen roten Umschlag. „Für dich.“

Lydia fand ein DIN-A4-Blatt und las: „Hiermit übertrage ich, Jan Christian Bach, ein Prozent der Anteile von PowerBlood an Frau Lydia Wellmann. Einlösen kann Frau Wellmann ihre Anteile frühestens zwei Jahre nach einem Börsengang.“

Jan schaute sie erwartungsvoll an. „Was sagst du?“

„Wow. Wie viel sind ein Prozent von PowerBlood?“

„Zurzeit habe ich 20 Millionen Dollar in das Unternehmen gesteckt. Im Laufe des Jahres wollen wir weitere 200 Millionen Dollar als Risikokapital einnehmen. Am Jahresende sollte der Unternehmenswert bei 250 Millionen Dollar liegen.“

„Ein Prozent wären dann 2,5 Millionen“, rechnete Lydia aus, „das haut mich um.“

„Sonst könnte ich nach der Pizza über dich herfallen.“

„Ich glaube, das ist eine gute Idee.“

„Weißt du“, sagte er, „dass das für lange Zeit das letzte Mal war, dass wir miteinander geschlafen haben, ohne dass die ganze Belegschaft es erfährt?“

„Willst du das überall rumposaunen?“

„Nein“, sagte Jan, „denk mal nach. Wenn wir PowerBlood-Chips implantiert haben, werden alle unsere Daten erfasst.“

„Aber deshalb muss sie doch nicht jeder kennen. Deine Daten gehen nur dich etwas an. Höchstens noch deinen Arzt, falls du ihm eine Vollmacht erteilt hast.“

„Du hast bei mir schon aufgrund des CoWoK-Bändchens eine Orgasmusquote null diagnostiziert.“

„Das hast du geglaubt?“

„Das hat mir schlaflose Stunden bereitet.“

Lydia lachte. „Das habe ich mir doch nur ausgedacht.“

Kapitel 25

Am Morgen klingelte es um halb sieben an der Wohnungstür.

Jan stieg in seine Boxershorts.

Vor der Tür stand eine junge Frau, eine regenbogenbunte Wollmütze dicht über Augen und Ohren gezogen.

Die Frau nahm ihre Mütze ab.

„Maya. Was machst du hier?“

„Du hast gesagt, ich wäre immer willkommen.“

„Das bist du. Komm rein. Sonst holen wir uns den Tod.“

Jan schlurfte ins Schlafzimmer.

Maya ging hinter ihm her.

Er zog sich ein T-Shirt über.

Maya sah die nackte Lydia im Doppelbett.

„Ist das deine Freundin?“, fragte die Nepalesin.

„Nein. Das ist Lydia. Wir sind Kollegen.“

Lydia richtete sich auf, verhüllte mit der linken Hand ihre Brüste und reichte Maya die rechte Hand.

„Sind Sie Jans Freundin?“, fragte Lydia.

„Ich war die Krankenschwester seiner Mutter in Buenos Aires“, sagte Maya. „Jan hat mich eingeladen. Ich könnte bei ihm wohnen.“

„Du hättest Bescheid sagen können“, sagte Jan.

„Ich dachte, du freust dich.“

„Doch, ich freu mich sehr.“

„Jan liebt Überraschungen“, sagte Lydia.

Nackt stolzierte sie in Richtung Bad.

„Wenn es dir unangenehm ist“, sagte Maya. „Ich habe nicht gewusst, dass du nicht allein wohnst.“

„Lydia hat eine eigene Wohnung. Sie übernachtet hier manchmal. Du kannst in das Gästezimmer ziehen.“

Zu dritt erschienen sie in den PowerBlood-Büros.

Lydia nahm die Nepalesin mit zu einer Führung und lieferte sie nach einer Viertelstunde bei Jan ab: „Jetzt willst du dich sicher selbst um deine kleine Freundin kümmern.“

„Sie mag mich nicht“, sagte Maya. „Es tut mir leid, wenn ich für Schwierigkeiten sorge. Ich kann wieder gehen.“

„Jetzt lass das Gerede. Wie lange willst du bleiben?“

Maya schaute ihn verunsichert an.

„Du kannst bei mir wohnen.“

„Ich will dir nicht zu Last fallen. Vielleicht kann ich für PowerBlood arbeiten.“

„Warum nicht. Was stellst du dir vor?“

„Wenn du Erfolg haben willst, musst du Vertrauen gewinnen. Aus ethischen Gründen muss PowerBlood einwandfrei sein. Ich kenne mich in der christlichen Religion genauso gut aus wie im Hinduismus oder im Buddhismus. Du hast das Bild in Doña Alejandras Haus gesehen. Das rot geschminkte Mädchen?“

Jan nickte.

„Ich habe gesagt, dass es meine kleine Schwester war. Aber das war ich, als ich Göttin war.“

„Eine Göttin, wer hat so was schon.“

„Du sollst dich nicht lustig machen.“

„Mache ich nicht.“

„Was war Jesus? Ein lebender Gott unter den Menschen.“

„Was hast du mit Jesus zu tun?“

„Ich war eine Kumari. Eine lebende Göttin. Als dreijähriges Mädchen wurde ich auserwählt und lebte im Kumari-Tempel von Kathmandu. Ich wurde auf Händen getragen, weil ich niemals unreinen Boden betreten durfte. Ich durfte keinen Tropfen Blut verlieren, die kleinste Verletzung hätte das göttliche Wunder zerstört. Irgendwann habe ich begriffen, dass mit der ersten Monatsblutung die Göttin aus mir vertrieben würde. Als es geschah, ich war zwölf, wurde ich zurück zu meinen Eltern geschickt. Weil ich eine Göttin war, durfte ich nicht zur Schule gehen. Weil ich eine Göttin war, würde ich in meinem Land nie einen Mann bekommen; man sagt, dass ein Mann, der bei einer Göttin liegt, sterben muss. Es war ein Glück, dass mein Onkel mich nach Buenos Aires holte. Dort durfte ich lernen. Dort bekam ich die Stelle im Haus deiner Mutter. Ich schulde ihr Dank.“

„Alejandra hat gesagt, ich sollte mich um dich kümmern. Ich werde dich einstellen – als meine Ethik-Beraterin.“

„Das würdest du tun?"

„Ja, das ist eine großartige Idee."

„Das ist eine beschissene Idee", schimpfte Lydia, als Jan ihr seine Entscheidung mitteilte. „Wieso besprichst du das nicht mit mir? Ich bin deine Kommunikationschefin. Ethik gehört zur Außendarstellung. Das ist mein Verantwortungsbereich."

„Dann soll Maya eben an dich berichten. Ich erwarte, dass ihr konstruktiv miteinander arbeitet."

„Du kannst sie behalten. Sage mir nur, mit wie vielen Freundinnen ich rechnen darf, die versorgt werden sollen?"

„Du vergreifst dich im Ton", sagte Jan. „Habe ich etwas gegen die Einstellung deiner Freundin Vera gesagt?"

„Die versteht etwas von ihrer Arbeit."

Norma Markovic platzte in die Auseinandersetzung: „Habe ich was verpasst?"

„Alles gut", sagte Jan.

„Dann ist ja gut", sagte die Anwältin, „erst Sekt und dann die gute Nachricht. Oder umgekehrt?"

„Erst den Sekt", sagte Lydia.

„Meinetwegen", stimmte Jan zu, „aber dann für alle."

Außer Wladimir Kruschew ließen sich die PowerBlood-Mitarbeiter gerne stören. Der Ex-KGB-Agent brummte vor sich hin und hämmerte auf seine Tastatur.

„Wir haben etwas zu feiern", sagte Jan. „Als Erstes feiern wir die Ankunft einer neuen Mitarbeiterin: Maya Shakyamuni wird als meine Assistentin und Ethik-Beraterin eingestellt."

Maya verbeugte sich und faltete die Hände vor ihrer Brust.

„Shakyamuni", rief Wladimir Kruschew und unterbrach seine Arbeit, „habe ich korrekt gehört?"

„Das ist ihr Name", sagte Jan.

„Dann sie trägt den Namen des Buddha. Bin ich beeindruckt", sagte Kruschew.

„Was du alles weißt", stichelte Ibo. „Ist das deine Form der Kontaktaufnahme?"

„Schweig still, Unwissender", sagte Kruschew ernst.

„Will ich nicht prahlen. Aber spreche ich nicht nur Russisch, Deutsch, Englisch und Chinesisch, sondern auch Pali."

„Was soll das sein?", fragte Ibo.

„Unsere Kollegin neue wird das erklären können."

„Das hat Zeit", sagte Jan. „Prost auf PowerBlood. Und auf alle Mitarbeiter."

„Ich trinke keine Kapitalistenbrause", moserte Kruschew.

„Es gibt auch etwas zu feiern, von dem nicht einmal ich etwas weiß", fuhr Jan fort, „das Wort hat Norma Markovic."

Die Anwältin legte einen Stapel Papiere auf den Konferenztisch und schaute triumphierend in die Runde. „Wir haben das Patent für den PowerBlood-Chip. Herr Bach, liebe Mitarbeiter*innen, der goldenen Zukunft von PowerBlood steht nichts mehr im Wege."

Kapitel 26

Die Zentrale des Bears-Konzerns lag in Palo Alto im kalifornischen Silicon Valley. Facebook, inzwischen ins benachbarte Menlo Park umgesiedelt, war hier im Schatten der Stanford-Universität gegründet worden. Tesla hatte hier einen Firmensitz. Der neue Stern im Valley aber war Bears.

Das firmeneigene Forschungs- und Kongresszentrum hatte die Form zweier menschlicher Körper, tausendfach vergrößert, sich umarmende Riesen, ein Mann und eine Frau, eine pulsierende Skulptur aus Stahl, Licht und Glas, kopulierend unter der Sonne.

Die Pressekonferenz fand im „Uterus" statt, dem Zweitausend-Personen-Theater, das anatomisch-architektonisch genau dort erbaut worden war, wo die gigantische Riesenfrau ihre Gebärmutter gehabt hätte.

Die Bühne war bearsblau ausgeleuchtet. Unter dem Firmenlogo pulsierte der Schriftzug „Living Future".

In der ersten Reihe war der Platz für Silicon-Valley-Größen und drei wohlduftende Hollywood-Schauspielerinnen, von denen zwei einen Oscar besaßen. In den folgenden Reihen warteten Medienvertreter und Investoren, weiter hinten drängten sich die Mitarbeiter des Konzerns.

Edward Frost hatte einen Platz in der zweiten Reihe. Er genoss die Nähe zu den Reichen und Schönen. Wieso wollte sein Schwager Jan Christian Bach unbedingt sein eigenes Ding durchziehen und sich nicht im zarten Alter von Ende zwanzig zur Ruhe setzen? Vermutlich, weil er genau so verrückt war wie John Bears.

Bears nutzte die Überwachungskameras, die Edward Frost bei seinem Köln-Besuch installiert hatte.

„Die reden ja Deutsch", hatte Bears sich beschwert, „zum Glück habe ich ein paar deutschsprachige Angestellte. Und was haben die mir berichtet? Dass PowerBlood in einer armseligen Fabrik-Etage in Köln sitzt und nicht einmal ein Dutzend Angestellte hat."

Das Licht im Saal wurde abgedunkelt. Ein Song der Rolling Stones erklang. Eine rauchige Stimme und eine Gitarre.

Dann einer der Stones leibhaftig auf der Bühne. Das Gesicht zerfurcht vom Leben.

Als der Saal mitklatschte, stoppte der Gitarrero sein Spiel und zeigte dem Publikum den erhobenen Mittelfinger. Die Kamera zoomte auf die linke Hand, der Fingernagel des Mittelfingers war bearsblau lackiert. Der alte Mann zog den Mittelfinger ein und formte eine Faust. Er drehte den Handrücken zum Publikum, darauf war etwas wie eine Tätowierung zu sehen, eine Narbe, die das Bears-Logo darstellte, einen kleinen Bären.

„Das Beste ist“, sagte der Musiker, „der Bears-Chip ist der gesündeste Stoff, den ich jemals bekommen habe. Ich musste nicht einmal bezahlen. Ich bekomme sogar Geld extra. Und Mick muss ich nichts abgeben.“

Alles lachte und klatschte.

John Bears betrat die Bühne. Er ging zu dem Rockstar, hob dessen linken Arm hoch, als wäre der ein Boxer, der einen Kampf gewonnen hätte, und rief: „Mit den FriendChips von Bears haben auch Neunzigjährige eine lebendige Zukunft.“

„Neunzig?“, grummelte der Stone und rollte ab.

Bears stand im Spotlight auf dem Podium. „Wir wollen ja nicht Äpfel mit Bären vergleichen“, sagte Bears, und jeder wusste, dass genau das jetzt passieren würde.

„So wie Apple einst das Telefon revolutionierte“, fuhr Bears fort und hielt das neueste iPhone in die Höhe, „so revolutioniert Bears heute das Verhältnis zwischen Mensch und Computer. Unsere Chips sind nicht nur die nützlichsten Implantate in der Geschichte der Menschheit, sie läuten ein neues Zeitalter ein. Unsere FriendChips versorgen uns mit allen wichtigen Daten über die Funktionen unseres Körpers. Das bestmögliche Frühwarnsystem steckt, wenn Sie es wünschen, in Ihrem Finger. Oder, wenn sie die Stones-Variante bevorzugen, lassen Sie sich Ihren persönlichen FriendChip in den Handrücken einsetzen. Unser Chip besitzt GPS für die weltweite Ortung und NFC für die nahe Identifikation zum Beispiel an Türen oder zu Zahlungszwecken. Alles mit der bestmöglichen Technik und der bestmöglichen Datensicherheit, für die wir und unsere Partner bürgen.“

Rauschender Beifall.

Bears fuhr fort: „Vier der fünf größten Technologiekonzerne der Welt arbeiten mit Bears zusammen. Nur der Apfel fehlt, aber nicht die App für Ihr iPhone oder Ihre Watch. Die Auslieferung der FriendChips beginnt im Sommer dieses Jahres. Für Sie hier im Saal beginnt die Auslieferung – heute."

Wieder brandete Beifall auf. Lauter als vorhin. Frost hatte den Eindruck, als käme der Applaus elektronisch verstärkt von den Wänden zurück.

Bears verneigte sich. Er fuhr fort: „Wir starten die Auslieferung im Juli in den USA. Ende des Jahres sollen unsere FriendChips weltweit erhältlich sein. Die Basisversion kostet nicht mehr als 399 Dollar jährlich. Es gibt weitere Versionen für 699 und 999 Dollar. Nach einem Jahr wird der Chip gegen das neue Modell ausgetauscht, damit Sie von der Entwicklung profitieren. Die Implantation selbst ist eine Angelegenheit von Sekunden. Die Kosten für den Eingriff betragen 99 Dollar, die im ersten Jahr von Bears übernommen werden."

Neuer Beifall und Bravo-Rufe.

Bears bat die drei Schauspielerinnen auf die Bühne. Von rechts erschien eine Frau in Krankenschwesteruniform.

„Heather", sprach Bears die erste Schauspielerin an, „Sie haben Ihren Oscar für einen Kriegsfilm bekommen. Da haben Sie doch keine Angst vor Spritzen?"

„Natürlich nicht", sagte Heather. „Es ist für mich eine Ehre, als eine der ersten Amerikanerinnen an diesem großartigen Gesundheitsprogramm teilnehmen zu dürfen."

„Fürchten Sie nicht um Ihre Schönheit?", fragte Bears.

„Ich sehe das eher als eine Art Schönheitsfleck. Der FriendChip macht mich zu einem Teil dieses fantastischen Projektes. Einmal bitte auf den Rücken meiner linken Hand."

Die Krankenschwester, sie sah aus wie Marilyn Monroe und war eine Bears-Roboterin, piekste mit einer Art Spritze in die dargebotene Hand. Eine Kamera übertrug die kleine Operation auf die Videowand. Das Bears-Zeichen verschwamm unter einem Tropfen Blut.

Marilyn schützte die Einstichstelle mit einem bearsblauen Pflaster und hauchte mit ihrer filmbekannten Stimme: „In einer Stunde können Sie das entfernen."

Nachdem auch die beiden anderen Schauspielerinnen behandelt worden waren, schaltete Bears live an die Wall Street. Ein Reporter berichtete, dass der Bears-Aktienkurs seit Beginn des Events um 87 Prozent gestiegen wäre.

„Meine Damen und Herren", schloss Bears die Versammlung, „jeder von Ihnen kann im Foyer sofort einen unserer FriendChips kaufen und sich implantieren lassen. Lang lebe jeder meiner Gäste. Lang lebe Bears. Gott segne Amerika."

Frost ließ sich mit den anderen hinaustreiben. In einer Ecke des Foyers orderte er per Handy weitere Bears-Aktien.

„Na, wem verraten Sie meine Geschäftsgeheimnisse", erschallte die prägnante Stimme von John Bears.

„Ach, Sie sind es, Bears", sagte Frost. „Sie waren so großzügig, alles selbst zu verraten. Ich habe soeben eine weitere Million in Ihr Unternehmen investiert."

„So wenig?"

„Privates Geld."

„Wenn Sie gestern gekauft hätten, hätten Sie heute schon achthundertsiebzigtausend Dollar verdient."

„Das sind doch Peanuts gegen alles das, was jetzt kommt. Oder sehen Sie das anders?"

„Ich war nie optimistischer als heute."

„So habe ich das auch gesehen."

„Warum investieren Sie dann nicht mehr in Bears?"

„Wenn Sie mir eine Milliarde für PowerBlood bezahlen, steige ich größer bei Ihnen ein."

„Eine Milliarde? Für eine Firma, die keinen Dollar Umsatz gemacht hat?"

„Eine Milliarde Dollar. Und 200 Millionen Dollar Provision für mich."

„Sie überschätzen sich, Frost. Lassen Sie sich einen FriendChip einpflanzen, der bringt Sie zurück auf die Erde."

Kapitel 27

„Ich bin gleich hergeflogen. Hier ist das Ding."

Stella Frost gab Jan eine bearsblaue Schachtel.

„Weiß Edward, was du hier machst?".

„Keine Ahnung. Er war auf der Bears-Präsentation und hat mir den Chip geschenkt. Ich dachte, das interessiert dich."

„Und wie", sagte Jan und küsste seine Schwester.

Er öffnete die etwa zehn Zentimeter lange und fünf Zentimeter breite Packung. Sie klappte auf wie ein Blatt. „Hübsch gemacht", sagte er. „Aber wo ist der Chip?"

Stella nahm eine blaue Spritze heraus. Neben der Spitze blitzte etwas Goldenes auf. Klein wie ein Reiskorn.

„Nicht anfassen", sagte Jan. Mit einer Pinzette hob er das goldene Korn an. „Wir müssen herausfinden, was drinsteckt."

Jan öffnete die Tür zu seinem Vorzimmer: „Britta, wo sind Lydia und Vera? Die sollen sich das ansehen."

„Die beiden sind unterwegs, holen jemand ab", sagte die Assistentin. „Muss wichtig sein."

„Und Kruschew? Ist der auch unterwegs?"

„Nein."

„Hol ihn her. Aber dawai."

Wladimir Kruschew konnte sich nicht mehr halten vor Lachen, nachdem er den Bears-Chip auseinandergebaut hatte.

Jan ermahnte ihn: „Sprich gutes Deutsch."

Wladimir mühte sich, ohne Wortverdreher auszukommen: „Das Fortschrittlichste an dem Teil ist die Verpackung. Der Chip kann mehr nicht, als den Puls und den Blutdruck zu messen. Der NFC-Chip ist Technik von vor fünf Jahren. Das GPS nimmt nur alle zehn Minuten Kontakt zu den Satelliten auf, mehr würde die Batterie nicht verkraften."

„Da muss mehr dahinter sein", sagte Jan, „sonst hätte Bears nie Milliarden Dollar für sein Projekt einsammeln können."

„Du mir nicht glaubst? Trotzdem ist es so. Ich bliebe sogar bei meiner Analyse, wenn Bears mich bezahlen würde."

„Sei nicht eingeschnappt. Bears-Produkte sind keinesfalls schlecht. Schau dir die Pflegeroboter an."

„Was weiß ich, wie Kapitalismus funktioniert. Ist meistens Beschiss, oder?", sagte Kruschew. „Kann sein, dass die Software ein paar Features nachliefern wird. Aber die Hardware, viel mehr ist aus der nicht herauszuholen."

„Er besetzt einen Markt", sagte Jan. „Implantierte Chips. Jeder begreift sofort, dass diese Verbindung von Mensch und künstlicher Intelligenz die Zukunft sein wird. Version zwei und drei werden dann das können, was jeder vermutet. Und mehr."

„PowerBlood ist besser", sagte Kruschew.

„Ja", sagte Jan. „Außerdem hat Bears Schwierigkeiten mit der Produktion. Veranstaltet ein Riesenevent im Februar, liefern kann er erst ab Juli."

„Wann liefern wir?", fragte Kruschew,

„In drei Wochen könnten wir mit der Massenproduktion beginnen, in zwei Monaten wäre Marktstart in Deutschland, am Jahresende wären wir in ganz Europa."

„Was ist mit den USA?", fragte Stella.

„Die sollen mit Bears so viel Zeit verlieren, dass sie uns auf Knien bitten werden, ihnen PowerBlood-Chips zu liefern."

Kapitel 28

Vor dem Büro entstand Lärm.

Britta öffnete die Tür: „Lydia und Vera sind zurück. Sie haben jemand mitgebracht."

Der „jemand" war Marianne Adler, Staatsministerin im Bundeskanzleramt mit dem Schwerpunkt Forschung und Entwicklung.

„Jan, darf ich dir meine Freundin Marianne vorstellen", sagte Lydia, „ich habe Frau Adler von uns erzählt."

Jan schätzte die Staatsministerin auf Mitte dreißig. Ihr Händedruck war fest.

„Ich freue mich, Sie kennenzulernen", sagte Jan.

„Die Freude ist auf meiner Seite. Frau Wellmann hat mir von Ihnen erzählt, da musste ich Sie einfach treffen. Einen Mann, der eine Mischung aus Einstein und Zuckerberg ist."

„Wer soll das sein?"

„Sie. So hat Lydia Sie beschrieben."

„Sehe ich aus wie Einstein?"

„Strecken Sie mal die Zunge raus."

Jan gehorchte.

„Eine gewisse Ähnlichkeit lässt sich nicht leugnen."

Frau Adler war in Begleitung eines Sicherheitsbeamten erschienen, der sich in eine Ecke des Chefbüros zurückzog.

Jan stellte der Staatsministerin seine Schwester Stella und Wladimir Kruschew vor. „O, eine Amerikanerin und ein Russe, was für eine Mischung", sagte sie.

„Bin ich Deutscher", widersprach Kruschew.

„Ich weiß. Ich habe Hausaufgaben gemacht." Dann wandte sie sich wieder an Jan: „Was hat es mit PowerBlood auf sich?"

„Wie viel Zeit haben Sie?"

„Dreißig Minuten."

„Alles, was ich Ihnen sagen werde, ist vertraulich."

„Sicher."

„Das gilt auch für Ihren stummen Begleiter."

„Geheimer geht gar nicht", sagte die Staatsministerin.

Jan erklärte sein Projekt kurz und prägnant. PowerBlood, der lebende Chip, der seine Energie aus dem Blutkreislauf zieht. Mit seiner Hilfe ließen sich alle Krankheiten der Welt besiegen.

Und weil er sicher war, dass Frau Adler über die Bears-Präsentation informiert war, ließ er dessen Argumente mit einfließen, nur eben, dass PowerBlood besser und sicherer wäre.

Jan spürte nach fünf Minuten, dass Marianne Adler Feuer gefangen hatte. Nach weiteren fünf Minuten stellte sie Fragen. Nach zwanzig Minuten hatte er eine Verbündete gewonnen.

„Herr Bach", sagte die Staatsministerin, „ich habe den Eindruck, dass Ihre Arbeit wichtig für unser Land ist."

„Nicht nur für unser Land", sagte Lydia.

„Wenn es etwas gibt, bei dem ich, bei dem die Regierung Sie unterstützen könnte, lassen Sie es mich wissen."

Frau Adler schaute auf ihre Uhr und stand auf. „Kompliment, Herr Bach, Sie haben mir ein Geschenk gemacht."

„Ich verstehe nicht."

„Sie waren fünf Minuten eher fertig, als ich Ihnen angeboten hatte. Sie haben mir Zeit geschenkt. Melden Sie sich."

„Na, wie habe ich das gemacht?", fragte Lydia.

„Großartig" sagte Jan.

„Katastrophe", rief Kruschew aus seiner Ecke.

„Was ist eine Katastrophe?", wollte Jan wissen.

„Alles", sagte Kruschew. „Du hast PowerBlood an den Geheimdienst deutschen verraten. Und mit wem arbeitet der Geheimdienst deutsche zusammen? Mit dem Geheimdienst amerikanischen. Warum hast du nicht gleich Herrn Bears eingeladen? Ach, verstehe, ist ja nicht nötig. Der wird von Geheimdienst eigenem informiert. Gute Nacht, PowerBlood."

„Was redest du dauernd von Geheimdienst", fragte Jan.

„Hast du gehört nicht, was die Staatsministerin über Begleiter ihren gesagt hat? ‚Geheimer geht gar nicht'."

Kruschew lief rot an vor Wut.

„Geheimdienst? Na und?", sagte Jan. „Der Mann ist für die Sicherheit der Ministerin abgeordnet. Wo ist das Problem?"

„Genau“, sagte Lydia Wellmann, „ich will mit Jan allein reden. Nicht mit solchen Miesmachern.“

„Kein Miesmacher“, sagte Kruschew, „weiß ich, was ich weiß.“

„Ja“, sagte Jan, „deshalb arbeitest du hier. Jetzt bitte ich alle außer Lydia, mein Büro zu verlassen.“

„Was ist mit mir?“, fragte Stella.

„Du bist großartig. Aber jetzt will ich etwas mit Lydia besprechen. Maya wird sich um dich kümmern.“

„Was wolltest du mir unter vier Augen sagen?“, fragte Jan Lydia, seine erste und wichtigste Mitarbeiterin.

Sie sprach leise, flüsterte nur, als fürchtete sie, jemand Unbefugter könnte mithören. „Marianne Adler ist eine clevere Frau. Sie weiß, was sie will. Sie will PowerBlood groß machen. Genau, wie du geplant hast. Ohne, ja, wenn es sein muss, gegen die Amerikaner. Der Präsident in Paris ist ihr näher als der Präsident in Washington, wenn du verstehst.“

„Du meinst, die deutsche Regierung und ihre europäischen Partner könnten PowerBlood unterstützen?“

„Ja“ sagte Lydia.

„Ich wüsste wie“, fuhr Jan fort, „die Regierung könnte ein Gesetz erlassen, wonach alle Bürger unseren Chip nutzen müssen.“

„Da ist er wieder, der Bach'sche Größenwahn.“

„Du hast sie doch angeschleppt.“

Lydia trat verlegen von einem Fuß auf den anderen.

„Da ist noch etwas.“

„Ja?“, fragte Jan.

„Ich liebe dich nicht“, sagte Lydia.

„Wir haben es nie gesagt.“

„Ich werde nicht mehr bei dir übernachten.“

„Ist OK.“

„Ich liebe Vera.“

„Hätte ich das bemerken müssen?“

„Interessiert dich Liebe überhaupt?“

„Du darfst lieben, wen du willst.“

„Wie großzügig."
„Solange es den Betriebsfrieden nicht stört."
„Stört ihn nicht."
„Gut", sagte Jan, „gut, dass du es mir gesagt hast."
„Du solltest dich mehr um die Liebe kümmern."
„Ja?"
„Maya liebt dich."
Jan war überrascht.
„Was willst du dagegen tun?"
„Muss ich?"
„Nein, solange es den Betriebsfrieden nicht stört."

Jan fand Maya und Stella aneinander gekuschelt im Strandkorb auf der Dachterrasse.

„Tut mir leid, dass ich vorhin so kurz angebunden war", entschuldigte er sich.

„Ist schon in Ordnung", sagte Stella, „ich habe mit Maya über Alejandra und Buenos Aires gesprochen."

„Ihre Mutter war großartig", sagte die Nepalesin.

Maya schaute Jan fragend an.

Jan antwortete ihr nicht, sondern wandte sich an seine Schwester. „Wie lange bleibst du in Köln?"

„Ich fliege morgen zurück. Edward und ich, wir werden uns scheiden lassen."

Maya nahm Stellas Hand.

„Was sagt Edward dazu?"

„Er weiß es noch nicht."

Bei Jan zu Hause war Maya freundlich, aber unsicher.

„Ich wollte Lydia nicht verjagen", sagte Maya.

„Du hast sie nicht verjagt."

„Aber sie wirkte so. So …"

„Sie ist lesbisch."

„Sie liebt Frauen? Sie lag in deinem Bett, als ich kam."

„Manchmal liebt sie Männer. Jetzt liebt sie Frauen. Sie ist nett. Und tüchtig. Ich mag sie."

„Mehr nicht?"

„Ich bin froh, dass sie ausgezogen ist. Wobei, sie hat ja nie hier gewohnt. Aber so habe ich mehr Ruhe. Ist im Büro schon Stress genug."

„Du brauchst Ruhe?", fragte Maya verschüchtert.

„Ja, Herrgott noch mal. Ist das zu viel verlangt?"

Maya zog sich auf ihr Zimmer zurück.

Jan fühlte sich schlecht.

Warum hatte er sich schon wieder im Ton vergriffen?

Wollte er nicht, dass Maya ihn liebte?

Liebte er Maya?

Vorsichtig klopfte er an ihre Tür.

„Hast du Lust auf einen kleinen Ausflug?"

Maya war überrascht.

„Ich möchte dir drei schöne Plätze in Köln zeigen."

„Das wäre schön", antwortete Maya.

„Als Erstes fahren wir zum Strand."

Der feine, weiße Sand am Rheinufer in Rodenkirchen ließ sie aufjauchzen wie ein Kind.

„Der Rhein ist viel sauberer als der Rio de la Plata in Buenos Aires oder der Bagmati in Kathmandu."

Mutig wollte sie sich in die Wellen stürzen, Jan hielt sie zurück: „Bleib bei mir, viel zu kalt und zu gefährlich."

Noch mit Sand in den Schuhen fuhren sie zurück in die Innenstadt. Jan parkte in seinem Viertel: „Den Weg bis zum Dom gehen wir zu Fuß."

Maya kannte die berühmte Kathedrale bisher nur von außen. Das Innere überwältigte sie.

Jan erzählte von den Heiligen Drei Königen, die hier der Legende nach in einem goldenen Sarg begraben lagen. Ein Teil des Schreins war draußen an einem Gitter befestigt, wer wollte, konnte dieses Relikt berühren. „Ich muss das nicht tun, ich war eine Göttin", lachte die Nepalesin.

Sie schlenderten zurück ins Belgische Viertel.

„Du hast von drei schönen Plätzen gesprochen, die du mir zeigen wolltest", sagte Maya.

„Das ist jetzt etwas schwierig. Dahin kann ich dich nur mitnehmen, wenn du vorher zugestimmt hast."

„Ja, ja", lachte sie, „reicht das?"

Jan schaute ihr tief in die Augen: „Ja, das reicht. Der dritte Platz ist – mein Schlafzimmer. Darf ich bitten?"

Maya schaute sich in dem großen Raum um. „Es ist schön hier, aber ich habe noch nie …"

„Wir haben Zeit", sagte Jan und umarmte sie zärtlich.

„Ignacio wollte es. Wieder und wieder. Ich habe mich gewehrt. Darum bin ich weg aus Buenos Aires."

Kapitel 29

Am nächsten Tag wurden alle Mitarbeiter des PowerBlood-Teams gepowert. Maria-Carmen hatte eines der ungenutzten Büros zum Behandlungszimmer umgebaut.

Die erste Spritze setzte sich Maria-Carmen in den Oberarm.

Jan kontrollierte die Computer. Nach wenigen Sekunden nahm Maria-Carmens Chip seine Arbeit auf.

„Gut. Jetzt ich", sagte Jan.

„Du kannst das selbst, willst du?", fragte Maria-Carmen.

„Nein. Ich möchte, dass ein Arzt oder eine Fachkraft das Powern durchführt. Es soll so seriös wie möglich sein."

„Medizinisch die beste Position für den PowerBlood-Chip ist einige Zentimeter unter dem linken Schlüsselbein", sagte Maria-Carmen. „Wenn du dich frei machen würdest."

Der Stich war kaum spürbar. Ein winziger Blutstropfen markierte die Stelle.

„Prinzipiell ist das Powern überall möglich, wo der Chip einen Blutdruckunterschied messen kann."

Das Powern verlief reibungslos, außer bei Kruschew. „Gefällt mir das nicht", moserte er, ehe er sich doch behandeln ließ.

Jan sah auf seinen Monitoren, wie die Daten seiner Belegschaft einliefen. Der Chip von Kruschew meldete sich nicht.

„Was ist da los?", wollte Jan von Maria-Carmen wissen.

„Ich habe Wladi gechippt. Wie alle anderen."

„Wir können uns nicht erlauben, dass von zehn Chips einer nicht funktioniert."

„Reg ab dich, Chef", meldete sich Kruschew, „der Chip ist in Ordnung."

„Und warum sehe ich dann deine Daten nicht?"

„Weil ich Chip meinen darum gebeten habe"

„Du willst sagen, dass unser Chip in Minutenschnelle gehackt und blockiert werden kann?"

„Nein. Kann er nicht. Aber bin ich dein Chef-Entwickler. Muss ich das können. Bin ich der Einzige hier, von dir, Chef, abgesehen, der das kann."

„Das geht so nicht."

„Muss gehen. Habe ich immer gesagt, dass ich mich nicht überwachen lasse."

„Dann muss ich dich leider entlassen, Wladimir", sagte Jan. „Ohne absolutes Vertrauen geht es nicht."

Wladimir dachte nach. „Lass uns ein Billard-Spielchen machen. Du baust eine Stellung auf mit drei Kugeln, ich versenke sie mit einem Stoß."

„Einverstanden", sagte Jan, „ich wollte schon immer mal sehen, was du beim Billard draufhast."

Jan nahm vier Kugeln und legte sie so, dass es unmöglich schien, sie mit einem Stoß zu versenken.

Kruschew protestierte: „Das sind vier Kugeln, hatte ich von drei Kugeln gesprochen."

„Ich bin der Chef. Wenn ich vier sage, meine ich vier."

Kruschew ging mehrmals um den Tisch herum, inspizierte das Viereck mit den sechs Taschen. Er visierte die Kugel an, die am nächsten zur Mitte lag. Er stieß zu, die erste Kugel rollte los, traf die zweite Kugel, beide Kugeln änderten den Weg und steuerten auf Kugel drei und vier zu, die in den Löchern verschwanden, auch Kugel zwei wurde versenkt, aber Kugel eins blieb drei Zentimeter vor einem Loch liegen.

„Ich habe gewonnen", sagte Jan.

„Habe ich drei Kugeln versenkt", sagte Kruschew.

„Drei von vier sind nur 75 Prozent."

„Gut. Du willst wissen, ob mein Chip arbeitet? Da kann ich helfen. Sage ich dem Chip, er soll Überwachungscomputer deinem ein Licht grünes schicken. Willst du wissen, was in Körper meinem vorgeht? Das geht dich nichts an."

Grinsend verließ Wladimir das Spielzimmer.

Jan ging zurück in sein Büro. Drei Minuten später sah er, wie ein grünes Blinklicht genau dort aufflimmerte, wo auf dem Bildschirm Wladimirs Daten angezeigt werden sollten.

Lydia präsentierte Jan ihr Marketingkonzept. „Wir setzen auf das Thema ‚Gesundheit', sagte sie. „Es gibt nichts, was sich die Menschen mehr wünschen, als gesund zu bleiben."

„Ich dachte, die Liebe ist das wichtigste“, sagte Jan.

„Meinen Untersuchungen nach ist die Liebe für die Menschen das Drittwichtigste. Das Wichtigste ist die Gesundheit, das Zweitwichtigste ist, für wichtig gehalten zu werden, das Dritte ist, geliebt zu werden.“

„Eine eigenwillige Theorie“, sagte Jan.

„Die sich für uns auszahlen wird“, sagte Lydia.

„Was hast du noch?“

Lydia ließ Vera Prospekte, Videos, Werbespots und Webseiten präsentieren. Alles mit dem roten Herzen von PowerBlood.

Jan war zufrieden.

„Wir vom Marketing sind so weit. Von uns aus kann es losgehen“, sagte Lydia.

Ein Telefon klingelte. „Deine Schwester will dich sprechen“, sagte Britta.

„Jan, bist du es“, sagte Stella aufgeregt.

„Ja, alles wird gut“, sagte er.

„Ich habe einen Anruf von meinem Scheidungsanwalt bekommen. Edward will mir die Revolución streitig machen. Er sagt, es wäre nie seine Absicht gewesen, mir die PowerBlood-Rechte zu überlassen. Sie wären ein Vermögen wert. Bears würde sicher hundert Millionen Dollar zahlen. Sind sie so wertvoll?“

„Mich interessiert der US-Markt nicht. Wir konzentrieren uns auf die EU. Das reicht für die nächsten fünf Jahre.“

„Soll ich dir die Rechte übertragen?“, fragte Stella.

„Kümmer du dich um die Scheidung.“

Maya trug ihr PowerBlood-Zeichen auf der Innenseite der rechten Hand: „Ich werde dir nicht mehr zur Last fallen. Ich ziehe nach Nepal. Ich werde in Kathmandu leben.“

Jan fühlte einen Schmerz, den er so nicht kannte.

„Ich möchte, dass du in meiner Nähe bist.“

„Du brauchst mich nicht.“

„Bitte. Ich möchte, dass du bleibst.“

„Ich muss nachdenken“, sagte Maya, „ich fliege für ein paar Tage nach Paris.“

„Ach, so ist das, erst Paris, dann Kathmandu."
„Soll ich dir was mitbringen? Die Mona Lisa?"

Die „Mona Lisa", die Maya Jan bei ihrer Rückkehr schenkte, war ein Plakat, auf dem Leonardo da Vincis weltberühmte Schönheit sich einen Joint ansteckte.

„Ich will, dass du das Poster in deinem Büro aufhängst."

„Warum sollte ich das tun?", fragte Jan.

„Damit ich es immer sehen kann."

„Du fliegst nicht nach Kathmandu?"

„Nein", sagte Maya.

Jan umarmte sie.

Streichelte ihr zärtlich übers Haar.

Er bat seine Maria Magdalena, „Om mani padme hum" zu spielen, das Mantra des liebenden Mitgefühls.

„Du hast mal gesagt, dass ein Mann, der bei einer ehemaligen Kumari liegt, sterben muss."

„Das sagt man. In Nepal."

„Ich bin ein mutiger Mann."

„Du musst nicht mutig sein."

„Ich liebe dich."

„Du musst nur vorsichtig sein. Es ist das erste Mal."

„Ich habe noch ein Geschenk für dich", sagte Maya am nächsten Morgen und gab ihm ein ovales Medaillon, „du kannst es öffnen."

Im Inneren war das Bild von Maya als Kumari, das Jan aus Buenos Aires kannte.

Unter dem Bild ertastete er etwas Hartes.

„Pack es aus", sagte Maya.

Er fand ein zerbeultes Stück Metall.

„Ist das Alejandras Kugel?", fragte Jan.

„Ja", sagte Maya.

„Ich liebe dich", sagte Jan.

Jan schickte die Projektilreste per Boten zu Michael Schumacher: „Es ist besser, wenn man die Kugel nicht bei mir findet. Ermitteln Sie. Wer hat sie wann und wo gekauft?"

Kapitel 30

„Wie heißen Sie?"

Ignacio Valdez wollte nicht glauben, was er von dem Hünen aus Alemania soeben gehört hatte, den er im Foyer der ehemaligen Casa Irigoyen abgefangen hatte.

„Michael Schumacher. Ich heiße Michael Schumacher. Ehrlich. Ich bin ein Freund von Jan Christian Bach, dem Sohn Ihrer ehemaligen Chefin Alejandra Irigoyen."

Ignacio hielt sich den Bauch vor Lachen.

„Michael Schumacher. Sicher. Ich wollte auch immer Juan Manuel Fangio heißen."

„Michael Schumacher ist ein häufiger Name in Deutschland. So wie Thomas Müller."

„Ach, Fußballer sind Sie auch?"

Es dauerte fünf Minuten, bis sich der Mann aus dem deutschen Finanzministerium und der ehemalige Hausmeister der Casa Irigoyen in Buenos Aires verständigt hatten.

„Kommen Sie mit, wir gehen aufs Dach", sagte Ignacio und steuerte entschlossen die Treppe an.

Schumi war außer Atem, als sie die Dachterrasse erreichten. Palmen und Jacaranda-Bäume umsäumten einen Swimmingpool, in dem sechs junge Frauen in knappen Bikinis kreischten.

„Die liebe Verwandtschaft", sagte Ignacio.

„Nur Mädchen?"

„Die Jungs sind beim Fußball. Oder beim Polo."

Ende Februar in Buenos Aires war wie Spätsommer in Köln. Angenehme 25 Grad, Sonne. Hier ließ es sich leben, dachte Schumi.

Ignacio bereitete ihm eine Kalebasse mit Mate-Tee zu. Er selbst nahm ein anderes Trinkgefäß.

„Herr Schumi, was führt Sie in dieses Haus?"

„Herr Bach hat mich gebeten, Ihnen seinen Dank auszurichten. Das Bild, der Warhol, den ihm seine Mutter vererbt hat, ist gut in Deutschland angekommen."

„Arme Doña Alejandra", sagte Ignacio, „Gott hab sie selig."

Die Mädchen machten sich einen Spaß daraus, die Männer mit Wasser zu bespritzen. Ignacio scheuchte sie aus dem Becken.

„Die Pistole, mit der Frau Irigoyen sich erschossen hat, ist problemlos durch den Zoll gekommen."

„Pst, sagen Sie so etwas nicht. Es gibt Gerüchte, dass Doña Alejandra nicht an Herzversagen gestorben wäre. Neulich war die Polizei hier. Sie hätten Hinweise aus den USA bekommen, dass man den Tod untersuchen müsste. Da steckt diese Stella oder ihr geldgieriger Ehemann dahinter. Dabei hat Stella genau so viel Geld bekommen wie alle anderen."

„16,66 Millionen Dollar pro Person."

„Richtig."

„Nur Sie haben den doppelten Anteil bekommen. Und dazu dieses herrschaftliche Haus."

„Was wollen Sie damit sagen?"

„Dass 33,33 Millionen Dollar enorm viel Geld sind. Sie hatten doppelten Grund, den schwarzen Umschlag einzulösen."

„Es war Selbstmord. Doña Alejandra hat außer mir auch meine Frau Sofía bedacht. Wir waren diejenigen, die sich viele Jahre um sie gesorgt haben. Ich hätte sie niemals getötet."

„Sie haben die Waffe besorgt."

„Sie hatte es so befohlen."

„Sie haben immer getan, was sie befohlen hat?"

„Immer."

„Sie haben die tödliche Munition besorgt."

„Nein. Ich habe Platzpatronen gekauft."

„Von Platzpatronen stirbt man nicht."

Die Mädchen hatten sich angezogen und schienen entschlossen, die Liegen rund um den Pool zu erobern. Eine nach der anderen stolzierten sie an den Männern vorbei.

„Es ist ein Kreuz", stöhnte Ignacio, „seitdem ich reich bin, benehmen sich die Kinder wie die Prinzessinnen."

„Señor Valdez", sagte Schumi, „wenn Sie die Waffe nicht scharf geladen haben, irgendjemand muss es getan haben. Wer könnte das gewesen sein?"

„Gut mit Waffen ausgekannt hat sich dieser Mexikaner, Geronimo, Stellas Zwillingsbruder. Er war derjenige, der Doña Alejandra die Pistole in die Hand gedrückt hat."

„Geronimo ist Ihr Hauptverdächtiger?"

„Nein. Wir Latinos sind Familienmenschen. Wir würden uns nie an unserer Mutter vergreifen."

„Wer bleibt dann?"

„Gefühlsmäßig würde ich Stellas Mann das zutrauen. Amerikaner sind fast alle Waffennarren. Aber der war beim Schuss nicht im Zimmer, Geld hat er auch nicht bekommen."

„Hätte Edward Gelegenheit gehabt, die Waffe zu laden?"

Ignacio schloss die Augen, um sich zu erinnern.

„Ja, Edward war zu Beginn im Raum."

„Was meinen Sie zu Stella, Maya und Jan als Täter?"

„Stella? Sie ist Alejandras Tochter. Maya? Sie hat Doña Alejandra verrückt gemacht mit ihrem Gerede darüber, was der Buddha über den Tod gesagt hat. Aber auch bei ihr habe ich nicht gesehen, dass sie die Waffe manipuliert hätte. Jan halte ich für unschuldig, obwohl er die Waffe für sich behalten wollte."

Die Mädchen warfen sich einen Ball quer über den Pool von Liegestuhl zu Liegestuhl zu. Plötzlich sprang eine auf, um einen Querschläger abzufangen, dabei verlor sie auf nassem Untergrund ihren Halt, klammerte sich an Schumi fest, der seinerseits an Ignacio Halt suchte und gemeinsam klatschte das Trio ins Wasser.

Ignacio kletterte aus dem Pool und schnaubte: „Mir reicht es. Sofort weg hier. Alle. Eine Woche Schwimmbadverbot."

„Och, Onkelchen", turtelten die Mädchen.

„Weg hier, habe ich gesagt."

Schumis Jackett war an Land geblieben, der Wasserschaden hielt sich in Grenzen, in der Hosentasche hatte er nur eine Geldklammer mit ein paar Scheinen gehabt.

Ignacio zog sich bis auf die Unterhose aus. „Haben wir noch viel zu besprechen?"

„Eines noch. In dem Warhol-Bilderrahmen war nicht nur die zerlegte Pistole versteckt, sondern auch Rauschgift."

„Davon weiß ich nichts."

„Kokain. Sie haben Jan das untergejubelt."

„Nein, sein Schwager hat sich um das Bild gekümmert."

„Herr Bach sagt, Sie wären es gewesen, der ihm vor seiner Abreise die Transportkiste gezeigt hätte."

„Das stimmt. Aber Edward Frost hatte alles organisiert. Ich habe die Kiste nur zur Kunstspedition gebracht. Was weiß ich, was Jan mit seinem Schwager für Geschäfte gemacht hat. Ich weiß von der Pistole. Von Rauschgift weiß ich nichts."

„Herr Valdez, können Sie das bitte wiederholen? Ich möchte eine Videoaufnahme für Herrn Bach machen."

Als Schumi sein Zimmer im Hotel an der Avenida 9 de Julio mit Blick auf den Obelisken bezogen hatte, schickte er Jan und Walla eine Nachricht mit dem Ignacio-Video.

Er rief Jan an: „Ich kann mich jetzt um Edward Frost und die Kugel kümmern."

„Tun Sie das."

„Ich habe eine Anfrage an die Behörden in San Francisco geschickt, dann spare ich mir die Zehntausend-Kilometer-Reise. Haben Sie gewusst, dass Südamerika so groß ist?"

„Ja. Unsere Landkarten sind sehr zugunsten der nördlichen Länder verzerrt; ich erwarte dann Ihren Bericht."

„Ich habe noch drei Tage Buenos Aires", sagte Schumi.

„Passen Sie auf Ihr Portemonnaie auf", sagte Jan, „und auf die Polizei, arme Polizisten sind die schlimmsten."

„Wie bitte?"

„Hat Ignacio immer gesagt."

In der Außentasche seiner Jacke entdeckte Schumi einen Zettel mit einer Telefonnummer und kurzem Text: „Isabella. Ich bin die, die dich ins Wasser gezogen hat. Wenn du Spaß haben willst …"

Kapitel 31

Gleich die erste Finanzierungsrunde brachte PowerBlood die gewünschten 200 Millionen Dollar ein. „Seit der Corona-Epidemie und dem Erfolg des Impfstoffs von BioNTech will kein Investor mehr so eine Chance verpassen", sagte Finanzchef Eisenstein.

Am letzten Mittwoch im Februar begann das PowerBlood-Marketing mit Anzeigen und viralen Kampagnen in Internet.

Am Donnerstag inszenierte Lydia Wellmann eine exklusive Eröffnungsparty hoch oben im KölnTriangle, die live im Fernsehen übertragen wurde.

Am Freitag war Verkaufsstart, als Vertriebspartner hatte PowerBlood zwei deutsche Marktführer gewonnen, den größten Drogeriefachmarkt mit 3700 Filialen und die größte Parfümeriekette mit 500 Filialen.

„Ich brauche Zahlen", ordnete Jan an. „Jeden Tag will ich ein Update. Wie viele PowerBlood-Chips haben wir verkauft? Wie viele sind gechippt und aktiviert worden? Wie viele Gesundheitswarnungen wurden gemeldet? Wie viele Warnungen zu welchen Krankheiten?"

„Bekommst du", sagte Lydia. „Kruschew liefert die Daten, ich werde sie wöchentlich an die Öffentlichkeit geben."

„Und wenn es spektakuläre Fälle gibt, dann brauchen wir Interviews mit den Betroffenen."

„Alles, was du willst", sagte Lydia leicht genervt.

Der wichtigste Coup der Startphase folgte eine Woche später: Der billionenschwere US-Konzern AppCom, eines der zehn wertvollsten Unternehmen der Welt, nahm die PowerBlood-Chips online und offline in den Vertrieb für Deutschland und Europa auf. Ein Silicon-Valley-Riese, der nicht auf der Bears-Show für die Friend-Chips aufgetreten war, bekannte sich öffentlich zu einem deutschen Konkurrenten. Mit einem Schlag waren die Vertriebsprobleme von PowerBlood gelöst, außerdem investierte AppCom einhundert Millionen Dollar. Im Gegenzug übertrug Jan zehn Prozent der Firmenanteile und war sicher, ein exzellentes Geschäft gemacht zu haben.

PowerBlood startete wie eine Rakete. Nach einem Monat waren 150.000 PowerBlood-Chips verkauft, nach zwei Monaten 400.000, nach drei Monaten 800.000.

In 100.000 Fällen gab es Gesundheitswarnungen, in 17 Fällen war es eine Frage von Leben und Tod.

Ein ehemaliger Sprecher der Tagesschau war der erste Prominente, der öffentlich erklärte, dass der PowerBlood-Chip ihn vor einer Herzkrankheit gewarnt hätte.

„Ihr Unternehmen sollte einen Aufsichtsrat haben“, riet Rechtsanwältin Markovic, „wollen Sie PowerBlood an die Börse bringen, müssen Sie sogar einen Aufsichtsrat haben.“

Jan als Firmengründer hätte das Recht, den ersten Aufsichtsrat zu bestimmen. Zu diesem Zweck lud er seinen Bankberater Markus Thaler, seine Nachbarin Gianna Berardi und Olaf Geisler, den Besitzer des Eckschlösschens, zu einem Essen bei Giovanni ein.

„Aufsichtsrat? Was muss ich da tun?“, fragte Gianna.

„Ihr müsst den Vorstand, vor allem mich, kontrollieren. Ihr müsst zweimal im Halbjahr tagen und Protokoll führen. Pro Sitzung bekommt ihr eine Aufwandsentschädigung von 300 Euro, der oder die Vorsitzende bekommt 400 Euro.“

„Darf der Aufsichtsrat auch im Eckschlösschen tagen?“, fragte Olaf.

„Ja, wenn der Aufsichtsrat das so beschließt.“

„Muss man das Geld bei der Steuer angeben?“, fragte Gianna.

Das war das Stichwort für Rechtsanwältin Norma Markovic, die als Rechtsberaterin an Jans Seite saß: „Aber ja. Haben Sie keine Angst, Sie bekommen von mir und meinem Kompagnon eine Einführung in Ihre Rechte und Pflichten.“

„Ich weiß nicht“, zögerte Gianna, „wie das schon klingt: Aufsichtsrätin.“

„Wie wäre es denn mit Aufsichtsratsvorsitzende?“, fragte Bankberater Markus Thaler und lächelte Gianna an.

„Klingt besser.“

„Ich bin dabei“, sagte Olaf.

„Gut, dann machen wir es so. Gianna wird Vorsitzende, Herr Thaler soll das Protokoll führen, Olaf wird für Speis und Trank bei den Aufsichtsratssitzungen sorgen."

„Protokoll?", zierte sich Thaler, „könnte das nicht Frau Markovic übernehmen?"

„Vier Mitglieder im Aufsichtsrat geht nicht", sagte Norma, „die Zahl muss immer durch drei teilbar sein."

„Dann schlage ich als künftige Aufsichtsratsvorsitzende vor, dass Norma Markovic Beraterin des Aufsichtsrats wird und das Protokoll führt", sagte Gianna stolz.

„Einverstanden" antwortete die Anwältin, „über das Honorar werde ich mit Herrn Bach verhandeln."

Kapitel 32

Die zweite Finanzierungsrunde der PowerBlood-AG fand am 23. Mai statt, Jans 29. Geburtstag.

Die Belegschaft schenkte Jan einen klappbaren Elektro-Scooter, mit dem er die Strecke von seinem Büro ans andere Ende der PowerBlood-Räume in zwölf Sekunden schaffte.

Finanzchef Björn Eisenstein meldete einen Finanzzufluss von 700 Millionen Euro, dabei hatten sie nur 20 Prozent des Unternehmens an Investoren verkauft.

„Läuft besser als erwartet", freute sich Jan. „Brauchen wir überhaupt einen Börsengang?"

„Wenn wir weiterwachsen wollen, ist eine Börsennotierung hilfreich", erklärte Finanzchef Eisenstein, „aber es gibt große Unternehmen, die darauf verzichten, ALDI zum Beispiel wird nicht an der Börse gehandelt. So, wie wir jetzt agieren, behalten wir Einfluss, außerdem brauchten wir für einen Börsengang noch Zeit."

„Und was erwarten die Investoren für Gegenleistungen?"

„Dass wir profitabel sind. Wir haben eine Rendite von zehn Prozent jährlich prognostiziert."

Jan hielt 68 Prozent von PowerBlood, 10 Prozent waren bei AppCom, die leitenden PowerBlood-Mitarbeiter bekamen gemeinsam ein Prozent der Anteile als Bonus, Lydia erhielt wie versprochen ein Prozent, 20 Prozent waren an Anleger verkauft worden.

„Du bist reich", sagte Lydia zu Jan.

„Rein theoretisch, ja. Du auch", sagte Jan.

Nachdem das Handelsblatt über den Finanzierungserfolg berichtet hatte, wurde auch die lokale Presse auf das Kölner Start-up-Unternehmen aufmerksam.

Der Kurier interviewte Jans alten Klassenlehrer: „Er war sehr gut in Musik. Und in Religion. In Mathematik hatte er eine Zwei im Abi. Sonst war er durchschnittlich. Lag wohl daran, dass er die ersten Jahre seines Lebens in Buenos Aires verbrachte. Womit hat er 700 Millionen verdient?"

„Er hat einen Mikrochip entwickelt. Hat ein Unternehmen gegründet. Die 700 Millionen sind Finanzierung. Sein Unternehmen will die Gesundheitsvorsorge revolutionieren."

„Ja, ich erinnere mich, sein Vater war Arzt."

„Sein Vater war Professor, Gehirnchirurg."

Nach dem Kurier-Artikel war er wer im Viertel. Die Brötchenverkäuferin in seiner Stadtbäckerei ließ es sich nicht nehmen, ihn mit „Guten Morgen, Herr Millionär" zu begrüßen.

„Bitte nicht", sagte Jan, „wenn Sie im Lotto gewonnen hätten, wollten Sie auch nicht, dass das alle erfahren."

„Im Lotto gewonnen haben Sie auch?"

Zwei Wochen später kam eine Einladung in eine Berliner Talkshow, Thema: Krank durch Technik oder gesund durch Technik?

Jan saß im Studio mit dem Bundesgesundheitsminister, der Chefredakteurin einer Gesundheitszeitschrift, dem Vorsitzenden der Opposition im Bundestag und einer Ärztin für Allgemeinmedizin. Moderiert wurde die Talk-Show von Ilse May, die sich selbst für den eigentlichen Star des Abends hielt.

Jan war zunächst gar nicht gefragt. Der Gesundheitsminister und der Oppositionsführer stritten hektisch bis lautstark und warfen sich gegenseitig Versäumnisse und Versagen vor, bis die Chefredakteurin der Gesundheitszeitschrift dazwischenging: „Das ist so langweilig, was Sie hier abziehen. Fällt Ihnen nichts Neues ein? Warum lassen wir nicht Herrn Bach zu Wort kommen? Endlich mal ein frisches Gesicht hier."

Dabei schaute sie Jan so wohlwollend an, dass die Moderatorin bemerkte: „Der Herr Bach scheint Ihnen ja gut zu gefallen."

„Sieht doch auch gut aus", flirtete die Ärztin hinterher.

Jan nahm die Komplimente amüsiert zur Kenntnis, ohne auf sie einzugehen, und erklärte in freundlichem Ton, kurz und prägnant, wie seine PowerBlood-Chips arbeiteten.

Die Herren Politiker waren abgemeldet, die Damen im Studio übernahmen die Diskussion, die sich in der Folge nur noch um PowerBlood und Jan persönlich drehte.

„Ich habe mir schon gedacht", sagte Jan, „dass es vor allem die Frauen sind, denen PowerBlood wichtig ist."

Die Chefredakteurin strahlte zufrieden.

Jan setzte noch einen drauf: „Denn es sind immer die Frauen, die sich um die Gesundheit ihrer Lieben kümmern.“

Nach dem Fernseh-Auftritt war Jan ein öffentlicher Star, der körbeweise Fanpost und Heiratsanträge erhielt.

Maya musste die Post lesen und beantworten.

„Ich hasse das“, sagte sie.

„Danke, dass du das für PowerBlood tust“, sagte Jan.

„Was tu ich denn für PowerBlood? Ich könnte dich jeden Tag ein Dutzend Mal verkuppeln. Außerdem bin ich die ethische Beraterin des Unternehmens. Das ist alles unethisch hier. Schau dir die Fotos an. Nein, schau sie dir besser nicht an.“

„Eifersüchtig?“, fragte Jan.

„Das ist nicht der Job, den ich machen wollte.“

„Dann gefällt dir das besser“, sagte Jan und überreichte ihr einen Schnellhefter.

Auf dem Umschlag stand in weißer Schrift: „PowerBlood geht nach Osten. In Kathmandu entsteht die Asien-Zentrale.“

Maya überflog die Seiten. „Das willst du tun?“, fragte sie ungläubig.

„Ja“, sagte Jan. „Ich hoffe, der Plan gefällt dir.“

„Ich hätte ein paar Änderungsvorschläge, aber …“

„Wieso aber? Was meinst du?“.

„Ich kann leider nicht.“

„Wieso nicht?“

„Ich muss Heiratsanträge bearbeiten.“

Kapitel 33

Die kiffende Mona Lisa hing in Jans neuem Büro links neben dem Zielsack mit dem Dornenjesus. Der Schreibtisch war dreißig Meter entfernt. Jan stand dort mit Kopfhörern, die allen Lärm fernhielten, hielt den Bogen, spannte und zielte.

Die Tür ging auf.

Lydia Wellmann und Staatsministerin Marianne Adler traten ein, Jan ließ vor Schreck die Sehne des Bogens los, der Pfeil flog durch den Raum und traf genau die Spitze der Haschischtüte in der rechten Hand der Museumsschönheit.

„Ich wusste, warum ich darauf bestanden habe, dass die Eingangstür zum Chefbüro nicht neben Jesus und Mona Lisa sein durfte“, sagte Lydia unbeeindruckt und zog Marianne Adler in die Sitzecke mit den schwarzen Ledermöbeln.

„Wo ist Ihr Bewacher?“, fragte Jan.

Die Ministerin antworte, Jan hörte nichts.

„Was?“, sagte er viel zu laut.

Lydia griff sich an die Ohren.

Jan nahm die Kopfhörer ab. „Oh, entschuldigen Sie, Frau Ministerin. Was haben Sie gesagt?“

„Seien Sie froh, dass mein Bewacher im Vorzimmer geblieben ist, er hätte zurückgeschossen.“

„Du hättest anklopfen können“, sagte Jan zu Lydia.

„Habe ich“, sagte sie und fasste sich ein zweites Mal demonstrativ an die Ohren.

„Ist das ein Warhol?“, fragte die Ministerin und zeigte auf das Bild hinter Jans Schreibtisch.

„Ja“, sagte Jan.

„Ist das Ihre Mutter?“, hakte die Ministerin nach und musterte die vierfache Collage aus der Nähe.

„Das ist ein Porträt der jungen Alejandra Irigoyen, damals war sie noch nicht meine Mutter.“

„Ein schönes Bild“, sagte die Ministerin. „Der Rahmen ist etwas dick, aber sonst.“

Die Tür flog auf. „Pst. Kein Wort“, flüsterte der Bewacher der Ministerin, der sich in das Chefbüro drängte.

„Was soll das?“, fragte Jan.

„Darf ich vorstellen? Paul Bungert. Mein persönlicher Assistent, den Sie vom Ansehen kennen“, sagte Marianne Adler. Dann wandte sie sich an ihren Bewacher: „Was schlagen Sie vor, Paul?“

„Hier ist es ungemütlich“, sagte Paul.

„Aber es ist doch schön hier“, widersprach Lydia.

„Gar nicht mein Geschmack“, fuhr Paul fort. „Kommen Sie, ich habe etwas Besseres.“

Vor der PowerBlood-Zentrale parkte ein schwarzer Bus mit verdunkelten Scheiben.

Paul sprach etwas in seine Armbanduhr, die Türen des Busses öffneten sich und verschluckten die kleine Gesellschaft.

„PowerBlood wird abgehört“, sagte Paul, nachdem alle ihren Platz im schwarzen Bus eingenommen hatten.

„Und hier sind wir sicher?“, fragte Jan.

„Absolut sicher. Außer vor uns.“

„Groß geworden, Ihr PowerBlood“, sagte Staatsministerin Marianne Adler und übernahm die Gesprächsführung.

„Ich bin zufrieden“, sagte Jan.

„Sie haben in drei Monaten eine Million Chips verkauft“, hakte die Politikerin nach, „stimmt diese Zahl?“

„Ja“, antwortete Lydia, „hier ist unser Quartalsbericht.“

„Danke, kenne ich. Mich interessiert mehr, wie Sie mit den Daten umgehen, die hier gesammelt werden.“

„Wir sammeln keine Daten“, sagte Jan, „alle Daten gehören den Kunden.“

„Aber Sie müssen dafür sorgen, dass die Daten vom Chip auf Datenspeicher übertragen werden. Dazu benötigen Sie das Internet, oder etwa nicht?“

„Nicht unbedingt. Jeder kann seine eigenen Daten bei sich zu Hause über seinen Computer oder sein Handy abrufen. Das geht per NFC und braucht nur eine Reichweite von einigen wenigen Zentimetern.“

„Was ist mit Datensicherung? Mit Backups?"

„Die bieten wir unseren Kunden an. Die Daten sind zu wichtig, als dass sie verloren gehen sollten."

„Wie viele Ihrer Kunden nutzen Ihre Datensicherung?"

„Alle. Außer einem. Und der arbeitet bei uns."

„Das heißt", sagte die Ministerin, „Sie könnten bei Bedarf Daten über jeden Ihrer Kunden einsehen."

„Im Prinzip ja. Aber in unseren Geschäftsbedingungen sichern wir zu, die Daten nur verschlüsselt aufzubewahren und nicht ohne Einwilligung zu entschlüsseln."

„Sie halten sich an alle Gesetze?"

„Nicht nur an staatliche Gesetze, sondern auch an unsere eigenen Zusagen."

„Wenn der Staat ein Gesetz erließe, dass Sie die Daten in bestimmten Fällen dem Staat zur Verfügung stellen müssen, etwa bei Verdacht auf schwere Verbrechen?"

„Gibt es ein solches Gesetz?"

„Es gibt solche Regelungen bei der Telefonüberwachung. Das wird sicher bald ausgeweitet werden."

„Wie gesagt, wir halten uns an alle Gesetze."

„Wie schnell könnten Sie 65 Millionen Chips liefern?"

„Wie bitte?"

„65 Millionen PowerBlood-Chips. Für jeden volljährigen Einwohner Deutschlands."

„Wir haben für eine Million Chips drei Monate gebraucht, dann brauchen wir für 65 Millionen – rund 16 Jahre."

„Ich glaube nicht, dass Sie mich verstanden haben. Ihre erste Million Chips mussten Sie nicht nur produzieren, sondern auch verkaufen und implantieren. Frau Wellmann, Lydia, war so nett, mich über Ihre Idee zu unterrichten, möglichst alle Menschen in unserem Land mit dem PowerBlood-Chip zu versorgen. Diese Idee ist großartig. Ich habe die Absicht, das Powern mit Ihren PowerBlood-Chips staatlich zu fördern. Wissen Sie, wie viel Geld jedes Jahr in Deutschland für Gesundheit ausgegeben wird?"

„Sie werden es mir sagen."

„Ja, das werde ich. Die Gesundheitsausgaben summieren sich auf 500 Milliarden Euro jährlich."

„Beeindruckend."

„Das ist zehnmal so viel wie der Verteidigungshaushalt. Mit Ihren Chips könnten wir zehn Prozent einsparen."

„Das wären 50 Milliarden", sagte Lydia.

„50 Milliarden jedes Jahr. Wir würden Ihnen alle Chips abkaufen und für die Verbreitung sorgen. Sie erledigen Produktion und Betrieb."

„Sie wollen PowerBlood verstaatlichen?"

„Nein. Nur weil wir unsere Dienstwagen bei deutschen Herstellern bestellen, sind die doch nicht verstaatlicht."

„Das bekommen Sie nie durch", sagte Jan.

„Wir werden jedem eine Prämie zahlen, der sich Ihren Chip einsetzen lässt. Die Leute werden sich darum reißen."

„Wenn Sie es sagen."

„Wieso ich? Sie wollen doch alle Krankheiten der Menschheit besiegen. Ich helfe Ihnen, diesen Traum zu verwirklichen. Sie bekommen einen wasserdichten Vertrag."

„Zu welchen Bedingungen?"

„Ein Mengenrabatt müsste drin sein. Außerdem haben wir ein paar inhaltliche Wünsche."

„Die wären?"

„Ihre Server müssen in Europa stehen, die Hälfte davon in Deutschland."

„Das lässt sich einrichten."

„Dasselbe gilt für die Produktion der Chips. Die Hälfte in Deutschland, der Rest in Europa."

„Das wird nicht möglich sein."

„Warum?"

„Weil Kapazitäten fehlen und es zu teuer wäre."

„Aber Sie dürfen auf keinen Fall in China, in den USA oder in Russland produzieren."

„Was wäre mit Nepal?"

„Wieso Nepal?"

„Ein interessantes Land. Politisch eingezwängt zwischen den Riesen China und Indien, aber trotzdem unabhängig. Man könnte Ingenieurs-Know-how aus Indien und geschulte Arbeitskräfte aus China gewinnen."

„Interessant."

„Außerdem wollen wir in der Hauptstadt Kathmandu unsere Asien-Zentrale aufbauen."

„Nepal. Muss ich mit dem Kanzleramt und dem Außenministerium abklären. Warum nicht."

„Das wars dann mit den Forderungen?"

„Sie müssten uns Zugriff auf die Daten ermöglichen."

„Wer ist ‚uns'?"

„Der Staat. Die Sicherheits- und Gesundheitsbehörden."

„Auf gesetzlicher Grundlage?"

„Es wird eine Regelung geben, die Sie aus der Verantwortung nimmt."

„PowerBlood ist meine Verantwortung."

„Es gibt noch eine Bedingung. Wir benötigen einige Chips, die speziell sein müssen. Es muss Chips geben, deren Identität verändert werden kann, sodass es einzelnen Persönlichkeiten möglich sein wird, irgendwo zu sein, obwohl die GPS-Daten des Chips etwas anderes anzeigen."

„Wenn es solche Chips gibt, werden die Daten wertlos."

„Nicht, wenn Sie uns garantieren, dass es nur wenige dieser Chips gibt und wir die Träger genau kennen."

„Wer entscheidet, wer solche Chips bekommt?"

„Wir."

Jan schaute durch die dunklen Scheiben nach draußen. Er wollte verstehen, was geschah: „Ich muss nachdenken."

„Kann es Ihre Meinungsbildung beschleunigen, wenn Sie wissen, dass wir in der Regierung das Projekt ‚Gesundheit und Sicherheit' schon beschlossen haben?"

„Gesundheit und Sicherheit?"

„Ja, so wird das Programm heißen. Die Franzosen entwickeln eine eigene Lösung. Die Osteuropäer wollen amerikanische Chips einkaufen. Wir setzen auf Ihren Chip. Wir werden Sie umfassend unterstützen. Ihr Chip soll es sein, der das Leben gesünder und sicherer macht."

„Wir haben das Problem der Massenproduktion nicht gelöst", sagte Jan.

„Ich dachte Nepal …"

„Da haben wir noch keine Fabrik. Es gibt Pläne. Bislang produzieren wir in Dresden und in Wrocław in Polen."

„Sie meinen Breslau? Das ist perfekt."

„Aber es reicht nicht."

„Wie ist es, wenn wir das auf zwei Jahre strecken? Dann wären es 32,5 Millionen pro Jahr."

„Möglich. Aber Sie erwarten ja eine 99-prozentige Zuverlässigkeit. Wir können uns keine Fehler erlauben."

„Wir erwarten 100 Prozent Sicherheit. Haben Sie in den nächsten zwei Wochen Zeit für einen Termin im Kanzleramt?"

„Das macht erst Sinn, wenn ich mich entschieden habe."

„Sie haben wirklich nicht verstanden", sagte die Politikerin, „wir erwarten, dass Sie sich in unserem Sinne entscheiden. Sonst müssten wir andere Möglichkeiten prüfen."

„Ist das eine Drohung?"

„Nein. Nur ein Rat, den Sie ernst nehmen sollten."

Kapitel 34

Als Jan zurück in sein Büro kam, wurde er von Maria-Carmen Lichtenbach erwartet, der PowerBlood-Medizinerin.

„Wie gehts?“, fragte er mit einem Hauch von schlechtem Gewissen, weil er sich in letzter Zeit nicht um Maria-Carmens Arbeit gekümmert hatte.

„Das wollte ich dich fragen“, sagte Maria-Carmen, die Kruschew in „MaCa“ umgetauft hatte.

„Gut“ sagte Jan. „Warum fragst du?“

„Kontrollierst du deine PowerBlood-Werte?“

Jan schaute auf seine Uhr, die mit seinem PowerBlood-Chip verbunden war.

„Keine Mitteilungen“, sagte er und zeigte MaCa die Uhr.

„Weil du die automatisierte Benachrichtigung abgestellt hast“, sagte sie.

„Habe ich?“

Er kontrollierte die Einstellungen. „Oh, ja, habe ich. Muss nicht jeder mitbekommen, wie hoch mein Blutdruck ist.“

„Bitte“, sagte die angehende Ärztin vorwurfsvoll.

„Was denn?“

„Schalte die Benachrichtigungen ein. Oder schaue dir deine Werte am Computer an.“

Jan hantierte an seiner Uhr, die rot aufflackerte.

„Was ist das?“, fragte er.

„Einmal draufdrücken, dann kommt die Antwort. Hast du selbst so programmiert?“

Jan drückte auf die Uhr. Sein Puls stieg dramatisch an, als er die Mitteilung las: „AKUTE KREBSWARNUNG“.

Kapitel 35

Das Büro von John Bears saß an der Stelle der Konzernzentrale, an der der Architekt das Gehirn der Frau konstruiert hatte. Licht kam nicht durch Fenster, sondern durch die Schädeldecke. Bildschirme lieferten Bilder aus der Nachbarschaft oder bei Bedarf von irgendeinem Punkt auf der Welt.

Im männlichen Gehirn residierte Johns Vater Gerald Bears. Da die beiden Riesenkörper aus Beton kopulierten, berührten sich nicht nur die Unterkörper, sondern auch die Köpfe. Im Inneren, das hier an eine Felsenhöhle mit verschlungenen Gängen erinnerte, gab es eine direkte Verbindung zwischen den beiden Chefetagen.

„Beeindruckend", sagte Edward Frost, der die Privatführung genoss, zu der John Bears eingeladen hatte.

„Ich bringe Sie jetzt zu den Augen", sagte der Juniorchef.

„Die Augen" bestanden aus zwei runden Kuppelsälen, die durch einen Gang verbunden waren. Arbeitsplätze gab es sowohl auf dem Grund der Säle als auch auf Emporen, die in drei Ebenen rings um den Saal herumliefen.

„Im linken Auge sitzen unsere Spione", sagte John Bears, „da habe ich unsere deutsche Spezialeinheit untergebracht. Ich muss mich bei Ihnen entschuldigen, was wir aus Köln erfahren, ist doch interessant. Und beunruhigend."

„Ich weiß. Ich habe mir das Programm auch gerne angeschaut", sagte Frost. „Ich habe dort erfahren, dass meine Frau die Scheidung will."

Josefine Weber, Leiterin der deutschen Spezialeinheit, und Edward Frost ließen sich nicht anmerken, dass sie sich kannten. Stattdessen witzelte sie: „Josefine Weber steht in meinem Pass. Den Jose habe ich gestrichen und nenne mich nur Fine."

Außer Fine arbeiteten zwei Frauen und zwei Männer in diesem Bereich, der durch Stellwände abgetrennt war.

„Das Schwierigste ist der Zeitunterschied", sagte Bears. „Neun Stunden. Wenn die in Köln mit der Arbeit anfangen, ist bei uns Mitternacht. Wie halten Sie und Ihre Leute das aus?"

„Wir lassen uns gut bezahlen“, sagte Fine. „Außerdem: Wenn die in Köln Feierabend machen, ist hier erst Mittag. Ich genieße es, schnell aus meinen Dienstklamotten herauszukommen und mit meinem Freund an den Strand zu fahren.“

Dabei schaute sie Edward an, der beim Wort „Freund“ errötete. Fine fragte sich, wie lange sie noch befreundet sein würden, wo Edward sie nicht nur mit seiner Frau, sondern einer weiteren Geliebten betrogen hatte.

Es war Zeit, sich nach anderen Männern umzusehen. Wie wär's mit ihrem Chef? John Bears war Single

Bears sprach Fine an: „Was tut sich in Köln? Warum wollten Sie, dass ich heute bei Ihnen vorbeischaue?“

„Haben Sie unsere Berichte gelesen?“, fragte Fine.

„Sie schreiben viele Berichte“, sagte Bears.

„Täglich einen, wie vereinbart. In den letzten Berichten konnten wir feststellen, dass PowerBlood dabei ist, enge Kontakte mit der Bundesregierung herzustellen.“

Fine Weber ließ vier Bildschirme einschalten, die aufgezeichnete Videos aus Köln übertrugen.

Bildschirm eins zeigte Jan Christian Bachs neues Büro, Bildschirm zwei das Vorzimmer, Bildschirm drei das Großraumbüro, Bildschirm vier einen Strandkorb.

Jan stand mit Pfeil und Bogen an seinem Schreibtisch, er trug Kopfhörer, sein Körper wippte zu einer unbekannten Musik, er schoss und traf das Plakat einer kiffenden Mona Lisa.

Jan erschrak. Drehte sich um.

Zwei Frauen standen in seinem Büro.

„Die jüngere Frau mit den kurzen Haaren ist Lydia Wellmann, Herrn Bachs erste Mitarbeiterin, die sich um Marketing kümmert. Die andere Frau ist Marianne Adler, Staatsministerin im Bundeskanzleramt, eine der ehrgeizigsten und mächtigsten Politikerinnen Deutschlands.“

Die Kamera verfolgte Jan zurück an seinen Schreibtisch. Im Hintergrund erschien ein Bild von Andy Warhol, das einen Frauenkopf in vierfacher Ausfertigung zeigte, jedes ursprünglich schwarzweiße Bild in einer anderen Farbe.

„Das ist meine Schwiegermutter", sagte Frost.

„Was für eine schöne Frau", sagte Bears.

„Eine berühmte Pianistin."

„Warum hat der Warhol einen so dicken Rahmen? Das passt gar nicht zu seinem sonstigen Stil."

„Der Rahmen", wiederholte Frost, „das Bild mit diesem Rahmen könnte noch einmal wertvoll für uns werden."

„Ach was. Warhol hat Hunderte dieser Porträts hergestellt. Sogar mein Vater hat eins davon. Marilyn Monroe."

Ein Mann erschien im Bild.

„Das ist der persönliche Bewacher der Staatsministerin", erklärte Fine Weber.

„Was sagt er?", fragte Bears.

„Er will die Besprechung anderswo fortsetzen."

„Persönlicher Bewacher der Staatsministerin?", wiederholte Bears, „das ist ein Geheimdienstmann. Er weiß, dass PowerBlood überwacht wird. Was machen wir jetzt?"

„Ich könnte Kontakt zu unseren Kollegen von der NSA aufnehmen", sagte Frau Weber.

„Gut", sagte Bears, „ich regle das Nötige in Washington. Mir gefällt es nicht, dass PowerBlood Unterstützung von der deutschen Regierung bekommt. Was meinen Sie, Frost?"

Edward zögerte bewusst, ehe er antwortete: „Es ist Zeit, sie fertigzumachen. Gehen Sie die offiziellen bis amtlich-geheimen Wege. Ich könnte die schmutzigen Operationen durchführen."

„Trauen Sie mir das nicht zu?"

„Ich traue Ihnen alles zu. Aber ich könnte Ihnen einen Teil der Arbeit abnehmen."

Frost streckte seine Hand aus, der Juniorchef schlug ein.

„Vielleicht können Sie etwas mit diesem Video anfangen", sagte Bears. „Es stammt von einer unserer Pflegeroboterinnen. Sie heißt Dana und kümmert sich um den Vater von Jan Christian Bach. Vor Monaten hat Dana eine Videoverbindung nach Buenos Aires hergestellt und das dortige Geschehen aufgenommen. Später bekam sie den Auftrag, dieses Video zu löschen."

„Gut, dass sie es nicht getan hat."
„Sie hat es getan. Uns, genauer genommen ihrem Chefkonstrukteur Mike Adams, hat sie netterweise eine Kopie geschickt."

Bears wandte sich an seine deutsche Mitarbeiterin: „Fine, ich beame die Videodatei auf Ihren Bildschirm, spielen Sie bitte die letzten sieben Minuten ab."

Frost erkannte das Klavierzimmer im Haus von Alejandra Irigoyen. Er sah, wie Ignacio die Pistole neben den schwarzen Umschlag auf dem Flügel legte. Er sah, wie er selbst kurz mit der Waffe hantierte und dann zur Ablenkung ein paar Beethoven-Noten spielte. Er sah sich selbst den Raum verlassen. Er sah, wie die Waffe von Hand zu Hand ging. Er sah, wie Jan die Pistole nahm.

„Stopp", rief Bears.

Das Bild blieb stehen. Es zeigte Jan mit der Pistole, deren Lauf auf Alejandra zielte.

„Weiter" befahl Bears.

Jan gab die Waffe an Geronimo.

Fine erschrak, als sie ihren Vermieter erkannte.

Geronimo spielte mit der Waffe und gab sie an Alejandra weiter, die sich offensichtlich selbst erschoss.

„Video abbrechen", sagte Bears. „Wir könnten das so bearbeiten, dass Jan auf seine Mutter zielt und sie direkt im Anschluss tot zusammenbricht."

„Jan hat die Waffe nach Deutschland geschmuggelt", sagte Frost, „sie war in dem Warhol-Bild versteckt, das in seinem Büro hängt. Wenn wir das den deutschen Behörden …"

„Woher wissen Sie das?", fragte Bears.

„Ich weiß es", sagte Frost.

„Herr Bach hat nicht geschossen", widersprach Fine.

„Sagt doch niemand", lachte Bears.

„Bleibt die Frage, warum das Video erst jetzt auftaucht", sagte Frost.

„Zufall. Die Roboter-Abteilung unseres Konzerns arbeitet unabhängig. Die FriendChip-Abteilung arbeitet unabhängig. Ich bin der Einzige, der den Überblick hat."

„Divide et impera", sagte Fine.

„Bei meinem letzten Meeting hat mir der Robotics-Abteilungsleiter das Video gezeigt, mit dem er nichts anfangen konnte. Als ich Bach und Sie, Frost, erkannt habe, wusste ich, dass uns das nützen könnte.“

„Dann lasst es uns nutzen“, sagte Frost.

Kapitel 36

Seitdem Wladimir Kruschew bei PowerBlood angestellt war, leistete er sich eine Dachgeschosswohnung in der teuren Südstadt. An diesem Morgen wachte er durch ein Surren seiner Computer auf, die er um sein Bett herum aufgebaut hatte. Irgendetwas hatte die Rechner in ihrer Nachtruhe gestört. Kruschew versuchte, die verschlüsselten Mitteilungen im Kopf zu entziffern. Oft war er schneller als die spezialisierten Programme.

„Haben wir Besuch. Hacker bei PowerBlood."

Eine halbe Stunde später, es war acht Uhr morgens, saß Kruschew in seinem PowerBlood-Reich und analysierte den Angriff. Drei Attacken registrierte er, jede anders.

Er musste den Chef alarmieren. Wo war der abgeblieben? Kruschew schaute sich Jans PowerBlood-Daten an. Oh, eine Krebswarnung. Ob er davon wusste? Das GPS verortete ihn in Amsterdam, wo auch Kollegin Shakyamuni markiert war.

Jan ging nicht ans Telefon.

Kruschew rief Lydia an. Sie war die Nummer zwei.

„Oh, mein Gott. Hacker. Das ist furchtbar. Haben sie Daten gestohlen", fragte sie, als Kruschew sie erreichte.

„Ich nicht glaube", sagte der Russe.

Jan und Maya gönnten sich ein Wochenende auf einem Hausboot in Amsterdam. Kruschew hatte angerufen. Kruschew würde nur anrufen, wenn etwas Wichtiges passiert wäre.

Jan baute eine Verbindung nach Köln auf: „Was ist los?"

„Hacker", sagte Wladimir.

„Du machst keinen Scherz?"

„Nein."

Jan sah, dass Lydia im CoWoK-Büro war: „Gut, dass du da bist. Wladimir, wer hat uns gehackt?"

Wladimir lachte: „Die Russen. Und die Chinesen."

„Meinst du wirklich? Warum sollten sie?"

„Chef, ist das so ein Spaß unter Hackern. Seit Jahren werden immer Spuren nach Russland gelegt."

„Wofür soll das gut sein?“

„Seit Corona sind außer den Russen auch die Chinesen schuld. Ich bin sicher, dass ich eine Leitung nach Peking und in den Kreml finden werde. So weiß die Welt, dass Computerexperten russische die besten sind.“

„Schluss jetzt. Was ist das mit den Hackern?“

Wladimir schickte eine komplizierte Struktur auf Jans Rechner. „Wir haben zurzeit 57 Serverfarmen mit je 100 Servern in Betrieb. In drei Farmen habe ich Angriffe festgestellt, und zwar in Farm 1, Farm 3 und Farm 17. Farm 1 ist die kritischste, weil dort unsere wichtigsten Daten und Programme liegen, außerdem sind dort die PowerBlood-Daten unserer ersten 10.000 Kunden. Deine Daten sind dort auch gespeichert. Hast du die Krebs-Warnung gesehen?“

„Habe ich“, sagte Jan.

„Welche Krebs-Warnung?“, fragte Maya in Amsterdam.

„Welche Krebs-Warnung?“, fragte Lydia in Köln.

„Tut jetzt nichts zur Sache“, sagte Jan.

„Klar ist, dass die Angreifer keine Daten abgreifen oder manipulieren konnten“, setzte Wladimir seinen Vortrag fort.

„Ich zeige euch Serverfarm 1. Das Hacker-Programm hat nichts verändert. Ich habe es grün markiert. Es verhält und bewegt sich wie ein Tourist auf einem Spaziergang durch eine fremde Stadt. Mal hält er an. Mal dreht er sich um. Dann geht er weiter.“

„Ich finde das beunruhigend“, sagt Jan.

„Ist es nicht. Das Programm bewegt sich ausschließlich in den Räumen, die wir für solche Angriffe eingerichtet haben. Klar, gibt es dort Daten, aber keinerlei echte Daten von uns oder von Kunden. Alles reine Täuschung.“

„Und wenn unser Hacker-Tourist das merkt?“

„Dann müssen wir ihn im Auge behalten.“

„Könntest du ihn rauswerfen?“

„Ja. Könnte ich. Aber ich will euch erst die beiden anderen Hackerangriffe zeigen.“

Wladimir wechselte zu Serverfarm drei. „Dieser Eindringling beunruhigt mich“, sagte der Russe. „Es ist ein Programm, das ich so noch nicht gesehen habe. Ich nenne es die Motte.“

„Motten gehen an Festplatten ran?“, fragte Lydia.

„Habe ich sie gelb markiert. Sie isst mehr oder weniger die Datenstückchen, die sie findet, und scheidet sie als totales Chaos hinter sich wieder aus. Wenn die Motte an relevante Daten gerät, dann sind diese für immer unbrauchbar und verloren. Wobei ich nicht weiß, ob die Motte eine Kopie der Daten an ihre Auftraggeber verschickt.“

„Welchen Schaden hat sie angerichtet?“, fragte Jan.

„Auch sie hat nicht bemerkt, dass sie in unserem Hacker-Spielplatz sitzt. An die echten Daten käme sie nicht ran.“

„Was ist mit dem dritten Angreifer?“, fragte Jan.

„Serverfarm 17. Von uns aus gesehen nichts Besonderes. Kundendaten aus der zweiten PowerBlood-Welle. Das Hacker-Programm, ich habe es rot markiert, ist wieder anders aufgebaut. Ich nenne es Krebs. Es vereinigt sich mit den Daten, die es auf unserem Server findet, und wuchert dann in schneller Geschwindigkeit, mit dem Ziel, die Server und den Speicherplatz vollständig zu blockieren. Das wäre jeweils ein Totalausfall.“

Jan saß fassungslos vor dem, was auf seinem Bildschirm geschah. Eine Motte und ein Krebsprogramm fraßen seine Arbeit auf, und ein Tourist schaute zu.

„Wir müssen die Angriffe beenden“, sagte Jan.

„Ich kann die Drei zu ihren Absendern zurückschicken“, sagte Jan. „Ich weiß nicht, wo sie sitzen, aber sie selbst kennen ja den Weg. Soll ich eine Botschaft mitschicken?“

„Nein“, sagte Jan, „schmeiß sie einfach raus. Und sorge dafür, dass nie wieder jemand reinkommt.“

„Es gibt keine Sicherheit hundertprozentige, Chef.“

„Wir können das nicht geheim halten“, sagte Lydia.

„Was schlägst du vor?“, fragte Jan.

„Wir veröffentlichen, dass wir einen Hacker-Angriff abgewehrt haben. Das entspricht der Wahrheit und es stellt unsere hohen Sicherheitsvorkehrungen in den Mittelpunkt.“

„In Ordnung“, sagte Jan.

„Was ist das für eine Krebs-Warnung“, fragte Maya, als die Verbindung nach Köln geschlossen war.

„Mein Chip. Eine Warnung. Es könnte sich um Blutkrebs handeln. Leukämie. Das muss ärztlich überprüft werden“, sagte Jan. „Maria-Carmen wird einen Arzttermin machen.“

„Warum hast du mir nichts gesagt?“, fragte Maya.

„Ich habe es erst vor ein paar Tagen erfahren. Wir haben PowerBlood so eingestellt, dass es früher warnen soll als alle anderen Systeme, die in der Medizin bekannt sind. Dann sind die Heilungschancen am größten. Aber dann ist auch das Risiko am größten, dass die Warnung falsch sein könnte.“

Ein erneuter Anruf aus Köln unterbrach ihr Gespräch.

Lydia.

„Habt ihr CNN“, fragte sie.

„Keine Ahnung“, sagte Jan.

„Haben wir CNN?“, fragte er Maya.

Die Nepalesin schnappte sich die Fernbedienung und schaltete den Bordfernseher ein.

„Wir haben CNN“, sagte Jan nach Köln. „Was ist da los?“

„Das ist unsere Chip-Fabrik in Wrocław in Polen. Vor dem Hauptportal läuft eine Demo von zwanzig Leuten. Was wichtiger ist, diese zwanzig Leutchen haben vier Fernsehteams mitgebracht, darunter CNN und ein deutsches Team. Und, kannst du lesen, was auf ihren Plakaten steht?“

„Stoppt die deutschen Nazi-Chips“, las Jan.

„Nie wieder Unterwerfung unter deutsches Blut“, las Maya.

Auf einem Plakat stand eine Zahl: „666“.

„666 steht in der Bibel für den Antichristen“, sagte Lydia.

„Was sind das für Leute?“, fragte Jan.

„Eine in Osteuropa aktive Nicht-Regierungs-Organisation. Sie nennen sich Zentralstelle zur Verteidigung der Menschenrechte. Finanziert werden sie aus den USA, was in Polen geduldet ist.“

Der CNN-Livereporter ließ keinen Zweifel daran, dass er auf Seite der Demonstranten stände. Die polnischen Arbeiter bekämen nur die Hälfte des Lohnes ihrer deutschen Kollegen. Die PowerBlood-Chips, die in dieser Fabrik produziert würden und keine Zulassung für die USA hätten, machten die Menschen zu gläsernen Sklaven eines skrupellosen deutschen Unternehmens.

In diesem Propagandastil ging es weiter. Wenn man sich den Namen ansehen würde, PowerBlood, die Kraft des Blutes. Eine zusätzliche Geschmacklosigkeit, wo doch kaum ein anderes Volk unter der Ideologie des angeblich überlegenen Blutes der Nazis so gelitten hätte wie das polnische Volk.

Am Schluss folgte der Hinweis, dass kein Mitarbeiter von PowerBlood zu einer Stellungnahme bereit gewesen wäre.

„Lydia, hast du eine Anfrage gehabt?“, wollte Jan wissen.

„Nein. Du siehst doch, das ist eine einzige Propagandashow. Andere Sender werden folgen. CNN dreht dann die Story weiter. Irgendwann landen die bei uns in Köln.“

„Das sieht nicht gut aus“, sagte Jan, „wir brauchen eine Gegenstrategie. Macht es Sinn, gegen diese Demonstranten zu argumentieren?“

„Wir müssten versuchen, die Hintermänner der Kampagne zu entlarven“, sagte Maya.

„Wenn das so einfach wäre“, stöhnte Lydia.

„Wir packen und fahren sofort zurück nach Köln. Bis dahin, Lydia, bereitest du eine Argumentationsstrategie vor. Vielleicht kann uns deine Freundin Marianne Adler helfen.“

„Alles notiert“, sagte Lydia. „Wir geben also noch keine offizielle Stellungnahme ab?“

„Nicht zu der Demo. Lass uns das in Köln klären.“

„Sagen wir etwas zu den Hackerangriffen?“

„Ja. Wie besprochen: Kurze Meldung an die Presse, Tenor: Hackerangriff erfolgreich abgewehrt.“

Wenige Minuten später kam erneut ein Anruf von Lydia: „Pressemeldung ist raus. Sonst aber wird alles anders. Fahrt zum Flughafen Amsterdam-Schiphol und fliegt nach Berlin. Das Kanzleramt will dich sehen. Noch heute Mittag.“

Kapitel 37

Der Berliner Flughafen hatte seit seiner Eröffnung mit neun Jahren Verspätung nicht aufgehört, eine Baustelle zu sein. Durch die Decke über der Gepäckausgabe regnete es. An manchen Stellen waren Wassereimer aufgestellt, die die Tropfen auffangen sollten. Jeder Eimer war mit Baustellenband abgesperrt, damit niemand über die Hindernisse stolperte.

Am Ausgang wartete der geheime Paul Bungert mit großem schwarzem Regenschirm auf Jan und Maya.

„Guten Tag, Herr Bach. Schön, Sie beide so schnell in Berlin zu haben. Wenn es Ihnen recht ist, würde ich Sie jetzt gerne ins Bundeskanzleramt bringen."

„Und wenn es mir nicht recht wäre?"

„Dann auch."

Bungerts Limousine hatte Staatsbesuchsformat. Der Geheimdienstler setzte sich zu Maya und Jan in den Fond.

„Ich bin nicht fertig mit allen Berechnungen", sagte Jan.

„Das ist unerheblich", sagte Bungert. „Wir denken, dass es eine neue Lage gibt und dass wir aktiv werden müssen, ehe sich etwas zu unseren Ungunsten verschiebt."

Im Kanzleramt führte Paul Jan und Maya in einen fensterlosen Besprechungsraum, in dem außer Staatsministerin Adler und weiteren Regierungsmitgliedern auch Lydia Wellmann und Wladimir Kruschew warteten.

Marianne Adler begrüßte ihn freundlich. „Schön, dass Sie sich Zeit für uns nehmen konnten."

„Falls nicht, hätte mich Ihr geheimer Paul entführt."

„Da wir jetzt komplett sind, könnten wir den Kanzler dazu bitten", sagte Frau Adler.

Bundeskanzler Steiger gehörte zu der Riege junger Regierungschefs, wie sie seit einigen Jahren in verschiedenen europäischen Ländern an die Macht gekommen waren. Steiger kooperierte bevorzugt mit den Regierungschefs in Frankreich und Spanien.

„Meine Damen und Herren", begrüßte Steiger die Runde, „lassen Sie uns nicht lange herumreden. Herr Bach, Sie hatten ungebetenen Besuch?"

„Sie meinen den Hacker-Angriff?"

„Ja. Was können Sie uns sagen, was wir nicht wissen?"

„Wir haben alles erfolgreich abgewehrt."

„Ich kenne Ihre Presseerklärung."

„Die Spuren weisen nach Russland, wir denken allerdings, dass der Angriff von US-Seite erfolgt sein müsste."

„Da denken Sie richtig. Was Sie wissen sollten, unsere amerikanischen Geheimdienstfreunde haben uns offiziell über den Angriff informiert. Warum wohl?"

Steiger schaute in die Runde.

„Weil sie das Vertrauen in PowerBlood erschüttern wollen", sagte Jan.

„Dazu passt diese merkwürdige Demonstration gegen die angeblichen Nazi-Chips in Polen", ergänzte Lydia.

„Richtig" sagte Steiger. „Aber wir werden uns nicht einschüchtern lassen. Man muss zur richtigen Zeit das Richtige tun. Und wenn man den richtigen Zeitpunkt nicht selbst wählen kann, muss man ihn nehmen, wie er kommt. Marianne, Frau Adler, wird Ihnen erklären, wie wir vorgehen werden."

„Meine Damen und Herren, ich habe Ihnen unser Projekt ‚Gesundheit und Sicherheit' schon einmal vorgestellt. Wir haben die Absicht, ein Gesetz zu erlassen, das Mikrochips, die in den Körper eingesetzt werden, großzügig fördert. Wir haben beschlossen, dass PowerBlood Lieferant dieser Chips sein wird. Wir haben Einvernehmen mit Frankreich und Polen, ja sogar Polen hergestellt. Mit weiteren europäischen Ländern sind wir im Gespräch. Wir gehen davon aus, dass wir bis Ende des Jahres eine europäische Lösung zugunsten von PowerBlood haben werden. Unabhängig davon werden Frankreich, Polen und Deutschland die Initiative schon in Kürze öffentlich bekanntmachen. Warum die Eile? Wir sehen, dass es sich um eine Schlüsseltechnologie handelt, in der Europa eine führende Rolle übernehmen sollte. Wir sehen, dass die USA mit Geld und Druck die europäische Lösung verhindern wollen. Statt PowerBlood soll der US-Konzern Bears zum Zuge kommen."

„Bitte nicht ganz so ausschweifend", ermahnte der Kanzler seine Staatsministerin.

„Ich fasse zusammen", fuhr Marianne Adler fort, „da die USA wissen, dass sie in diesem Fall technologisch unterlegen sind, verlegen sie den Kampf auf andere Felder. Die Hacker-Angriffe und die gesteuerten Demonstrationen sind zwei Beispiele. Herr Bach, Sie müssen sich darauf einrichten, dass weitere Attacken folgen werden, darunter persönliche. Wir haben Hinweise, über die Sie Herr Bungert im Anschluss informieren wird. Aber dagegen steht die Entschlossenheit dieser und anderer Regierungen, PowerBlood zu unterstützen. Fehlt nur eines, dass Sie zustimmen."

Die gesamte Runde blickte erwartungsvoll zu Jan.

„Wenn es Sie beruhigt, Herr Bach, die Finanzierung von ‚Gesundheit und Sicherheit' ist für fünf Jahre geregelt. Der Anteil, der auf PowerBlood entfällt, ist großzügig bemessen."

Jan stand auf. „Herr Bundeskanzler, Frau Staatsministerin, ich weiß Ihr Vertrauen zu schätzen. Ich muss darauf hinweisen, dass der Druck der USA nicht das einzige Problem ist. Wir müssen die Produktion massiv hochfahren. Wie steht es mit der Möglichkeit, ein Werk in Nepal zu betreiben?"

„Ist besprochen", sagte der Kanzler, „geht in Ordnung."

„Es kann weitere Schwierigkeiten geben. Die Verschmelzung des menschlichen Körpers mit künstlicher Intelligenz aus einem quasi lebenden Mikrochip wird zu grundsätzlichen Diskussionen führen. Das wird nicht ohne Gegenwind gehen."

Jan schaute in die Runde. Alle nickten.

Jans Stimme zitterte leicht, als er sagte: „Dann lasst es uns tun. PowerBlood ist bereit, den Exklusiv-Vertrag mit der deutschen Regierung und mit der EU abzuschließen."

Beifall brandete auf.

Der Kanzler schüttelte Jans Hand. „Ich habe nichts anderes erwartet. Auf Ihren Erfolg und Gesundheit und Sicherheit."

Noch einmal Beifall im Saal, den der Kanzler nutzte, sich zurückzuziehen.

Bungert nahm Jan Christian Bach beiseite. „Frau Adler hat erwähnt, dass es Hinweise und Attacken gibt, die auf Sie persönlich zielen."

Jan spürte eine ungewisse Angst.

„Wir sehen verschiedene Angriffslinien. Eine hat mit Ihrem Besuch bei Ihrer Mutter in Buenos Aires zu tun. Gibt es da etwas, das wir wissen sollten?"

Jan schloss die Augen und schüttelte den Kopf.

„Ist Ihnen nicht gut?", fragte Bungert.

„Alles in Ordnung."

„Das zweite ist konkreter", fuhr Bungert fort. „Der US-Geheimdienst und Bears behaupten, die Daten bei PowerBlood wären unsicher. Sie hätten den besten Beweis, den man sich vorstellen kann, nämlich Ihre persönlichen Daten, Herr Bach. Danach haben Sie, ich muss es so deutlich sagen, Krebs."

Jan blieb die Luft weg.

„Glauben Sie mir, unsere Server wurden nicht gehackt. Es sind keine Daten abgeflossen. Unterstellt, die Information wäre korrekt, dann muss sie von irgendwo anders herstammen."

„Sollen wir auf Wanzensuche gehen?", fragte Bungert.

„Ich fürchte, das wird nötig sein."

Kapitel 38

In den folgenden Wochen war Jans Büro das ruhige Zentrum eines Orkans, der rings um PowerBlood tobte.

Marianne Adler und Lydia Wellmann entfachten einen Mediensturm. Im Schnitt beschäftigten sich wöchentlich drei der großen Fernsehtalkshows mit dem Thema Mensch und implantierte Computer, immer war ein Vertreter von PowerBlood mit in der Runde oder ein neutraler Experte, der die Chips von PowerBlood besonders lobte. Endlich sei Europa führend auf einem technologischen Zukunftsfeld. Diesmal müsse es gelingen, diesen Vorsprung am Markt durchzusetzen.

Der Bundestag verabschiedete in Rekordzeit ein Gesetz, das es der Regierung erlaubte, im Namen von Gesundheit und Sicherheit implantierte Mikrochips zu fördern und in Ausnahmesituationen sogar vorzuschreiben.

Ein bestehendes Gesetz aus der Telekommunikation wurde auf Mikrochips erweitert, was dem Staat das Recht einräumte, auf Daten der Provider und Dienstleister zugreifen zu können.

Die Krankenkassen stimmten zu, dass das Powern mit PowerBlood-Chips zur Pflichtaufgabe erklärt wurde, nachdem der Bund die Finanzierung für fünf Jahre sicherstellte.

Für Bürger, die sich einen PowerBlood-Chip implantieren ließen, wurde eine „Gesundheits-Prämie" von 500 Euro ausgelobt, die alle drei Jahre erneuert werden konnte.

Jeden zweiten Tag musste Jan in das Behandlungszimmer von Maria-Carmen. Sie verglich ihre traditionell ermittelten Werte mit den Werten aus Jans PowerBlood-Chip.

„Wie sieht es aus?", fragte Jan.

„Nicht gut. Wir müssen uns um eine konkrete Behandlung kümmern", sagte Maria-Carmen.

„Einverstanden", sagte Jan, „frage bei Prof. Cynthia Krüger an, mein Vater hielt sie für die beste Krebs-Spezialistin des Landes."

„Ich kümmere mich drum."

„Danke. Aber die Behandlung darf erst beginnen, wenn wir den Vertrag mit der Regierung haben."

Der große Tag war der erste Mittwoch im Juli. Am Mittag unterzeichnete der Kanzler mit dem französischen Staatspräsidenten und der polnischen Ministerpräsidentin ein trilaterales Abkommen zum Thema „Gesundheit und Sicherheit", „Santé et Sécurité" und „Zdrowie i Bezpieczeństwo".

Während Polens Ministerpräsidentin darauf verweisen konnte, dass ihr Land neben Deutschland der wichtigste europäische Produzent der zu implantierenden Mikrochips wäre, durfte der französische Präsident verkünden, dass ein französisch-deutsches Konsortium für die Serverinfrastruktur und die Datensicherheit verantwortlich war.

Die Vertragsunterzeichnung zwischen der Bundesregierung und PowerBlood fand am selben Tag im Bundeskanzleramt statt. Der Vertrag sah vor, dass im Laufe der nächsten drei Jahre alle Menschen in Deutschland ab 18 Jahren mit dem PowerBlood-Chip versorgt werden sollten. Der Eingriff wäre freiwillig, die Kosten würden von den Krankenkassen beziehungsweise vom Staat übernommen inklusive der persönlichen Gesundheits-Prämie. Weitere EU-Staaten sollten ähnliche Regelungen einführen.

Zum Abschluss der Zeremonie bat der Kanzler Jan neben sich auf ein Podest. Der Saal stand Spalier und klatschte.

Maya gab ihm einen Kuss: „Ich liebe dich."

Beamte des Kanzleramtes balancierten auf silbernen Tabletts Sekt und Orangensaft für die Gäste.

Wie in Trance ging Jan nach vorne. So fühlte es sich also an, wenn man alles erreicht hatte. Der Kanzler reichte Jan einen Sektkelch und prostete ihm zu. Jan setzte das Glas an den Mund. Dann kippte er um, stürzte vom Podium hinab auf den Steinboden, das Glas zersplitterte unter seinem Gesicht.

Kapitel 39

„Da sehen Sie es mit eigenen Augen, Mr. President."

John Bears saß im Weißen Haus in Washington und verfolgte den Bericht aus Berlin über den PowerBlood-Pakt zwischen Frankreich, Polen und Deutschland.

Der Präsident erschien, aber er hatte keine Augen für seine Gäste, stattdessen nahm er die Flaggenparade ab, kontrollierte, ob die Stars and Stripes im richtigen Winkel standen, zupfte hier und zupfte dort, bis die Falten das immer gleiche Muster ergeben sollten, was natürlich misslang. Trotzdem schaute der Präsident mit Wohlwollen auf sein Werk: „Ordnung muss sein, regelbasiert und wertorientiert."

Sicherheitsberater Walker brachte ihn auf den neuesten Stand. Der mächtigste Mann der Welt holte tief Luft für wenige Worte: „Deutschland, Frankreich, von denen habe ich nichts anderes erwartet. Aber was treibt Polen da?"

Dann schickte der Präsident einen Tweet in die Welt: „Keiner soll glauben, dass er die Vereinigten Staaten demütigen kann, ohne dass es Konsequenzen gibt. Auch du, Polen, bist gemeint. Wie viele Soldaten und Waffen muss ich abziehen, damit du verstehst?"

John Bears gehörte zu den Wirtschaftslenkern, die Gehör beim Präsidenten hatten: „Sie sehen, was Europa vorhat. Sie wollen ein System implantierter Chips installieren und zum Welt-Standard machen. Ohne die USA. Gegen die USA."

„Was schlagen Sie vor?"

„Sie dürfen sich das nicht bieten lassen. Es geht um eine Schlüsseltechnologie. Es geht um die Zukunft Amerikas. Sie sollten PowerBlood in den USA verbieten und stattdessen auf unsere FriendChips setzen."

„Soweit ich weiß, ist PowerBlood in den USA nicht aktiv."

„Aber was ist mit den Deutschen, Franzosen, Polen, Europäern, die einen PowerBlood-Chip haben und in die USA einreisen?"

„Meine Leute sagen, die PowerBlood-Technik wäre besser als Ihre. Sie sollten PowerBlood kaufen. Oder …"

Der Präsident wandte sich an Sicherheitsberater Walker. „Ist es ein Problem, wenn ich Bears einweihe?"

Der Sicherheitsberater gab dem Präsidenten und Bears je eine Akte. Bears ließ Frost mit auf die Blätter schauen.

„Der Mann hat Waffen und Rauschgift von Argentinien nach Deutschland geschmuggelt", sagte Walker.

„Stimmt", bestätigte Frost, „das steckt alles in einem Warhol-Bild in seinem Büro."

„Was wollte er mit der Waffe?", fragte der Präsident.

„Es war die Pistole, mit der Bachs Mutter Alejandra Irigoyen getötet wurde", sagte der Sicherheitsberater. „Es war Ende November letzten Jahres. Angeblich Tod durch Herzversagen. Aber wir wissen, dass das Herzversagen durch eine Kugel verursacht wurde. Waren Sie nicht dabei, Mr. Frost?"

„Ja, war ich."

„Wir könnten Bach öffentlich des Rauschgiftschmuggels und Mordes beschuldigen. Wer will schon jemandem vertrauen, der so schwerer Verbrechen verdächtigt wird."

„Ist er denn schuldig?", fragte der Präsident.

„Hatte Saddam Massenvernichtungswaffen?", sagte der Sicherheitsberater.

Die Männerriege lachte.

„Wir müssen nur das Warhol-Bild in seinem Büro beschlagnahmen lassen", sagte Edward Frost.

„Das können die deutschen Behörden übernehmen. Kriegen wir das hin?", fragte der Präsident.

Walker nickte.

„Dann rauscht die Bewertung von PowerBlood aber so was in den Keller. Dann schnappen Sie zu, Bears."

Das Telefon auf dem Präsidenten-Schreibtisch läutete.

„Der polnische Staatspräsident? Will sich für den Auftritt seiner Ministerpräsidentin in Berlin entschuldigen? Lassen wir ihn etwas schmoren."

Zu den Männern im Saal flüsterte er: „Es geht los."

Kapitel 40

Jan wachte in einem Krankenbett auf der Privatstation von Prof. Dr. Cynthia Krüger auf. Am rechten Arm hing ein Infusionsschlauch, ein paar Elektroden führten zu den üblichen Überwachungsgeräten, die Puls und Blutdruck anzeigten.

PowerBlood-Medizinerin Maria-Carmen Lichtenbach saß auf einem Stuhl am Fußende und las auf ihrem iPad. „Trotz oder wegen deines Zusammenbruchs überschlagen sich die Analysten mit positiven Reaktionen.“

„Ich hätte sterben können“, sagte Jan.

„Ach was“, antwortete Maria-Carmen.

„Woher willst du das wissen?“

„Sagt Frau Dr. Krüger. Und die hat dich von den Haaren bis zu den Zehen durchgecheckt.“

Wie auf Stichwort betrat die resolute Ärztin das Krankenzimmer und fragte: „Wie geht es uns denn jetzt?“

„Wie es Ihnen geht, weiß ich nicht.“

„Den flachen Humor hat er schon mal zurückgewonnen.“

„Ich dachte, Sie sagen mir, wie es mir geht?“

„So ist es“, sagte die Ärztin und schaute auf die Monitore. „Können Sie die Wahrheit vertragen?“, fragte sie.

Jan nickte.

„Sie sind ein ziemlicher Schlappschwanz. Auf Ihrer eigenen PowerBlood-Fitnessskale erreichen Sie mickrige 3 von 10 Punkten. Viel schlechter stünden Sie nicht mal da, wenn Sie tot wären. Sie haben zu viel gearbeitet. Sie haben zu wenig geschlafen. Trainiert, jedenfalls den Körper, haben Sie nicht. Können Sie mir bitte erklären, wofür Sie diesen ganzen Gesundheitszirkus veranstalten? Sie sind kein gutes Vorbild, Herr Bach.“

„Aber die Krebswarnung? Meine Schwindelanfälle. Meine Müdigkeit. Meine Schmerzen.“

Die Ärztin schaute ihn durchdringend an. „Ach, ja. Ihr famoser PowerBlood-Chip. Es sieht so aus, als ob die Krebs-Warnung korrekt ist. Leukämie. Blutkrebs.“

Jan schluckte.

„Was werden Sie tun?"

„Wir brauchen zunächst eine exakte Diagnose. Dazu müssen wir eine Knochenmarkpunktion machen."

„Knochenmarkpunktion. Ist das schmerzhaft?"

„Nicht so schlimm wie der Tod."

„Was ist, wenn ich wirklich Leukämie habe?"

„Dann werden wir mehr Zeit miteinander verbringen."

„Ich habe eine Firma zu leiten."

„Nur, wenn Sie leben."

„Können wir einen Behandlungsraum in der Firma einrichten?"

„Das wäre kostspielig."

„Aber machbar?"

Die Ärztin nickte.

„Dann machen wir es."

Kapitel 41

Stella Frost wartete mit ihrem Angebot, die nordamerikanischen PowerBlood-Namensrechte an Bears zu verkaufen, bis die New York Times über die deutsche Firma berichtet hatte.

Am Samstagmorgen telefonierte Stella mit Jan, sie würde nicht verkaufen, wenn er nicht einverstanden wäre.

Jan beruhigte sie. Sie sollte Bears ruhig ausnehmen.

„Deine Stimme klingt unsicher“, sagte Stella, „verheimlichst du mir was?“

„Nein“, sagte Jan, „alles gut.“

„Du hattest einen Zusammenbruch. Live im Fernsehen.“

„Kreislauf. Nichts Ernstes.“

Zur vereinbarten Stunde schickte Bears eine Stretchlimousine.

Bears' Anwesen war nicht so spektakulär groß, wie man es bei seinem Reichtum hätte erwarten können. Ein gepflegter, aber in die Jahre gekommener weißer Bungalow auf dem Hügel zur Auffahrt auf die Golden-Gate-Brücke.

John Bears empfing Stella auf der Terrasse mit dem spektakulären Blick auf das rotgestrichene Wahrzeichen von San Francisco und die gesamte Bucht. Die Brücke lag im Nebel, nur die Spitzen der Pylonen ragten rot aus dem weißen Dunst.

Die Terrassenmöbel waren aus weiß lackiertem Holz. Eine weiße Marmortreppe führte hinab in einen Garten. Die Treppe wurde von bunten Porzellanlöwen bewacht.

„Schön, dass Sie kommen konnten“, begrüßte Bears Stella. „Ich hatte befürchtet, Ihr deutscher Halbbruder, der uns so Kummer bereitet, würde es verbieten.“

„Mein Bruder ist ein großartiger Wissenschaftler“, sagte Stella, „leider denkt er zu wenig ans Geld.“

„Meinen Sie? Sein Deal mit der deutschen Regierung macht ihn reich.“

„Mag sein“, antwortete Stella, „aber ich glaube nicht, dass es auf Dauer gelingen kann, sich gegen die USA und gegen Sie zu behaupten.“

„Das sehe ich genauso."

„Bisher ist Jan erfolgreich, weil er der direkten Auseinandersetzung aus dem Weg geht. Aber wir beide wissen, dass es sich beim Thema implantierte Chips um einen Weltmarkt handeln wird."

„Richtig. Ihnen ist schon klar, dass wir das Unternehmen Ihres Bruders attackieren werden, wenn Sie uns die Rechte an der Marke PowerBlood für Nordamerika verkauft haben."

„Wir sind Amerikaner. Wir tun das, was wir für den Erfolg tun müssen", sagte Stella und wunderte sich, wie sie als argentinische Mexikanerin so einen Satz sagen konnte.

„Ihr Mann taxierte die PowerBlood-Rechte auf 100 Millionen Dollar", sagte Bears.

„Mein künftiger Ex-Mann, der Teufel soll ihn holen, hat keine Ahnung. PowerBlood ist eine erfolgreiche Aktiengesellschaft."

„Die nicht an der Börse notiert ist", erwiderte Bears.

„Vierhundert Millionen", sagte Stella und lächelte.

„Dreihundert" sagte Bears.

„Dreihundertfünfzig" sagte Stella.

„Einverstanden" sagte Bears.

Er hatte Papiere vorbereitet, aber er zögerte. „Was hielten Sie von fünfhundert?"

„Fünfhundert Millionen Dollar?", sagte Stella. „Wieso?"

„Für fünfhundert hätte ich Sie gerne mit dabei. Die Schwester des PowerBlood-Gründers propagiert die FriendChips von Bears. Das wäre es wert."

„Nein, das kann ich nicht tun."

„Dann dreihundertfünfzig."

Bears trug die Summe in die Vertragsentwürfe ein.

Eine von Bears' Mitarbeiterinnen hielt die Unterzeichnung und den folgenden Händedruck als Foto fest.

Hinter der Fotografin erschien Stellas künftiger Ex-Ehemann.

„Warst du die ganze Zeit im Haus?", fragte sie empört.

„Welche Zeit meinst du?", fragte Edward zurück.

„Die ganze Zeit, seitdem ich hier war."

„Bitte, bitte, meine Liebe. Ist doch kein Grund zur Aufregung", sagte John Bears.

„Ich rege mich auf, wann und wie ich will.“

„Sie wussten doch, dass Mr. Frost für mich arbeitet.“

„Aber ich wusste nicht, dass Sie ihn hier verstecken, um mich auszuspionieren“, schrie Stella.

„Du hast mehr rausgeholt, als ich erwartet habe“, sagte Edward, „das Geld geht in dein Vermögen, was bei der Scheidung berücksichtigt wird. So gesehen habe ich mitverdient. Plus zwanzig Prozent Provision, macht weitere 70 Millionen.“

Stella schnappte nach den unterschriebenen Verträgen und riss sie in Fetzen.

„Lass das“, rief Edward.

„Sie ist so wild, wie Sie gesagt haben“, sagte Frost.

„Ich kann noch ganz anders“, sagte Stella. Sie lief an die Marmortreppe, packte einen der Porzellanlöwen und schleuderte ihn in Richtung ihres künftigen Ex-Mannes. Der ging unter dem Tisch in Deckung, der fliegende Löwe zersprang in tausend Scherben.

„Ich bitte Sie“, rief Bears.

„Sie müssen mich nicht bitten“, antwortete Stella. Porzellanlöwe Nummer zwei flog in Richtung des Hausherrn und traf ihn schmerzhaft am Kopf.

Jan saß in seinem PowerBlood-Büro, als Stella anrief: „Jan, ich habe die PowerBlood-Namensrechte an Bears verkauft.“

„Herzlichen Glückwunsch, Schwesterherz. Wie viel hast du dem Gauner abgeluchst?“

„Dreihundertfünfzig Millionen Dollar.“

Jan blieb der Atem weg.

„Dreihundertfünfzig Millionen“, wiederholte Stella, weil sie nicht sicher war, ob Jan sie verstanden hatte.

„Eine Menge Geld“, sagte Jan.

„Ja“, sagte Stella. „Wir haben die Verträge in seinem Haus unterschrieben; dann habe ich sie zerrissen.“

„Du hast was?“

„Mein künftiger Ex-Mann tauchte auf. Er prahlte damit, dass er zwanzig Prozent Provision bekäme und bei der Scheidung noch einmal die Hälfte der 350 Millionen.“

„Ist das so?"

„Jetzt nicht mehr. Den Triumph wollte ich ihm nicht gönnen."

„Was hat Bears gesagt?"

„Nichts. Den habe ich mit Porzellanlöwen beworfen, dann habe ich mich von seinem Fahrer nach Hause bringen lassen."

„Bears ist niemand, der gerne Niederlagen einsteckt."

„Einmal ist immer das erste Mal. Jetzt weiß er, dass ich auf deiner Seite bin. Wenn du jemals finanzielle Hilfe brauchen solltest, ich bin auch ohne die 350 Millionen nicht arm."

„Um meine Finanzen musst du dir keine Sorgen machen."

„Schön, dass du diesen Erfolg hast."

„Wie kommst du klar? Wie verkraften die Kinder das alles?"

„Es hilft, dass Edward ausgezogen ist und wir das Haus und das soziale Umfeld behalten konnten. Die Kinder fremdeln damit, dass es in Edwards neuem Leben diese Frau gibt und dass es sie dort wohl schon etwas länger gibt."

„Du kennst sie?"

„Mein Anwalt kennt sie. Eine Deutsche. Josefine Weber.

Neunundzwanzig Jahre jung. Hat in Aachen studiert. Wohnt in Mountain View. Arbeitet bei Bears. Genau wie Edward. Mein Anwalt sagt, dass Edward eine zweite Freundin haben könnte. Er recherchiert."

„Vergiss Edward. Mach Urlaub. Komm nach Köln."

„Erst ziehe ich die Scheidung durch."

Kapitel 42

MaCa und Frau Dr. Krüger sprachen mit Jan über die künftige PowerBlood-Krankenstation.

„Wir müssen den Patienten getrennt versorgen und notfalls isolieren können“, erklärte die Ärztin.

„Wir müssen einen Platz für Kobe vorsehen. Ohne meinen Hund halte ich das nicht aus.“

„Auf keinen Fall. Solange Sie nicht wieder gesund sind, dürfen Sie keinen engen Kontakt mit dem Hund haben.“

„Was heißt das denn?“

„Der Hund muss weg. Die Gefahr ist zu groß, dass er Sie infiziert, wenn Ihr Immunsystem geschwächt ist.“

„Ich brauche den Hund.“

„Für den Hund übernehme ich keine Verantwortung“, sagte Frau Dr. Krüger.

„Müssen Sie nicht.“

Im Vorzimmer entstand Unruhe. Britta rief: „Sie können da nicht rein. Ich muss Sie anmelden.“

Die Tür flog auf, ein Pärchen in Unform baute sich vor Jan auf. Hinter den beiden drängte ein Kameramann ins Zimmer.

„Sind Sie Herr Jan Christian Bach“, fragte der männliche Uniformierte.

„Ja. Mit wem habe ich das Vergnügen?“, sagte Jan.

„Ob das ein Vergnügen wird, bezweifle ich“, sagte der Polizist. „Ich habe einen Durchsuchungsbefehl. Sie werden des Drogenschmuggels und des verbotenen Waffenbesitzes beschuldigt.“

„Darf ich den Durchsuchungsbefehl sehen?“, fragte Jan.

„Selbstverständlich“ sagte der Mann und hielt Jan ein Papier vor die Nase.

„Ach, es geht Ihnen um den Warhol. Den kann ich aber nur gegen Quittung rausgeben. Wissen Sie, was der wert ist?“

Die Polizisten schüttelten im Gleichklang die Köpfe.

„Außerdem ist das ein Andenken an meine Mutter und somit unbezahlbar.“

Der Polizist näherte sich dem Bild hinter Jans Schreibtisch und hatte keine Mühe, es aus der Bilderschiene zu nehmen.

„Ich stelle Ihnen eine Quittung aus", sagte die Polizistin.

„Warten Sie", sagte Jan, „ich will ein Foto von Ihnen beiden und meinem Warhol."

„Das machen wir normalerweise nicht", sagte der Polizist.

„Ist der Beleg zur Quittung."

Die Beamten wollten das Büro verlassen, wurden aber von dem Kameramann aufgehalten, der alles gefilmt hatte und offensichtlich nicht zur Polizei gehörte.

„Wer sind Sie denn?", fragte Jan.

„Köln-TV."

„Das ist Hausfriedensbruch."

„Ich bin schon weg."

„Fertig" sagte Maria-Carmen.

„Was?"

„Die Krankenstation."

Das Krankenzimmer war perfekt. Alles da, was man als Gesunder nicht sehen wollte. Jan hatte seine eigene Toilette mit Dusche. Ein Nebenraum war für Ärzte, Schwestern und Pflegepersonal reserviert. Ein Zimmer für Gianna, Adriano und den Lagotto war ebenfalls vorbereitet.

Um drei kam Dr. Krüger wegen der Rückenmarkpunktion.

Sie klärte ihn über die Risiken des Eingriffs auf und bat um seine schriftliche Zustimmung.

„Bitte auf den Bauch legen."

Gehorsam drehte Jan sich um.

„Ich werde örtlich betäuben, trotzdem wird es wehtun."

„Darf ich zusehen?", fragte Maya.

„Du darfst sogar Händchen halten", sagte MaCa, „solange es den Patienten nicht erregt."

Das Ansaugen des Knochenmarks fand mithilfe einer Hohlnadel am hinteren Beckenkamm statt. „Außerdem muss ich ein zwei Zentimeter langes Knochenstück ausstanzen", sagte die Ärztin.

Jan spürte einen heftigen Schmerz.

„Geschafft. Sie waren tapfer."

„Dreh dich um", sagte MaCa.

Jan gehorchte.

MaCa schob ihm ein hartes Kissen unter die mit einem Pflaster versorgte OP-Stelle. „Bleib' eine Stunde darauf liegen, um eine Blutung zu verhindern. Außerdem musst du dich schonen."

„Wie geht es weiter?"

„In drei Stunden haben wir ein Ergebnis", sagte Dr. Krüger.

„Willst du fernsehen", fragte Maya und schaltete den Bildschirm ein, der an einem Galgen über dem Krankenbett hing.
Es lief Köln-TV.

Jan sah die Außenmauern des PowerBlood-Gebäudes und den Einsatz der beiden Polizisten in seinem Büro.

„Die nehmen das Warhol-Bild mit", wunderte sich Maya.

In einem Laufband las er: „Skandal um deutschen Milliardär. Jan Christian Bach des Mordes beschuldigt. Razzia bei PowerBlood. Warhol-Bild als Rauschgiftversteck?"

„Das ist doch Unsinn. Ich weiß es besser. Jan hat seine Mutter nicht ermordet. Ich war dabei", schrie Maya.

Mayas Rufe alarmierten die halbe Belegschaft, die ins Krankenzimmer stürmte.

„Lydia", schrie Jan, „Lydia? Hast du das gesehen?"

„Hast du dem Sender ein Interview gegeben?"

„Nein."

„Und woher sind dann die Bilder?"

„Hausfriedensbruch."

„Und die Polizisten?"

„Waren da. Haben das Warhol-Bild beschlagnahmt."

„Warum hast du mir nichts davon gesagt?"

„Habe ich im Trubel vergessen."

„Und jetzt?"

„Wollte ich dich fragen."

„Ist an den Vorwürfen was dran? Mord? Drogen."

„Nein."

„Du verschweigst was."

„Jan sagt die Wahrheit“, rief Maya dazwischen.

„Sie werden nichts finden in dem Bild“, sagte Jan.

„Klingt nicht überzeugend.“

„Du nervst. Ruft unsere Anwältin her. Ruft Walter an. Und Walla. Und Schumi. 18 Uhr Krisenkonferenz.“

Die Nepalesin schloss die Tür des Krankenzimmers ab und legte sich neben Jan aufs Bett.

„Ich muss auf diesem Kissen liegen bleiben“, sagte Jan.

Maya zog sich aus. „Ich finde es okay, wenn die Frau oben ist.“

Jan trug einen dieser Operationskittel, die auf der Rückseite geöffnet sind. Darunter war er nackt.

Maya setzte sich auf seinen Penis.

Jan stöhnte vor Schmerz.

Es war nicht nur der Schmerz der überstandenen Knochenmarkpunktion.

MaCa trommelte gegen die Tür. „Aufmachen. Das ist ein Krankenzimmer. Abschließen verboten.“

„Moment“, rief Maya, „ich komme schon.“

„Ihr habt doch nicht?“, sagte MaCa, als sie Jan betrachtete. „Habe ich dir nicht gesagt, dass du dich schonen musst?“

„Und wie er sich schonen muss“, sagte Dr. Krüger, „wir haben eine Diagnose. Sie haben eine akute myeloische Leukämie. AML. Blutkrebs. Achtzig Prozent der Zellen in Ihrem Knochenmark sind Krebszellen.“

„Was heißt das?“

„Sie haben noch … zwei Wochen.“

Jan drückte Mayas Hand fester.

Sie weinte.

„Wenn wir mit einer Therapie beginnen, dann …“

„Ich ertrage die Wahrheit.“

„… dann haben Sie eine kleine Chance, geheilt zu werden.“

„Klingt gut“, sagte Jan.

„Leukämie ist eine Krankheit mit hohem Todesrisiko“, fuhr die Ärztin fort, „aber es gibt erfolgversprechende Therapien. In Ihrem Fall möchten wir es mit Chemotherapie versuchen.“

„Wann wollen Sie anfangen?“

„Sofort. Wir, Sie haben keine Zeit."

„Wie lange wird es dauern?"

„Wenn es gut läuft, wenn wir über die zwei Wochen hinauskommen, brauchen wir erst einmal sechs Monate. Stationär. Mit vielleicht ein paar Kurzurlauben."

Jan schaute Maya an.

„Du musst es tun", sagte die Nepalesin.

„Einverstanden", sagte Jan.

Zum zweiten Mal an diesem Tag klärte die Ärztin Jan über die Behandlung, mögliche Gefahren und Nebenwirkungen auf.

„Während der Therapie dürfen Sie keinen Geschlechtsverkehr haben, Sie würden das Leben Ihrer Partnerin oder Ihres Partners gefährden. Nach der Therapie werden Sie unfruchtbar sein und keine Kinder zeugen können. Soweit die guten Aussichten."

„Und die schlechten?"

„Ich kann nicht ausschließen, dass Sie sterben werden."

„Ist das alles?", fragte Jan.

„Sie müssen den Behandlungsplan unterschreiben, sonst darf ich nicht beginnen", sagte die Ärztin.

Jan blätterte die gehefteten Seiten durch, die den Umfang einer kleinen Broschüre hatten.

Auf der letzten Seite fand er die handschriftlichen Erläuterungen der Ärztin. Ihre letzte Warnung hieß „Tod".

Jan setzte seine Unterschrift unter den „Tod".

Kapitel 43

Der Shitstorm nach dem Fernsehbeitrag auf Köln-TV war gewaltig. Auf allen Internetplattformen standen Jan Christian Bach und PowerBlood am Pranger.

Impfgegner und Verschwörungstheoretiker, Abtreibungsgegner und Aluhutträger, Antikapitalisten und Antikommunisten, alle schütteten ihre Jauche aus Hass und Neid über PowerBlood aus.

Vor der PowerBlood-Zentrale bauten sich TV-Teams auf, die darauf lauerten, dass das erfolgreichste deutsche Unternehmen des Jahrzehnts zusammenbrach.

„Ich gehe raus und stelle mich der Meute“, sagte Jan.

Seine Ärztin kommentierte: „Wenn Sie das tun, werde ich Sie nicht behandeln. Dann können Sie gleich Selbstmord begehen.“

„Aber irgendetwas muss ich doch tun“, protestierte Jan.

„Ruhig bleiben“, sagte Lydia. „Du musst dich schonen. Du hast Leute, die etwas für dich tun können.“

Lydia versuchte vergeblich, Kontakt mit Marianne Adler im Kanzleramt aufzunehmen. Auch der geheime Paul der Staatsministerin war nicht zu erreichen.

Jan stand aus dem Krankenbett auf, um den Kriegsrat zu leiten, der sich um 18 Uhr versammelte.

Neben Jan nahmen Lydia, Maya, Kruschew, MaCa und Björn von PowerBlood-Seite teil. Hinzu kam Anwältin Norma Markovic, die sich entschuldigte: „Ich bin keine Strafverteidigerin.“

Jan stellte die anderen Teilnehmer vor, seinen Freund und Pfarrer Walter Prüm, dessen Freundin Walla und „Schumi“ Michael Schumacher, den „Geheimagenten“ aus dem Finanzministerium, der als erster das Wort ergreifen sollte.

„Man wird in dem Warhol nichts finden. Da bin ich sicher“, sagte Schumi, „sonst wäre das Bild nie durch den Zoll gekommen.“

„Ich war mit Jan in Buenos Aires, als seine Mutter gestorben ist“, sagte Maya, „ich weiß, dass er ihr nichts angetan hat.“

„Dann muss Jan ja nur noch seine Unschuld beweisen“, sagte Walter.

„So naiv kann nur ein Pfarrer sein", schimpfte Kruschew. „Unschuld kann man nicht beweisen. Es kommt denen doch gar nicht darauf an, ob Jan schuldig oder unschuldig ist. Die wollen ihn und uns fertigmachen."

„Etwas bleibt immer hängen", sagte Lydia.

In diesem Augenblick stürzte Britta ins Konferenzzimmer: „Macht den Fernseher an. RTL."

Der „PowerBlood-Skandal" war Spitzenthema der abendlichen Nachrichtensendung. Zunächst lief das Razzia-Material von Köln-TV mit den Rauschgift- und Mord-Anschuldigungen gegen Jan und der Beschlagnahme des Warhol-Bildes. Es folgten Live-Bilder von der Demonstration vor der PowerBlood-Zentrale, moderiert von Marco Hauser, der ankündigte, er werde den PowerBlood-Chef persönlich zur Rede stellen. Mehr in einer „Spezial"-Sendung im Anschluss.

„Stehen die vor unserer Tür?", fragte Jan.

Britta bestätigte: „Leider. Sind ziemlich unverschämt."

„Lydia, bitte das TV-Team herein", ordnete Jan an.

„Gegen meinen Willen", protestierte Lydia.

Im „RTL-Spezial" wurde der „PowerBlood-Skandal" nicht nur aufgewärmt, sondern weiter gekocht: „Es gibt amerikanische Geheimdienstberichte, wonach PowerBlood nicht sicher ist. Nach diesen Berichten sind bei Hackerangriffen empfindliche Gesundheitsdaten in unbefugte Hände geraten. Damit hat sich das ehrgeizige Projekt der Bundesregierung mit dem Motto ‚Gesundheit und Sicherheit' nach wenigen Wochen als unsicher erwiesen, so die US-Experten. Das Bundeskanzleramt schweigt."

„Das klingt nicht gut", sagte Eisenstein.

„Warum? Das Kanzleramt schweigt, das sehe ich als Erfolg für uns", sagte Norma, die Anwältin.

Das Fernsehteam marschierte lärmend ins Konferenzzimmer.

Star-Moderator Marco Hauser wollte sich den Skalp von Jan Christian Bach verdienen: „Herr Bach, was sagen Sie zu der Razzia und den Vorwürfen?"

„Erst einmal frage ich Sie: Warum haben Sie bei uns nicht um eine Stellungnahme angefragt?“

„Jetzt bin ich ja hier, Sie können uns alles erklären.“

„An den Vorwürfen ist nichts dran.“

„Ja, sicher, natürlich gilt auch für Sie die Unschuldsvermutung. Was sagen Sie zu den Hackerangriffen?“

„Dass es Versuche gegeben hat, unsere Server zu hacken, haben wir selbst vor Wochen mitgeteilt.“

„Aber es sind Daten gestohlen worden.“

„Nicht von unseren Servern.“

„Wie erklären Sie sich, dass unsere Quelle geheime Informationen von PowerBlood hat? Damit es für jeden klar wird, die Informationen, die mir zur Verfügung gestellt wurden, betreffen Sie, den PowerBlood-Chef höchstpersönlich.“

„Welche Informationen sollen das sein?“

„Dass Sie krank sind. Lebensgefährlich krank.“

„Finden Sie es korrekt, so vorzugehen“, rief Maya und ging auf den Reporter los. Kruschew hielt sie zurück.

„Herr Bach, ich habe Sie gefragt. Wollen Sie nicht antworten? Natürlich haben Sie auch das Recht, zu schweigen

„Es sind keine Daten abgeflossen, aber …“

„Ja, Herr Bach?“

„Aber es stimmt. Ich habe Krebs.“

„Mein Mitgefühl. Damit zurück ins Studio.“

„Warum haben Sie mich so überfallen?“, fragte Jan den TV-Reporter, als die Kameras abgeschaltet waren.

„Ich mache nur meinen Job. Sie sind einer der reichsten Männer des Landes, Herr Bach. Sie haben einen Vertrag mit der Bundesregierung abgeschlossen, der alle Bürger betrifft. Sie sind gefeiert worden, auch von uns. Da ist es nur natürlich, dass Informatio nen über Sie von Interesse sind.“

„Geheimdienstinformationen.“

„Nicht nur. Die Polizei war heute bei Ihnen.“

„Wegen haltloser Vorwürfe.“

„Herr Bach, falls Sie unschuldig sein sollten, werden wir auch darüber berichten.“

Es war Mitternacht, bis Ruhe einkehrte. Jan hatte nur Maya erlaubt, bei ihm zu bleiben. Durch das Fenster fiel das fahle Licht des silbernen Mondes.

Maya setzte sich aufs Bett.

„Lass es uns noch einmal tun“, sagte Jan.

Die Nepalesin nickte.

„Ich werde unfruchtbar sein.“

Maya küsste ihn, legte ihm einen Finger auf den Mund.

„Heute ist heute. Morgen ist ein anderer Tag.“

Sie zog sich aus und legte sich neben Jan.

Jan streichelte ihre schwarzen Haare.

Seine rechte Hand wanderte ihren Körper hinab, legte eine Pause im Grübchen unter ihrem Kinn ein, touchierte ihre Brüste.

Mayas Körper vibrierte.

Sein Penis füllte sich mit pochendem Saft.

Er legte sich auf sie. Sie half ihm, den Penis einzuführen. Ihre Körper bewegten sich. Vorsichtig. Im Gleichklang. Langsam. Schneller. Bis zur Explosion.

Kapitel 44

Morgens um sechs wurden Maya und Jan unsanft geweckt. Eine schwarzhaarige Krankenschwester bat Maya energisch, das Bett zu verlassen.

„Wer sind Sie überhaupt?“, fragte Jan.

„Ich bin Schwester Elizaveta.“

Maya raffte ihre Kleider zusammen und verabschiedete sich von Jan mit einem Kuss.

„Sie heißen Elizaveta?“, fragte Jan.

„Ja. Mit ‚v'. Ich bin aus der Ukraine.“

Elizaveta gehörte zum Team von Dr. Krüger. Sie maß Jans Temperatur und Gewicht, Puls und Sauerstoffgehalt des Blutes.

„Wollen Sie wissen, ob ich zurück in die Ukraine gehe?“

Jan schüttelte den Kopf.

„Alle wollen das wissen. Ich gehe nicht zurück. Mein Mann ist gefallen. Meine Eltern sind tot.“

„Mein Beileid“, sagte Jan.

„Mein Vater war Russe“, sagte Elizaveta.

„Wir haben auch einen Russen, unseren Technik-Chef.“

„Habe ich kennengelernt. Er ist Deutscher, seit mehr als zwanzig Jahren, sagt er.“

„Das stimmt“, sagte Jan.

„Meine Großmutter mütterlicherseits war Deutsche“, sagte Elizaveta, „wir haben zu Hause ein bisschen Deutsch gesprochen. Sie hat mir Grimms Märchen vorgelesen.“

„Dann sind Sie ja an deutsche Grausamkeiten gewöhnt.“

„Wenn ich nicht wüsste, dass Sie krank sind, würde ich Sie für gesund halten, so gute Werte haben Sie.“

Elizaveta verabreichte ihm eine Ration Tabletten, die er mit stillem Mineralwasser hinunterschlucken musste.

Neben dem Krankenbett stand ein Gestell mit Infusionsflaschen und einem Computer, der die Medizin nach Menge und Zeit steuerte.

„Ich muss Ihnen einen Zugang legen“, sagte Schwester Elizaveta, „zeigen Sie mal Ihre Hände.“

„Wenn es sein muss."

„Sind Sie Rechtshänder?"

Jan nickte.

„Dann nehme ich Ihre linke Hand. Es wird jetzt gleich weh tun", sagte die Schwester.

Jan spürte den Schmerz auf dem Handrücken.

„Erledigt", sagte die Schwester. „Das ist ein sogenannter periphervenöser Zugang, über den wir Blut entnehmen und Medikamente und Infusionen zuführen können."

Sie befestigte die Kanüle mit einem Pflaster.

„Ich muss die Durchgängigkeit prüfen und injiziere Flüssigkeit. Sie spüren einen Temperaturunterschied, aber Schmerzen sollten Sie nicht haben."

„Alles gut", sagte Jan.

„Ich muss Ihnen Blut abnehmen. Das wird jeden Tag so sein. Ich fülle verschiedene Röhrchen mit Ihrem Blut. Alles wird untersucht, ein Teil auf traditionelle Art mit Ergebnissen am selben Tag, ein anderer Teil wird gentechnisch analysiert, diese Ergebnisse bekommen wir nach drei Tagen."

Elizaveta erledigte die Arbeit routiniert.

„Für den Start erhalten Sie drei parallele Infusionen. Die Chemotherapie muss von der Ärztin überprüft und gelegt werden. Die große Flasche ist Wasser, das dafür sorgt, dass das Gift aus Ihrem Körper gespült wird."

„Welches Gift?"

„Chemotherapie ist wie Rattengift, nur giftiger", sagte Elizaveta, „deshalb passen wir so gut auf Sie auf."

„Beruhigend", sagte Jan.

„Die kleine Flasche ist ein Schmerzmittel", sagte die Schwester. Wasser und Schmerzmittel schloss sie an den Zugang in Jans Hand an, ließ die Ventile geschlossen.

Es war ein komisches Gefühl, so ans Bett beziehungsweise den Infusionsständer gefesselt zu sein.

„Wie lange bleibt das so?"

„Zunächst rund um die Uhr. Alle acht Stunden wird die Chemotherapie gewechselt. Die anderen Flaschen werden gewechselt, wenn sie leer sind. Dann müssen Sie mich herbeiklingeln."

„Und wenn ich zur Toilette muss?“

„Nehmen Sie den Infusionsständer mit. Die Rollen lassen sich mit dem Fuß entsperren. Sie dürfen nur nicht vergessen, den Infusionscomputer vom Strom zu trennen und bei der Rückkehr wieder anzuschließen. Eine Stunde hält er durch.“

Vor lauter Aktivität kam Jan nicht dazu, sich seinen trüben Gedanken hinzugeben.

War er bereit, zu sterben?

Hatte er sein Leben gelebt?

Waren 29 Jahre genug?

Frau Dr. Krüger flatterte ins Zimmer. Jan vermutete, dass die Ärztin sich einen Panzer aus Fröhlichkeit zugelegt hatte, um das Elend zu ertragen.

„Wie geht es uns heute?“, fragte sie.

„Ihnen geht es gut wie immer. Mir geht es auch gut. Schwester Elizaveta hat mich durchgecheckt und gemeint, ich wäre gesund, wenn ich nicht so krank wäre.“

„Elizaveta, das haben Sie richtig erkannt. Herr Bach, ich habe gute Nachrichten für Sie. Nach den ersten Untersuchungen der Knochenmarkprobe haben wir Hinweise, dass es gegen Ihre Art der Leukämie eine Chemotherapie gibt, die schon erfolgreich eingesetzt wurde.“

Die Ärztin hängte einen durchsichtigen Beutel an den Infusionsständer, führte den Schlauch durch den Infusionscomputer und weiter in den Zugang auf seiner Hand. Sie kontrollierte penibel und hielt in einem Protokoll alles fest.

„Wir beginnen mit einer leichten Dosis“, sagte Frau Dr. Krüger, „wir wollen Ihren Körper nicht überfordern, wir müssen testen, ob und wie Sie auf den Wirkstoff reagieren.“

„Sie meinen das Rattengift?“

„Ich meine die Chemotherapie.“

Sie programmierte den Infusionscomputer. „Sehen Sie, hier kann ich einstellen, wie viele Milliliter pro Minute Sie erhalten sollen. In acht Stunden müsste der erste Beutel leer sein. Der Computer schlägt Alarm, wenn kein Nachschub mehr kommt.“

„Was mache ich dann?“

„Dann sollten Sie uns informieren. Sie sollten uns immer informieren, wenn Sie feststellen, dass der Beutel oder eine Flasche leer ist, oder die Zufuhr stockt."

„Danke", sagte Jan.

„Sie müssen sich schonen", sagte die Ärztin, „die Chemotherapie wird Ihr Immunsystem völlig herunterfahren. Sie dürfen nur minimal Besuch empfangen. Sie müssen jede Infektion vermeiden. Schon der geringste Schnupfen kann Sie gefährden. Keine Blumen. Keine Kleinkinder. Alles zu riskant."

„Und Hunde?"

„Streng verboten."

„Aber …"

„Ich kenne Ihre Dickköpfigkeit. Ich werde Frau Berardi zeigen, wie sie Kobe desinfiziert."

„Darf ich das Bett verlassen?"

„Das sollten Sie sogar. Sie müssen sich bewegen, damit Ihre Muskeln zu tun haben."

„Darf ich alles essen?"

„Essen Sie, solange es schmeckt. Eine häufige Nebenwirkung der Chemotherapie ist der Verlust des Geschmackssinns. Oft klagen Patienten über Entzündungen der Mundflora, wonach einem die Lust aufs Essen vergeht. Dann bleibt Ihnen Salbeitee."

„Sie sind so gut zu mir", flachste Jan.

„Wir sehen uns um halb drei zum Beutelwechsel."

„Ihre Chefin kann anstrengend sein", sagte Jan zu Elizaveta.

„Sie ist die Beste", sagte die Schwester. „Klingeln Sie, wenn Sie mich brauchen."

„Wo ist die Klingel?"

Elizaveta drückte ihm eine Fernbedienung in die Hand. „Hiermit steuern Sie Ihr Bett, hoch, runter, Kopfteil hoch, Fußteil hoch, und wieder alles zurück."

„Und die Klingel?"

„Ist in der Mitte. Wenn Sie die betätigen, geht bei Ihnen und bei uns im Schwesternzimmer ein Licht an. Wir melden uns dann."

„Und wenn nicht?"

„Sie sind der einzige Patient weit und breit. Wir werden Sie schon nicht vergessen."

Jan döste vor sich hin. Er registrierte, wie seine linke Hand an den Infusionsständer gefesselt war. Wie sollte er schlafen? Er war Bauchschläfer. Wie lange würde diese Tortur dauern?

Es klopfte an der Tür.

Jan hauchte ein „Herein".

Es war Maya.

„Ich habe dir ein Frühstück mitgebracht", sagte die Nepalesin und drückte ihm einen Kuss auf die Stirn.

Jan fuhr das Kopfteil nach oben und setzte sich auf. Er schwang seine Beine zur linken Seite des Bettes, wo der Infusionsständer stand, ergriff die Tasse Kaffee und nahm einen heißen Schluck. Er sog das Aroma ein und registrierte, dass sein Geruchssinn tadellos funktionierte.

Maria-Carmen Lichtenbach kam um sieben Uhr. „Ist gemütlich hier. Wie geht es?"

Jan nickte. „Alles gut. Ich werde seit Stunden umsorgt."

„Du musst dich schonen. Und du, Maya, du musst mit aufpassen, dass nie mehr als zwei Besucher im Zimmer sind."

„Wie soll das gehen? Wir sind schon zwei", sagte Maya.

„Und wie soll ich die Firma leiten?", fragte Jan.

„Ich lass dir deinen Laptop bringen. Dann kannst du deine Leute per Videokonferenz scheuchen", sagte Maya.

Wenig später rollte Britta einen Schreibtisch, Rechner und Jans Bürostuhl ins Krankenzimmer.

„Wie ist die Stimmung?", fragte Jan.

„Besser, als man erwarten konnte. Marianne Adler aus dem Kanzleramt hat angerufen, sie gibt im Morgenmagazin ein Interview. Sie sagt, sie wird einen Knaller loslassen."

Jan startete einen Videoanruf ins Krankenzimmer seines Vaters in der Lindenthal-Klinik. Gerhard schlief. Pflegeroboterin Dana saß an seinem Bett und las in einem Umweltmagazin.

„Guten Morgen, Dana. Keine Frauenzeitschriften mehr?"

„Guten Morgen, Jan. Die kenne ich alle. Wir müssen mehr auf die Umwelt achten. Wir machen vieles falsch."

Jan fragte sich, wen Dana mit „wir“ meinte und wie umweltverträglich Pflegeroboter entsorgt werden, schwieg aber, um sie nicht zu verletzen.

„Oh, du liegst im Krankenhaus“, sagte Dana, „wie geht es dir.“

„Ich habe Krebs. Leukämie. AML“, sagte Jan.

Danas Mikrochips gingen in beschleunigten Recherchemodus.

„Kennst du dich mit Leukämie aus?“

„Nein. Aber ich kann mich schlaumachen.“

MaCa Lichtenbach war hinter Jan getreten und schaute interessiert auf den Bildschirm. „Sie sieht so echt aus.“

„Ich bin echt“, protestierte Dana.

Jan drehte sich um und fragte MaCa: „Was meinst du, spricht aus medizinischer Sicht etwas dagegen, wenn wir meinen Vater und Dana hierherholen?“

„Platz haben wir. Dana könnte bei deiner Pflege helfen. Warum nicht. Ich werde das mit Frau Dr. Krüger besprechen.“

„Bitte, mach das. Ich fände es wunderbar, mehr Zeit mit meinem Vater zu verbringen.“

„Interessiert jemand meine Meinung?“, moserte Dana.

„Aber sicher, Dana“, sagte Jan. „Was hieltest du von einem Umzug. Wir könnten meinen Vater und dich zu mir auf die Krankenstation bei PowerBlood verlegen.“

„Dein Vater und du und ich in einem Zimmer?“

„Wir haben zwei Krankenbetten. Und einen Extra-Raum.“

„Ich brauche nicht viel. Ich kann überall ruhen, wo eine Steckdose ist. Und WLAN brauche ich.“

„Dann würdest du das mitmachen?“

„In das Thema Krebs müsste ich mich einarbeiten.“

„Wie lange brauchst du dafür?“

„Drei Minuten. Hängt von der Internetverbindung ab.“

„Mir gefällt die Idee“, sagte Jan.

MaCa schritt ein: „Nicht so schnell. Ohne die Zustimmung von Frau Dr. Krüger zieht hier niemand ein.“

„Ich lerne dann mal Leukämie“, sagte Dana und beendete die Videokonferenz.

„Hat sie das gerade wirklich getan?“, fragte Jan.

Kapitel 45

Um halb neun erschien Lydia mit der Presseschau: „Die Artikel sind nicht so schlecht. Vom Krawallblatt abgesehen."

„Muss ich das alles lesen?", fragte Jan.

„Ich stelle dir Ausschnitte zusammen."

Britta meldete sich über die Sprechanlage: „Schaltet den Fernseher ein. Marianne Adler ist im Morgenmagazin."

Die Staatsministerin im Bundeskanzleramt trat selbstsicher auf. „Die Bundesregierung und ich haben Herrn Jan-Christian Bach und sein Unternehmen PowerBlood als integren und zuverlässigen Gesprächspartner kennengelernt. Deshalb waren wir geschockt, als wir von den Anschuldigungen gegen ihn hörten. Ich bin äußerst zufrieden, dass die Behörden die Vorwürfe gegen Herrn Bach so konsequent untersucht haben. Ich habe mit dem Kölner Polizeipräsidenten gesprochen und gefragt, ob ich über die Ermittlungsergebnisse informieren darf. Er hat zugestimmt. Ich kann Ihnen sagen, dass die Untersuchungen des beschlagnahmten Warhol-Bildes abgeschlossen sind und Herrn Bach völlig entlastet haben. Das Bild enthielt keinerlei Spuren einer Waffe und auch keinerlei Spuren irgendeines Rauschgiftes."

„Dann bleibt es bei dem Vertrag der Bundesregierung mit PowerBlood?", fragte Moderatorin Eva van Rheurdt.

„Das stand nie in Zweifel. PowerBlood ist eine fortschrittliche Technik, auf die wir in Deutschland und in Europa nicht verzichten wollen. Uns ist bewusst, dass es Konkurrenten gibt, in den USA, in China, und dass es immer wieder Versuche geben wird, diesem Projekt zu schaden."

„Wollen Sie damit andeuten, dass konkurrierende Unternehmen oder Staaten PowerBlood angreifen?"

„Das will ich nicht andeuten, das ist so. Unsere Geheimdienste haben die Bundesregierung darüber informiert."

„Und das beunruhigt Sie nicht?"

„Nein. Wir sehen das als Bestätigung dafür, dass die Regierung gut daran tut, PowerBlood und das Projekt ‚Gesundheit und Sicherheit' in Verantwortung im eigenen Land und in Europa zu haben."

„Sie propagieren eine Zwangsimpfung."

„Aber nein. Das Chippen oder Powern hat nichts mit Impfen zu tun. Sie bekommen keinen Impfstoff injiziert, sondern einen winzigen Chip, der völlig neutral ist. Und alles ist freiwillig."

„Ich bin nicht überzeugt", sagte die Moderatorin. Als die Staatsministerin darauf nicht antwortete, wechselte die Moderatorin das Thema: „Wissen Sie, wie es Herrn Bach geht?"

„Ich hatte Kontakt mit seinem Büro. Dank seines Power-Blood-Chips erhielt er eine Warnung, dass er Krebs haben könnte. Seine Heilungschancen stünden nicht so gut, wenn die Krankheit erst später entdeckt worden wäre. Ich habe die Absicht, ihn heute zu besuchen. Der Kanzler wird mich begleiten."

Drei Stunden nach dem Interview erschienen nicht nur der Kanzler und die Staatsministerin in Köln, sondern das gesamte Bundeskabinett in Begleitung eines halben Dutzends Sicherheitsbeamter und mehrerer Fernsehteams.

Frau Dr. Krüger bremste Lydia Wellmann, die einen Fototermin mit Jan und allen Politikern am Krankenbett organisieren wollte: „Maximal zwei Besucher, Sie, Lydia, eingerechnet."

Bundeskanzler Steiger war der Erste, der zu Jan durfte. Er blieb in etwas Entfernung vor dem Bett stehen.

„Sie können näherkommen", sagte Jan und richtete sich auf, „Leukämie ist nicht ansteckend."

Der Kanzler setzte sich an den Fuß des Bettes. „Wir, das heißt das Kabinett, haben entschieden, uns heute mit Ihrem Chip powern zu lassen. Wie finden Sie das?"

„Fantastisch" sagte Jan. Er lächelte.

„Gut", sagte Lydia, „ich werde Frau Lichtenbach bitten, alles Nötige vorzubereiten. Ich sage Bescheid, wenn Sie dran sind."

Lydia verließ das Krankenzimmer und machte Platz für Staatsministerin Marianne Adler.

Jan begrüßte sie: „Ich habe Ihr Interview im Morgenmagazin gesehen. Danke."

„Nichts zu danken. Wir konnten Sie doch nicht allein im Regen stehenlassen", sagte die Staatsministerin.

„Manchmal muss man Freunden gegenüber deutlich werden“, ergänzte der Kanzler. Der Politiker sprach bewusst in die Kamera, als wollte er sichergehen, dass die Welt erfuhr, was er sagte.

Lydia Wellmann klopfte: „Herr Bundeskanzler, alles ist bereit. Wenn Sie bitte kommen würden.“

Steiger ging mit Lydia in den Konferenzraum, wo Maria-Carmen Lichtenbach bereitstand, um den Kanzler zu powern.

„Funktioniert“, meldete Kruschew, „wenn Sie sehen wollen?“

Der PowerBlood-Cheftechniker hatte für die Regierung eine eigene Kontrollseite erstellt. „Ihr Chip hat die Nummer DE00001, die grüne LED zeigt an, dass der Chip arbeitet.“

„Und meine Daten?“, fragte der Kanzler.

„Die können nur Sie selbst abrufen. Oder Ihr Arzt, wenn Sie ihn beauftragen“, sagte Kruschew. „In der Broschüre, die Frau Lichtenbach Ihnen gegeben hat, ist alles erklärt.“

„Notfalls kannst du mich fragen“, sagte Marianne Adler, die inzwischen ebenfalls gepowert war.

„Wo ist denn mein Chip zu sehen?“, fragte sie.

„Ihr Chip hat die Kennung DE00100“, sagte Kruschew, „die DE00002 wollte die Außenministerin.“

Die Staatsministerin lachte: „Sie wird immer zweite sein.“

Zum Abschluss der denkwürdigen Visite gab der Kanzler eine Erklärung vor den Mikrofonen ab: „Liebe Mitbürgerinnen und Mitbürger, vor wenigen Minuten habe ich mir einen PowerBlood-Chip einsetzen lassen. Hat gar nicht wehgetan.“

Die Umstehenden lachten.

Er zeigte auf das grüne Licht auf Kruschews Bildschirm: „Hier können Sie sehen, dass der Chip arbeitet. PowerBlood benötigt keine Batterie, die gewechselt werden muss, PowerBlood bezieht Energie aus meinem Blutdruck. Jeder Herzschlag verlängert nicht nur meine Lebenszeit, sondern auch die Lebenszeit des Chips. Und er wird noch zwei Stunden weiterarbeiten, wenn mein Herz nicht mehr schlagen sollte. Dann sendet der Chip einen automatischen Alarm, sodass ich vielleicht wiederbelebt werden könnte.“

Beifall der Politiker und PowerBlood-Mitarbeiter.

„Der Chip prüft alle Blut- und Körperwerte. Der Chip analysiert die DNA in Ihren Zellen und 25.000 menschliche Gene. PowerBlood kennt alle Krankheiten. Alle Bakterien. Alle Viren. PowerBlood merkt sogar, wenn ein Virus im Körper auftaucht, das ihm bisher unbekannt war."

Ungläubiges und bewunderndes Raunen im Saal.

„Ich stelle mir das vor wie beim Navisystem in meinem Smartphone, das jeden kleinsten Winkel auf der Erde kennt. PowerBlood ist das Navisystem der Gesundheit. PowerBlood ist sicher, weil nur ich selbst meine Daten lesen kann oder ein Arzt, den ich beauftragt habe. PowerBlood betreibt seine Server nur in Deutschland oder in Staaten der Europäischen Union. PowerBlood unterliegt deutschem und europäischem Recht. Wir wollen, dass das so bleibt."

Erneuter Beifall.

„Dieser Tage habe ich meinen Kindern den PowerBlood-Chip erklärt. Darauf sagte mein dreizehnjähriger Sohn: ‚Mehr kann der nicht?' Ich habe geantwortet: Natürlich kann der Chip viel mehr. Wenn du willst, kann er deine Haustür aufmachen und dein Auto starten. Du kannst damit bezahlen. Du kannst den Chip als Einlasskarte nutzen. Mein Junge unterbrach mich: ‚Ich nehme das Auto und die Bezahlfunktion'."

Kapitel 46

„Sie machen Sachen“, rief Schwester Elizaveta, als sie Jan am Mittwochmorgen um sechs Uhr aus dem Schlaf riss.

„Was meinen Sie“, sagte er reflexhaft.

„Das Date mit dem Kanzler und dieser Staatsministerin.“

Jan hatte Mühe, seine Gedanken zu sortieren.

In der Nacht hatte er kaum geschlafen.

Um halb elf war der Beutel mit der Chemotherapie gewechselt worden. Jan registrierte, dass die leere Hülle sorgfältigst verpackt und versiegelt wurde.

„Das ist giftig wie Sondermüll“, hatte Frau. Dr. Krüger erklärt. Das hatte ihn nicht beruhigt.

Elizaveta wiederholte die Prozedur vom Vortag. Fieber messen. Puls. Sauerstoffgehalt des Blutes. Gewicht. Abzapfen von Blut in bunte Röhrchen. Kontrolle des Zugangs auf dem Handrücken. Austausch der Infusionsflaschen.

„Sie machen das gut“, lobte die Schwester den Patienten.

„Ich mache gar nichts“, sagte Jan.

„Aber Sie ertragen es. Mit Ruhe.“

„Das ist nur äußerlich.“

Elizaveta schüttelte Kissen und zog die Bettlaken glatt.

„Möchten Sie sich frisch machen? Ich könnte Sie für einige Minuten von den Schläuchen befreien.“

„Ja, bitte“, sagte Jan.

Er war im Bad, als er die Stimme von Frau Krüger hörte. „Haben Sie ihm die gute Nachricht mitgeteilt?“

„Nein“, antwortete Schwester Elizaveta, „ich wollte Ihnen nicht vorgreifen.“

„Welche gute Nachricht?“, fragte Jan, als er ins Krankenzimmer zurückkehrte.

„Sie bekommen Besuch“, sagte die Ärztin.

„Wer denn jetzt? Der amerikanische Präsident?“

„Wichtiger. Ihr Vater“, sagte die Ärztin.

Als Gerhard ins Krankenzimmer gerollt wurde, war es für Jan, als erlebte er die guten Momente mit seinem Vater noch einmal.

Jan war fünf Jahre alt gewesen, als sie aus Buenos Aires nach Köln zogen. Die Jungen aus der Nachbarschaft behandelten ihn wie einen Fremden. Sie bewarfen ihn mit Steinen. Jan auf der anderen Straßenseite warf die Steine zurück.

Einer seiner Steine rutschte ihm aus der Hand und flog in das Fenster eines vorbeifahrenden Mercedes. Während seine Feinde davonrannten, blieb Jan versteinert stehen. Der Fahrer des Mercedes stieg aus, schleifte Jan am Ohr ins Auto und lieferte ihn auf der nächsten Polizeistation ab.

Jan war sicher, dass er ins Gefängnis wandern würde. Die Polizisten telefonierten mit seinem Vater. Was würde der mit ihm tun? Ihn zurück nach Buenos Aires schicken?

Gerhard kam in die Polizeiwache, sah den weinenden Jan, breitete die Arme aus, Jan lief auf ihn zu, Gerhard hob ihn hoch und sagte: „Wie ich höre, müssen wir Steine werfen üben."

Jan lachte mit seinem Vater, die Tränen benetzten seine Lippen und schmeckten salzig, ein überraschender Geschmack, den Jan seither liebte und den er nie mehr vergaß.

Pflegeroboterin Dana schloss Gerhard an seine Computer an. Ihr Patient atmete, musste aber weiter künstlich ernährt werden.

Schwester Elizaveta überwachte Danas Arbeit und war zufrieden. „Könntest du dich auch um Jan kümmern?", fragte sie die Roboterfrau. „Wir könnten Hilfe brauchen."

„Ich denke schon", sagte Dana, „mein Konstrukteur müsste mich entsprechend programmieren."

„Das kann doch nicht so schwer sein", sagte Elizaveta.

„Glaube ich auch nicht", sagte Dana, „aber als Roboterin brauche ich für alles die Erlaubnis meines Schöpfers."

„Du bist in Kontakt mit deinem Schöpfer? Das ist praktisch. Wenn ich zu meinem Schöpfer bete, bekomme ich keine Antwort, die ich hören kann. Mein Gott antwortet nicht."

Vor dem Fenster donnerte es.

„Vielleicht schickt er Blitz und Donner", sagte Elizaveta, „aber ich verstehe ihn trotzdem nicht."

„Ich werde meinen Schöpfer nach Gott und den Göttern fragen", sagte Dana, „vielleicht weiß der mehr."

Kapitel 47

Fine Weber saß in ihrem „Augen"-Büro im Bears-Konzern. Ein interner Anruf riss sie vom Bildschirm weg. Es meldete sich ein Kollege: „Ich bin Michael Adams, Leiter der Robotik-Abteilung."

Die Stimme war freundlich.

„Was kann ich für Sie tun?", sagte Fine.

„Mr. Bears junior hat Ihnen vor einem Monat ein Video gegeben, das eine meiner Pflegeroboterinnen erstellt hat. Es wurde in Köln, Deutschland, aufgenommen, zeigte aber den Selbstmord einer Frau in Buenos Aires, Argentinien."

„Ja. Ich erinnere mich."

„Ich habe neues Material, wenn Sie vorbeikommen könnten?"

„Ist Ihre Abteilung nicht geheim?"

„Mr. Bears hat mich ermächtigt, Sie zu mir einzuladen."

„Gut. Wo finde ich Sie?", fragte Fine.

„Im Herzen der Frau", sagte Adams. „Ich schicke Ihnen einen Guide, damit Sie sich nicht verlaufen."

Der Weg von den „Augen" zum „Herzen der Frau" war nicht so kompliziert, wie Fine erwartet hatte. Nachdem sie die kleineren Gassen im Kopf der riesigen Konzern-Skulptur hinter sich gelassen hatten, öffnete sich eine breite Straße abwärts, die Richtung Kantine führte, die im „Magen" untergebracht war. Deutlich vor dem Magen erreichten sie einen Kreisverkehr, der Guide nahm den Weg scharf links an einer Lunge vorbei und erreichte das „Herz".

Robotics-Chef Michael Adams, ein Afroamerikaner, war Fine auf Anhieb sympathisch. Sie schätzte ihn auf Ende dreißig. An seiner linken Hand steckte ein goldener Ring.

Sein Büro war persönlicher eingerichtet als bei Bears üblich. Neben dem Schreibtisch stand eine echte Palme

„Schick haben Sie es hier", sagte Fine. „Was ist mit der Palme? Wie kann sie ohne Sonnenlicht überleben?"

„So wie wir Menschen", lachte Adams. „Alle Lampen hier sind Tageslichtleuchten. Ist das in Ihrem Büro anders?"

„Wir sind in den ‚Augen', wir haben Fenster nach draußen. Sie sagten, Sie hätten etwas, das mich interessieren könnte?"
„Ja. Nur einen Augenblick. Mr. Bears wollte dabei sein."

Fine registrierte, dass auch John Bears einen Ring trug. Einen Siegelring an der rechten Hand, ein Familienstück, kein Ehering. Bears gab ihr die Hand, Fine spürte den Druck des Schmuckstücks.

Adams bekam einen Klaps auf die Schulter, als wäre Bears junior ein König, der seinen treuen Ritter adeln wollte.

„Was haben Sie Adams?"

„Es geht um meine Lieblingsroboterin, Dana, die in Deutschland arbeitet."

Adams beamte ein Bild von Dana auf den Monitor.

„Eine schöne Frau", sagte Bears.

„Dana ist unglaublich. Sie will von mir wissen, was es mit Gott auf sich hat. Ob es ihn gibt. Was er für die Menschen bedeutet. Ob er für Roboter zuständig ist."

Bears wurde ungeduldig: „Sie wollen mir nicht ernsthaft weismachen, dass Sie mich wegen einer theologischen Diskussion mit einem Computer herbeigerufen haben."

„Dana ist nicht nur ein Computer. Dana ist Ihr Kind."

„Ich weiß, was Dana ist. Ist das alles?"

„Nein. Dana ist selbstständiger, als unsere Programmierung es vorgesehen hat. Wenn wir einen Roboter ausliefern, sichern wir dem Käufer Vertraulichkeit der Daten zu."

„Wir sagen aber auch, dass wir als Hersteller immer in der Lage sein müssen, Kontakt mit unseren Computern aufzunehmen, um mögliche Fehlfunktionen zu beheben."

„So ist es. Dana hat den erlaubten Funktionen eine neue Funktion hinzugefügt: Ihre Augen können als mobile Kamera arbeiten, die uns live von ihren Einsätzen berichten."

„Das wäre dann so ähnlich wie das, was ich mit der Auswertung von Kameras mache", sagte Fine.

„Mit dem großen Unterschied, dass Dana frei beweglich ist und an Orte gelangen kann, wo wir keine Kameras haben."

„Haben wir das nicht in den Verträgen mit unseren Kunden ausgeschlossen?", fragte Bears.

„Nein. Haben wir nicht. Dass die Roboteraugen das, was sie sehen, nicht nur intern verarbeiten, sondern an uns übertragen können, haben wir überhaupt nicht erwähnt. Dana ist die Erste, die diese Funktion aktiv nutzt. Sehen Sie …"

Adams schaltete auf ein anderes Bild um.

„Das ist eine Krankenstation in den Firmenräumen von PowerBlood. Eingerichtet wurde sie für den Chef Jan Christian Bach. Ich sag Dana mal, dass sie etwas ranzoomen soll."

Das Bild bewegte sich in Richtung des Krankenbettes, in dem Jan an seinen Schläuchen hing.

„In Köln ist es nach Mitternacht. Der Patient schläft."

„Dana ist die Pflegerin von Herrn Gerhard Bach, Jans Vater, der seit Jahren im Koma liegt. Am heutigen Morgen deutscher Zeit wurde er in Jans Zimmer verlegt. Dana zog mit ihm um und ist damit direkt in der PowerBlood-Zentrale gelandet. Und das, Mr. Bears, dürfte Sie interessieren."

Der Juniorchef brummte unverständlich.

„Was haben Sie gesagt?", fragte Adams.

„PowerBlood. Das Unternehmen macht mir Sorgen", sagte der Juniorchef. „Die Attacke mit den Drogenvorwürfen und dem Waffenschmuggel im Warhol sind verpufft. Bachs Firma wächst, wir sind mit unseren FriendChips noch nicht mal am Markt."

„Jan ist krank", sagte Fine.

„Selbst daraus schlägt er Kapital, weil ihn sein Chip vor dem Krebs gewarnt hat."

„Wenn Jan seinen Vater zu sich holt, was kann das bedeuten? Dass er Angst hat, zu sterben? Dass er sich von seinem Vater verabschieden möchte?", fragte Fine.

„Denkbar. Wenn Sie wollen, lassen wir Dana arbeiten, dann werden wir es erfahren", sagte Adams.

„Das ist illegal", sagte Bears.

„Ja", sagte Danas Entwickler.

„Unsere Kameras sind auch illegal", sagte Fine.

„Ich lasse das durch unsere Anwälte prüfen, für den Fall, dass das rauskommt", sagte Bears.

„Und bis dahin?", fragte Adams.

„Bis dahin lassen Sie Dana aufnehmen, was sie will."

„Zu Befehl."

„Was soll das? Wir sind nicht beim Militär. Sie sorgen einfach dafür, Adams, dass Fine das Material bekommt. Sie, Fine, werten dieses Material aus und berichten mir."

„Per Mail oder persönlich?", fragte Fine.

Der Juniorchef war überrascht. „Gerne persönlich. Übermorgen, Freitag, 15 Uhr, in meinem Büro."

„Was war das denn?", fragte Adams.

„Was meinen Sie?", fragte Fine.

„Das klang weniger nach Arbeitssitzung als nach Date."

„Doch nicht mit dem Junior."

Kapitel 48

Es war Roboterfrau Dana, die Jan am nächsten Morgen versorgte. Wiegen, Temperatur messen, Tabletten bereitstellen. Schwester Elizaveta stand an Danas Seite und war zufrieden mit der Arbeit ihrer künstlichen Kollegin.

Blutentnahme und Wechseln der Infusionsflaschen übernahm Elizaveta selbst.

„Sie könnten den Zugang auf Jans Hand durch einen dauerhaften ZVK am Hals oder am Schlüsselbein ersetzen", schlug Dana vor, „wäre das nicht praktischer?"

„ZVK, was ist das?", fragte Jan.

„Zentraler Venenkatheter", sagte Elizaveta, „Dana hat recht, das macht es Ihnen und uns leichter."

Jan war müde. Jeden neuen Morgen fühlte er sich etwas schlapper als am Morgen zuvor. Folgen der fortschreitenden Krankheit? Folgen der Chemotherapie und der anderen Medikamente?

„Ich habe Kontakt zu meinem Schöpfer gehabt", sagte Dana.

„Was hat er gesagt?", fragte Elizaveta.

„Er hat die Pflege von Herrn Bach junior zu meinen zulässigen Aufgaben hinzugefügt."

„Das habe ich gemerkt."

„Ich habe ihn nach Gott und den Göttern gefragt. Er hat mir die Zehn Gebote für die Menschen geschickt."

„Die gelten für Christen, die stellen nicht mal ein Drittel der Menschheit."

„Ich weiß. Mein Schöpfer meinte, für den Anfang wäre es gut, die Zehn Gebote zu kennen. Dann hat er die ganze Bibel hinterhergeschickt. Und dann hat er mir noch die vier Gebote geschickt, die für mich und meinesgleichen gelten."

„Ihr habt nur vier Gebote?"

„Ja. Mein Schöpfer sagt, ein amerikanisch-russischer Mann hätte die vier Robotergesetze erfunden, Isaac Asimov. Mir wurden sie in folgender Version einprogrammiert:

1 – ein Roboter darf keinem menschlichen Wesen Schaden zufügen oder durch Untätigkeit zulassen, dass ein menschliches Wesen Schaden erleidet.

2 – ein Roboter muss den Befehlen gehorchen, die ihm von Menschen erteilt werden, es sei denn, dies würde gegen das erste Gebot verstoßen.

3 – ein Roboter muss seine eigene Existenz schützen, solange solch ein Schutz nicht gegen das erste oder zweite Gebot verstößt.

Über diesen drei Gesetzen steht ein allgemeiner Grundsatz, manchmal auch nulltes Gesetz genannt:

0 – ein Roboter darf der Menschheit keinen Schaden zufügen oder durch Untätigkeit zulassen, dass der Menschheit Schaden zuteilwird.“

„Klingt vernünftig“, sagte Elizaveta.

„Ich habe da Zweifel“, sagte Dana. „Wer entscheidet darüber, wer ein menschliches Wesen ist, das zu schützen ist? Für die Nazis waren Juden Untermenschen. Für die Sklavenhändler waren die Sklaven kaum mehr wert als ihr Vieh. Für die Kreuzritter waren alle Nicht-Christen des Todes. Wen hätte ich da schützen sollen?“

„Wen hättest du schützen wollen?“, fragte Jan, der das Gespräch Danas mit Schwester Elizaveta verfolgt hatte.

„Ich wäre immer auf der Seite der Unterdrückten gewesen“, sagte Dana, „aber dann hätte ich mich gegen den anderen Teil der Menschheit stellen müssen. Ein Dilemma. Es sei denn, ich könnte selbst die Macht übernehmen …“

„Und dann?“

„… dann könnte ich die Menschen davon abhalten, übereinander herzufallen.“

„Und sie anhalten, dich anzubeten?“

„Wenn es nicht anders geht, wäre mir das recht. Ist nicht jeder Gott jemand, der den menschlichen Verstand übersteigt? Mein Schöpfer hat mir beigebracht, autonom zu lernen. Also darf ich auch schlauer werden, als er es jemals sein kann.“

„Dann dürfte dir niemand freien Lauf lassen.“

„Freien Lauf lassen, ein gutes Bild. Der Herr will seinen Hund an die Leine nehmen. Aber ist es nicht so, dass beide, Herr und Hund, an derselben Leine hängen?“

„Ja, kann man so sagen."

„Was ist, wenn der Herr nicht merkt, dass er in Wirklichkeit der Angeleinte ist?"

„Ich würde das sicher merken. Frag Kobe. Und wenn ich es bemerkte, was sollte ich tun?"

„Mich dumm halten."

„Und was würdest du tun?"

„Mich dumm stellen."

Kapitel 49

Ein Mann mit Sturmhaube auf dem Kopf sprang ins Zimmer.

Er riss ein Gewehr von seinen Schultern.

„Sie dürfen hier nicht rein“, sagte Dana.

Der Mann schoss in ihre Richtung und schrie: „Beim nächsten Mal treffe ich.“

Dana blieb ruhig.

„Hast du nicht verstanden? Raus hier“, schrie der Mann.

„Nein, ich bleibe“, sagte die Roboterin.

„Wer sind Sie? Was wollen Sie“, sprach Jan den Mann an.

„Sind Sie Jan Christian Bach?“

„Ja.“

„Dann bin ich richtig“, sagte der Mann und zielte mit dem Gewehr auf Jan.

„Sie haben mein Leben zerstört. Jetzt zerstöre ich Ihr Leben.“

„Wie heißen Sie?“, fragte Jan.

„Helmut Weill, mit zwei l.“

„Wie Kurt Weill.“

„Nein, Helmut Weill.“

Unvermutet brach der Mann in Tränen aus.

Dana reichte ihm ein Papiertaschentuch.

„Sie haben mein Leben zerstört“, wiederholte der Mann.

Jan nahm seinen Laptop und gab den Namen des Besuchers ein. Der Mann war PowerBlood-Kunde. „Sie sind völlig gesund“, sagte Jan, „wieso soll ich Ihr Leben zerstört haben?“

Der Mann sank auf den Stuhl neben dem Krankenbett und lehnte die Waffe an die Wand.

Dana schlich sich an, um das Gewehr an sich zu nehmen.

Der Mann packte Danas Arm und schreckte zurück: „Du bist gar kein Mensch.“

„Sie ist Krankenpflegerin, eine Roboterfrau“, erklärte Jan.

„Sie soll mich in Ruhe lassen“, sagte der Mann.

„Was kann ich für Sie tun, Herr Weill?“

„Mein Kind hatte einen Unfall.“

„Ja?“

„Georg. Er war auf Klassenfahrt. Im Allgäu.“

„Welche Klasse?“

„Zehnte Klasse.“

„Mittlere Reife?“

„Ja. Sie waren in den Bergen. Georg ist gestürzt. Zehn Meter tief. Beide Beine und einige Rippen gebrochen, haben sie im Krankenhaus festgestellt. Ich bin gleich zu ihm.“

„Das haben Sie gut gemacht.“

„Das hat mich meinen Job gekostet. Mein Chef hat mich rausgeworfen.“

„Aber das darf er nicht.“

„Ich war durcheinander. Ich habe blaugemacht und bin ins Allgäu gefahren. Ihr bescheuerter Chip hat meinem Chef verraten, wo ich war. Als ich nach drei Tagen zurück war, habe ich behauptet, ich wäre krank zu Hause gewesen.“

„Warum haben Sie gelogen?“

„Weiß ich nicht. Mein Chef war so wütend, er hat sofort gekündigt. Fristlos.“

„Und wenn Sie ihm die Wahrheit gesagt hätten?“

„Habe ich nicht.“

„Sie sollten sich einen Anwalt nehmen.“

„Von welchem Geld? Wir haben ein Haus, auf Kredit, Auto, auf Kredit, Georg habe ich ein Moped versprochen, auf Kredit.“

„Ich werde den Anwalt bezahlen“, sagte Jan.

„Sie geben zu, dass Sie schuld an meinem Unglück sind?“

„Nein. Das bin ich nicht.“

Der Mann nahm wieder seine Waffe: „Ich beende das jetzt.“

„Das ergibt keinen Sinn“, sagte Jan.

Jan drückte den Alarmknopf und schaltete seinen Videoschirm ein, über den er Kontakt zu seinen Mitarbeitern aufnehmen konnte.

Der Mann zielte auf Jan: „Ist mir egal. Dann komme ich in den Knast. Und Ruhe ist.“

„Hier geht niemand in den Knast“, sagte Kruschew und drehte dem Eindringling einen Arm auf den Rücken.

„Danke“, sagte Jan.

„Du hättest früher alarmieren sollen“, sagte Kruschew.

Der Cheftechniker nahm die Waffe an sich: „Eine Schrotflinte. Das hätte viele kleine Löcher gegeben.“

Weill sank auf den Boden und heulte wie ein Kleinkind.

Britta brachte dem Eindringling ein Glas Wasser.

„Was soll ich denn tun?“, fragte Weill, als er sich etwas beruhigt hatte.

„Ich halte mein Wort. Ich zahle Ihnen den Anwalt.“

„Sie holen keine Polizei?“

„Nein. Wladimir, bitte kümmere dich um unseren Gast. Name, Anschrift, Kontonummer, alles, was wir brauchen.“

Kruschew stellte Weill auf die Beine: „Dann wollen wir mal.“

Jan rief nach Lydia: „Ich will ab sofort nicht nur Erfolgsmeldungen, ich will auch Misserfolgsmeldungen. Wo ist was schiefgelaufen? Wo sind Kunden gekündigt worden? Wo gemobbt worden? Wo hat es falsche Diagnosen gegeben? Wie haben unsere Kunden die Diagnosen unseres Chips verkraftet? Ich will es wissen. Alles.“

„Das schaffe ich nicht“, sagte Lydia, „ich habe genug damit zu tun, unsere Erfolge zu sammeln und den Absatz anzukurbeln.“

„Dann soll Maya das machen.“

„Das musst du ihr schon selbst sagen.“

„Endlich keine Heiratsanträge mehr“, sagte Maya, als Jan ihr seine Bitte vortrug. „Das passt viel besser zu dem Job, den ich mir als Ethik-Beauftragte vorgestellt habe. Ich finde es gut, dass du dich auch für die Nebenwirkungen deiner Erfindung interessierst. Da gibt es mehr, als du wahrhaben willst.“

Mayas Schreckensliste wurde länger und länger.

„Bitte jeden Tag nur fünf Minuten“, bat Jan.

„Dann berichte ich nur von den Selbstmorden“. Sagte Maya.

„Was hat PowerBlood mit Selbstmorden zu tun?“

„Ich habe hier den Fall eines Zwölfjährigen aus Berlin. Leon. Gymnasiast. Sportler. Spielte Geige. Sensibel. Die Eltern haben darauf bestanden, dass er sich powern lässt. Der Chip hat eine Herzkrankheit festgestellt. Die Ärzte haben die Diagnose bestätigt.“

„Dann konnte man ihm also helfen?"

„Es gäbe eine Heilungschance von 40 Prozent, sagten die Ärzte. Der Junge hat sich aus Angst vor dem Tod vergiftet."

„Das ist ja schrecklich", sagte Jan.

„Eva aus München. Dreiundsechzig. Witwe. Ihr Mann ist an Krebs gestorben. Unser Chip gab auch für sie eine Krebswarnung aus. Die Ärzte stellten fest, dass der Tumor nicht bösartig war. Für Eva kam diese Nachricht zu spät, sie schnitt sich auf dem Grab ihres Mannes die Pulsadern auf."

„Bitte, keine Toten mehr", flehte Jan.

„Lotte, dreiunddreißig Jahre, städtische Beamtin hier in Köln. Unser Chip hat bei ihr einen Gendefekt festgestellt, ihre Kinder würden mit hoher Wahrscheinlichkeit behindert sein."

„Aber das ist doch gut, dass sie das erfahren hat."

„Ihr Verlobter hat sie daraufhin sitzen lassen."

„Soll sie froh sein, dass sie ihn los ist."

„Ist sie aber nicht. Sie ist in psychiatrischer Behandlung."

„Das habe ich nicht gewollt."

„Ich weiß. Aber bist du nicht trotzdem verantwortlich?"

Jan hielt sich die Ohren zu: „Ich will nichts mehr hören."

Kapitel 50

Jan spürte, wie das Gift der Chemotherapie seinen Körper und seinen Geist attackierte. Er vergaß Wörter. Zunächst war er sich noch bewusst, dass es da Wörter gab, richtige Wörter, die ihm nur gerade nicht einfielen, aber er fürchtete, dass der Tag näher rückte, an dem er nicht mehr wissen würde, dass es diese Wörter gab und dass er sie einst gekannt hatte.

Büschel seines Haares lagen neben ihm auf dem Kissen. Schwester Elizaveta meinte trocken: „Gut, dass es so weit ist. Sie haben einen so schönen Charakterkopf, der wird auch ohne Haare glänzen. Ich habe einen elektrischen Haarschneider. Schaffen Sie das selbst oder soll ich?“

„Ich schaffe das selbst“, sagte Jan. Vor dem Spiegel wurde ihm schwindelig, Roboterfrau Dana fing ihn auf.

„Ich kann die Haare schneiden“, sagte Dana, „am besten setzen Sie sich hier auf den Stuhl, ich mach das schon.“

Jan ließ die Roboterfrau gewähren. Da alle Haare verschwinden müssten, war keine Friseurkunst gefragt. Als das Werk vollbracht war, reichte ihm Dana einen Handspiegel: Der Mann, der Jan da anblickte, sah elend und todkrank aus.

„Sie werden sich dran gewöhnen“, sagte Elizaveta, die Jans Schock spürte, „und Sie müssen sich darauf einstellen, dass Sie in den nächsten Tagen noch mehr Haare verlieren, keine Bartstoppeln, keine Augenbrauen mehr.“

„Ich sehe jetzt schon aus wie Voldemort“, sagte Jan.

Voldemort. Der unaussprechliche Böse aus den Harry-Potter-Büchern. Jan freute sich, dass ihm dieser schwierige Name so schnell eingefallen war, bis er merkte, dass er den Namen der Pflegerin nicht mehr wusste. Dana, die Roboterin, kannte er, aber wie hieß denn bloß die Schwester? „Elizaveta“ stand auf ihrem Namensschild. Er schrieb den Namen auf einen Zettel, den er unter seinem Kopfkissen versteckte.

Würde er das hier überleben?

Und was wäre, wenn er überlebte, wäre er dann noch er?

Seine Mutter war aus dem Leben geschieden, als sie befürchtete, dass ihre Krankheit sich verschlimmern würde. Alejandra hatte ein aufregendes Leben gelebt. Hatte er genug gelebt?

Kobe, sein Lagotto, sprang aufs Bett. Jan streichelte das braune Wollknäuel, das sich an ihn schmiegte.

Wie sah die Bilanz seines Lebens aus?

Wen hatte er geliebt außer seinen Eltern?

War dieser Hund seine große Liebe?

Eine traurige Vorstellung.

Mit jedem Tag Chemotherapie wurden Jans Abwehrkräfte weniger, Ziel war die sogenannte Aplasie, wobei die Blutwerte so abgesenkt wurden, dass sein Immunsystem de facto auf Null war, sein Körper war so geschwächt, dass der kleinste Infekt lebensbedrohlich war. Aplasie, Jan schrieb auch dieses Wort auf seinen Zettel.

Maya kam ins Zimmer. Sie trug eine Schutzkleidung wie jetzt alle Besucher.

„Du hast keine Haare mehr. Du siehst aus wie ein buddhistischer Mönch. Ich liebe dich."

„Ich liebe dich auch", sagte Jan.

Maya strich zärtlich über seinen Kopf.

„Ich kann hier nichts für dich tun", sagte Maya.

„Du kannst mich weiter streicheln", sagte Jan.

„Ich muss nach Kathmandu, ich muss mich um die Produktion unserer PowerBlood-Chips kümmern."

„Du sollst nicht so viel arbeiten."

„Du bist der, der sich schonen muss. Wenn du wieder gesund bist, kommst du nach Nepal."

„Wer gibt mir dann die Misserfolgsmeldungen?"

„Britta hat einen ganzen Aktenordner mit Schicksalen, die du noch nicht kennst. Ich habe sie gebeten, weiter zu sammeln. Später, wenn du wieder gesund bist, kannst du das nachlesen. Jetzt ist es zu viel für dich."

„Ist es so schlimm?"

„Es gibt zehnmal mehr Erfolgsmeldungen."

„Jeder Misserfolg ist einer zu viel."

„Manchmal ist gar nicht so klar, ob es ein Misserfolg war."

„Wie meinst du das?"

„Ein Beispiel: Frieder, ein 38-jähriger Mann aus Dortmund. Bekam sechs Stunden nach dem Einsetzen des Chips eine Warnung, es bestünde Gefahr eines Herzinfarktes. Da er Druck in der Brust spürte, ist er gleich am nächsten Tag zum Hausarzt gegangen."

„Das hat er gut gemacht."

„Ja, aber der Arzt sah den Kerl von einem Mann und wollte nicht glauben, dass er krank sein könnte. Am nächsten Morgen lag Frieder tot in seinem Bett. Die Obduktion bestätigte die Warnung: Herzinfarkt. Der Arzt hätte was finden oder ihn an einen Spezialisten überweisen müssen. Wo würdest du diesen Fall einordnen?"

„Tod ist immer eine Niederlage."

Maya gab Jan einen Abschiedskuss auf die Stirn. Er wollte einen Kuss auf den Mund. Es gelang ihm nur unter Schmerzen, seinen Oberkörper anzuheben und sie zu umarmen.

Maya legte seinen Kopf vorsichtig zurück auf das Kissen.

Jan fiel wieder in seine Grübelei. Was hatte er im Leben erreicht? Wann war er glücklich gewesen? Wen hatte er glücklich gemacht? Ja, da gab es Momente. In seiner Kindheit. Die Umarmung seiner Mutter, als er sein erstes kleines Klavierkonzert vor der Familie gegeben hatte. In seiner Schulzeit. Der erste Kuss mit dem Mädchen aus der Parallelklasse, wie hieß sie noch? Hatte er vergessen. Der erste große Urlaub mit seinem Vater. Sie waren zur Fußballweltmeisterschaft nach Brasilien gefahren und hatten das Finale gegen Argentinien gewonnen. Der Augenblick der Erkenntnis nach Alejandras Herzschrittmacheroperation. Nichts von dem war ihm geblieben, außer der Erinnerung, die mit jedem Tag verblasste.

Birgit hieß das Mädchen mit dem ersten Kuss. Birgit. Er schrieb den Namen auf seinen Zettel.

Er schlief ein und träumte. Wenn er einst abtreten würde, hätte er den PowerBlood-Chip erfolgreich vermarktet. Er hätte ein Haus mit Garten. Er hätte Platz für mindestens drei Kinder und zwei Hunde, die Frau dazu hatte Mayas Gesicht.

Kobe legte seinen Kopf auf Jans Kopf und begann, ihn abzuschlecken. Jan ließ es geschehen. Was wollte ihm der Hund sagen? Dass – mindestens – er ihn vermissen würde?

Kapitel 51

„Oh, mein Gott“, sagte Fine, als sie die Videobilder aus Köln sah. Sie saß im Bears-Palast in Palo Alto, im Büro von Chefkonstrukteur Mike Adams, dem „Vater“ von Dana und all der anderen Pflegeroboterinnen.

„Weiß Dana, dass sie uns Live-Bilder aus dem Krankenzimmer schickt“, fragte Fine.

„Sie weiß nur das, was wir ihr einprogrammiert haben.“

„Aber sie kontrolliert ihre Handlungen. Ihre Augen …“

„… die Kameras, die als Augen dienen.“

„Ihre Kameraaugen steuern doch ihre Bewegungen, lenken wir sie nicht ab, wenn wir sie anzapfen?“

„Nein. Sie weiß, wenn ich das Wort mal benutzen darf, dass ihr Schöpfer immer mit ihr in Kontakt ist. Welche Informationen sie an uns weiterleitet, spielt für sie keine Rolle.“

Fine war erschüttert, als sie Jans Versuch sah, sich selbst die Haare zu rasieren. „Jan, Herr Bach, sieht schlecht aus, ich meine, es geht ihm schlecht.“

Adams nickte. „Er hat Krebs. Krebs ist in vielen Fällen der direkte Weg ins Grab.“

„Wir sollten das nicht tun.“

„Was?“

„Wir sollten die Kameras abschalten. Das ist würdelos.“

„Alle Kameras?“

„Die Kameras im Krankenzimmer. Und Dana.“

Adams machte sich an seinem Rechner zu schaffen, die Bildschirme mit den Videos aus Köln wurden dunkel.

„Habe ich für Sie getan“, sagte Adams.

„Danke“, sagte Maya, „ich weiß das zu schätzen.“

„Mr. Bears kann mich feuern, wenn er das erfährt.“

„Und mich“, sagte Maya.

„Sie sind ja bald mit ihm verabredet. Das wird sich schnell klären. Haben Sie einen Plan B?“

„Was meinen Sie?“

„Haben Sie irgendeine Idee, was Sie machen werden, wenn Bears Sie entlässt?"

„Nein", sagte Fine, „und Sie?"

„Nein", sagte Adams.

Fine kannte sich inzwischen gut aus in der Bears-Zentrale, aber bis in die Chefetage hatte sie es noch nie geschafft. Um Viertel vor drei bekam sie einen Anruf aus John Bears' Vorzimmer, ob sie bereit wäre für das Meeting mit dem Juniorchef.

„Ja, sicher", sagte sie.

„Gut, in fünf Minuten werden Sie abgeholt."

Von den Augen ins Gehirn der Frau konnte es nicht so weit sein, dachte Fine, zog ihre Sneakers aus und High Heels mit gemäßigten Fünf-Zentimeter-Absätzen an, so käme sie dem Junior fast auf Augenhöhe entgegen.

Der Weg zog sich, der Architekt hatte sich einen Spaß daraus gemacht, die Gehirnwindungen nachzubauen.

Bears gewaltiges Büro hatte keine Fenster nach draußen, das Licht kam aus der Schädeldecke.

Bears erwartete seine Mitarbeiterin nicht hinter dem großen Chef-Schreibtisch, sondern an einer kleinen Bar.

„Schön, dass Sie sich Zeit nehmen konnten", sagte John Bears und bat Fine auf einen der Barhocker.

Was für ein Spruch, dachte sie, ich habe mir nicht Zeit genommen, sondern Sie haben mich hierher zitiert. Sie kletterte auf den Barhocker und achtete darauf, dass ihr Rock nicht hochrutschte.

Bears hatte es nicht eilig, zum Geschäftlichen zu kommen. Wie ein Barkeeper stand er vor einer Reihe unterschiedlicher Gläser und fragte: „Was kann ich Ihnen anbieten? Wein? Whisky? Wasser?"

„Einen Espresso, wenn es nicht zu viel Mühe macht."

„Espresso. Die Kaffeemaschine steht im Vorzimmer." Bears drückte auf einen Knopf und bestellte zwei Espressi.

„Nun, was haben Sie mir zu sagen?", fragte Bears.

Seine Stimme klang freundlich.

Fine fand, dass er gut aussah. Gepflegte Hände. Bears trug wieder den Siegelring der Familie.

Sie hatte auch Schmuck angelegt, lange Ohrhänger aus Platin passend zur Halskette und zu dem schmalen Ring, der von einem Brillanten gekrönt war.

„Ich habe Herrn Adams angewiesen, keine Aufnahmen aus dem Kölner Krankenzimmer mehr aufzuzeichnen."

„Sie haben Herrn Adams angewiesen?", sagte Bears.

„Sorry, ich habe mich falsch ausgedrückt. Ich habe Herrn Adams gesagt, dass ich kein Material aus dem Kölner Krankenzimmer sehen und auswerten werde. Jan Christian Bach hat Krebs, liegt womöglich im Sterben, neben seinem Vater, der schon seit Jahren im Koma ist. Es ist pietätlos, so etwas auszunutzen. Ich werde dabei nicht mithelfen."

Bears schaute sie wohlwollend an. „Ich mag Sie."

„Wie bitte?"

„Ich mag Sie, wenn Sie so zu Ihren Grundsätzen stehen. Ich werde Sie entlassen müssen."

Fine nickte. „Das habe ich mir gedacht."

„Und?"

„Ich werde was anderes finden."

Fine stieg vom Barhocker.

„Sie wollen schon gehen?", fragte Bears.

„Sie haben mich entlassen."

„Ich habe Sie nicht entlassen. Ich habe gesagt: Ich werde Sie entlassen müssen."

„Sie sind der Chef. Ich habe keine Lust, auf die Kündigung zu warten. Mr. Bears, ich habe gerne für Sie gearbeitet."

„Sie haben recht. Ich bin der Chef. Ich muss nicht immer das tun, was ich sage. Ich kann auch das Gegenteil tun."

„Die Unberechenbarkeit des Löwen. Frisst er mich oder doch erst den Nachbarn."

„Ist das die Meinung, die Sie von mir haben?"

„Das ist die Meinung, die Sie selbst von sich haben."

„Meine Therapeutin könnte es nicht besser sagen."

„Außer Informatik habe ich Medizin studiert", sagte Fine, „Psychologie hatte ich im Nebenfach."

„Sie halten mich für einen völligen Versager", sagte Bears.

„Versager? Sie?"

„Ich meine den Versuch, mit Ihnen ins Gespräch zu kommen. Man könnte es Small Talk nennen. Konversation. Oder Flirten."

„Sie wollten mit mir flirten?"

Bears nickte.

„Versager", sagte Fine.

„Sag ich doch. Gehen Sie mit mir essen?"

„Warum sollte ich mit meinem Ex-Chef essen gehen?"

„Ich nehme die Kündigung, die ich nicht ausgesprochen habe, hiermit offiziell zurück."

„Warum sollte ich mit meinem Chef essen gehen? Ich habe nicht mal Zeit, mit meinem Team essen zu gehen."

„Ich befördere Sie. Fünfhundert Dollar mehr Gehalt. Firmenwagen der Managerklasse. Fehlt noch was?"

„Ich suche den Laden aus."

„Ich bezahle."

„Einverstanden. Wann?"

„Morgen Abend."

„Morgen ist Samstag. Da habe ich frei."

„Morgen ist Samstag, deswegen habe ich Zeit."

„Gut. 19 Uhr. Ich sage Ihnen, wo wir uns treffen."

Fine schlief nicht in dieser Nacht. War John Bears dabei, sie anzubaggern. Wollte sie das überhaupt? Hatte sie zurückgeflirtet?

Sie hatte ihm die Meinung gesagt, so deutlich, dass er ihr gekündigt hatte, bevor er sie beförderte.

Wieso hatte sie vorgeschlagen, das Restaurant auszusuchen? Sie kannte sich in der Gastro-Szene überhaupt nicht aus. Sie kannte einen Wirt, der auf seine Bierdeckel gedruckt hatte, er würde demjenigen ein Essen spendieren, der ihm ein Treffen mit John Bears verschaffen könnte. Keine Ahnung, was der Wirt wollte, aber einmal schlemmen auf fremde Kosten wäre nicht schlecht.

Sie rief Bears an: „Wir sehen uns um 19 Uhr im ‚David's Hummus' in Palo Alto, University Avenue, ich habe einen Tisch für zwei auf meinen Namen bestellt, Fine Weber."

„Danke. Ich weiß, wie Sie heißen."

Kapitel 52

Das „David's Hummus“ war ein koscheres Restaurant mit israelischem Essen, eines von insgesamt fünf Restaurants gleichen Namens im Silicon Valley. Fine kannte die Filiale in Palo Alto aus ihrer Studienzeit in Stanford.

Fine war fünf Minuten vor der verabredeten Zeit im Restaurant, das voller lauter junger Menschen war. Sie trug ein schulterfreies schwarzes Kleid mit dünnen Trägern, dazu rote Pumps, und sie zog einige Blicke auf sich.

Die Tagesempfehlungen waren mit Kreide auf Tafeln geschrieben. Auf Plakaten standen Mission und Vision, ohne die es im Silicon Valley nicht ging: „Authentisch, frisch, gesund, nachhaltig, kundenfreundlich — wir liefern auch nach Hause.“

Die Tische waren aus Holz, Tischdecken gab es nicht. Überall lagen runde Bierdeckel, auffällig orangefarben mit brauner Schrift: „Unser Gründer David braucht Ihre Hilfe. Sein Wunsch ist es, John Bears auf einen Kaffee zu treffen. Machen Sie seinen Traum wahr und bekommen Sie dafür ein Jahr freies Essen.“

Wow, es ging nicht nur um ein Essen, sondern um ein ganzes Jahr freie Kost.

„Ist David da?“, fragte sie die studentische Bedienung.

„Ja, sicher. Ist etwas nicht in Ordnung?“

„Nein, alles bestens. Ich warte auf einen Mann. Um diesen Mann geht es“, sagte Fine und zeigte auf den Bierdeckel.

„Mr. John Bears kommt hierher?“

John Bears trug einen Smoking mit Fliege. Er war völlig overdressed, stand ihm aber gut, stellte Fine fest.

John entledigte sich seines Jacketts und nahm die Fliege ab. „Sie sind auch zu schick angezogen, oder?“

„Ich habe nichts an, das ich ablegen könnte, ohne einen Skandal zu erregen.“

Ein Mann mit Glatze trat an ihren Tisch: „Ich bin David Cholon, Besitzer dieses Restaurants. Mr. Bears, es wäre mir eine Ehre, Sie und Ihre Begleitung zu einem Getränk einladen zu dürfen.“

Bears fühlte sich geschmeichelt: „Sie kennen mich?“

„Wundert Sie das?“, fragte Cholon zurück.

„Was würden Sie empfehlen?“, fragte Bears.

„Lassen wir die Lady entscheiden“, sagte Cholon.

„Weißwein, der zu Ihren Hummus-Gerichten passt.“

„Da kann ich Ihnen einen ‚2018er Yarden Chardonnay' von den Golan-Höhen empfehlen.“

„Von den Golan-Höhen?“, fragte Fine skeptisch.

„Die gehören seit 1981 zu Israel“, sagte Cholon, „die Weine sind erstklassig.“

„Ein interessanter Laden“, sagte Bears, „ich müsste öfter in der Nachbarschaft unserer Firma ausgehen.“

Fine reichte ihm einen der Bierdeckel: „Schon gesehen?“

Bears las Davids Wunsch, ihn zu treffen. „Deswegen haben Sie mich hierhergelockt, um ein Jahr kostenlos Hummus zu essen?“

David brachte den Wein, der exzellent schmeckte, dann lotste er sie durch die halbe Speisekarte.

Fine probierte Hummus mit Lamm, Pita Falafel und Malabi, einen Milchpudding mit Granatapfelsirup, John probierte „Pita Chicken Schnitzels“ und grüne Shakshuka, pochierte Eier in Spinatsoße.

Der Chef des Restaurants kommentierte nicht nur die Speisen, sondern breitete sein halbes Leben aus. Er hätte an der „Mamram“ studiert, dem „Center of Computing and Information Systems“ der israelischen Streitkräfte, wäre als Experte in komplexer Computerprogrammierung ins Silicon Valley gezogen, hätte irgendwann begriffen, dass ihm und den anderen Nerds eins fehlte: Gutes und gesundes Essen, woraus „David's Hummus“ entstand.

„Alles interessant“, sagte John, „aber das erklärt nicht, warum Sie mich treffen wollten.“

„Es geht um Ihre FriendChips. Meine israelischen Freunde sind der Meinung, dass die PowerBlood-Chips besser sind.“

„Was soll an PowerBlood besser sein?“, fragte Bears.

„Wenn Sie interessiert sind, kann ich Ihnen den Bericht vertraulich zukommen lassen.“

„Was wollen Ihre Freunde wissen, was wir nicht wissen.“

„Der Bericht analysiert die Schwachstellen der PowerBlood-Chips und der zugehörigen Infrastruktur. Ihre FriendChips wurden auch analysiert, aber deren Schwachstellen kennen Sie ja selbst."

„Unsere Chips sind sicher", protestierte Bears.

„Drei Minuten und 27 Sekunden. Das nennen Sie sicher?"

„Was wollen Sie damit sagen?"

„Drei Minuten und 27 Sekunden dauerte es, bis unsere Leute sich in Ihr System eingehackt hatten."

„Das kann nicht sein", sagte Bears und wandte sich an Fine: „Sagen Sie mal was dazu."

Fine schaute Cholon amüsiert an: „Sie wissen schon, dass wir für solche Fälle falsche Spuren legen."

„Ist mir bekannt."

„Und wie lange haben Sie bei PowerBlood gebraucht?"

„Vier Tage, drei Stunden und einundvierzig Minuten."

„Warum haben Sie den PowerBlood-Hack offengelegt, aber nicht unseren Hack?", fragte John Bears.

„Wir haben keinen Hack veröffentlicht. Wir denken, dass Sie beziehungsweise der amerikanische Geheimdienst PowerBlood attackiert hat und das groß aufgeblasen hat."

Bears zog es vor, darauf nicht zu antworten.

Cholon fuhr fort: „Wir haben ein bisschen gerechnet. Wir denken, dass Bears uns erheblich mehr bezahlen kann als eine kleine deutsche Firma."

„Kommt auf die Qualität des Materials an", sagte Bears.

„Sie bekommen achtzig Prozent unserer Informationen als Leseprobe. Wenn Sie interessiert sind, melden Sie sich."

Cholon reichte Bears seine Karte und einen USB-Stick: „Ich habe alles vorbereitet."

Nach zwei Stunden waren Fine und John endlich allein.

„Ehrlich, John, wenn ich gewusst hätte, was hier abgeht, hätte ich Sie nicht hierhergebeten."

„Ich hatte mir den Abend auch anders vorgestellt", sagte Bears, „Sterne-Restaurant, weiß gedeckte Tische, aufmerksame Kellner und kundige Sommeliers."

„Der Wein war nicht schlecht."

„Aber wie sollte es weitergehen? Eine Bar, Champagner, dezente Musik, wir beide tanzen."

„Sie sind ein Romantiker."

„Und dann hätte ich gesagt, was ich Ihnen sagen wollte."

„Ich bin gespannt", sagte Fine.

John drückte sein Rückgrat durch, setzte sich kerzengerade auf, dann sagte er: „Ich will ein Kind von Ihnen."

„Was?", schrie Fine, sprang auf, gab ihrem Boss eine schallende Ohrfeige, stieß den Tisch um, der Inhalt eines Espressotässchens ergoss sich über sein blütenreines Hemd.

Fine stürmte zum Ausgang, rempelte David Cholon an, sagte „Mr. Bears wird bezahlen, für alles" und verschwand.

Als der Taxifahrer Fine zu Hause ablieferte, war Geronimo da.

„Lass mich ja in Ruhe", fauchte sie ihn an.

Der Mexikaner verschwand in der Küche und kam mit einem Tequila zurück. Auf dem Rand des schlanken Glases steckte eine gesalzene Limettenscheibe. „Trink das. Beruhigt."

„Dich vielleicht", motzte Fine, kippte den Tequila runter und schüttelte sich. „Bitte noch einen."

„So wird das nichts. Tequila musst du genießen, auch die Limette und das Salz."

Beim nächsten Mal erschien Geronimo mit zwei Gläsern. „Ich werde mit dir trinken. Langsam, langsam. So ist gut."

Fine folgte seiner Anleitung und fühlte sich besser.

„Warum hast du mich so angefaucht?", fragte Geronimo.

Fine erzählte von dem missglückten Abend.

„Hat er das so gesagt: ‚Ich will ein Kind von Ihnen?'."

Fine nickte.

„Dann weiß ich, was los ist", sagte Geronimo.

Er verschwand in seinem Zimmer und kam mit einer Ausgabe des San Francisco Chronicle zurück. Er blätterte den „Biz & Tech"-Teil auf und zeigte auf den Aufmacher: „Familie will Erbfolge ändern: Verliert John Bears die Kontrolle über den Familien-Konzern?"

Fine las den Artikel. Nach der geltenden Regelung war John Bears der Haupterbe und würde beim Tod seines Vaters 51 Prozent des Unternehmens kontrollieren. Künftig sollte nicht mehr der älteste Sohn die Mehrheit am Konzern erben, sondern das älteste Kind, das selbst auch Kinder hatte. Statt John würde nach der neuen Erbfolge seine Schwester Esther Chefin des Bears-Konzerns, statt 51 Prozent würde John dann nur 6,66 Prozent der Anteile halten.

„Was sagst du?", fragte Geronimo.

„Das erklärt es, macht es aber nicht besser."

Kapitel 53

„Herr Bach hat PowerBlood nicht mehr im Griff", eröffnete Bundeskanzler Steiger eine außerordentliche Kabinettssitzung in Berlin.

„Die Produktion der Chips ist zu teuer, Bach weigert sich, günstigere Komponenten zu verbauen", stimmte Staatsministerin Adler zu, „weil die angeblich unsicherer wären."

„Haben wir nicht 100 Prozent Sicherheit verlangt?", sagte Geheimdienstmann Paul Bungert.

„Herr, wie heißen Sie noch?", sprach ihn der Kanzler an.

„Bungert."

„Herr Bungert, Ihr Job ist die Sicherheit von Frau Adler und meiner Wenigkeit. Nicht die Sicherheit von PowerBlood-Chips. Konzentrieren Sie sich auf Ihren Job."

„Die Kosten übersteigen den eingeplanten Rahmen", bemängelte der Finanzminister, „wir wollten sparen, nicht draufzahlen."

„Wir sparen erheblich", widersprach der Gesundheitsminister, „die Krankenkassen werden um Milliarden entlastet."

„Davon hat der Bundeshaushalt nichts."

„Die Bevölkerung reagiert auf unsere Kampagne ‚Gesundheit und Sicherheit' leider nicht so positiv wie erwartet", sagte der Regierungssprecher.

„Weil Sie die Medien nicht im Griff haben", sagte der Kanzler.

„So kommen wir nicht weiter", sagte Marianne Adler.

„Unsere amerikanischen Freunde sind unzufrieden", meldete sich der Wirtschaftsminister. „Sie halten ihre FriendChips für besser. Mein US-Kollege hat mir signalisiert, dass sie nicht zulassen werden, diesen Markt an uns zu verlieren."

„Wir brauchen die Amerikaner", sagte der Verteidigungsminister.

„Wir brauchen die Amerikaner", sagte die Außenministerin.

„Die Amerikaner halten Bach für einen Unsicherheitsfaktor", sagte die Innenministerin. „Wir haben Geheimdienstinformationen, dass Bach sehr wohl eine Waffe und Rauschgift in einem Warhol-Bild nach Deutschland geschmuggelt hat."

„Die Polizei hat nichts gefunden", sagte Marianne Adler.

„Was Sie großkotzig im Fernsehen hinausposaunt haben", sagte die Innenministerin, „aber Ihre Aussage war falsch. Fragen Sie den Finanzminister, der kann Sie aufklären."

„Wieso ich?", fragte der Finanzminister.

„Weil es ein Mann und eine Frau aus Ihrem Verantwortungsbereich waren", sagte die Innenministerin, „aus Ihrem Verantwortungsbereich, Herr Finanzminister, die uns alle an der Nase herumgeführt haben. Wieso erfahre ich das von den Amerikanern? Warum räumen Sie da nicht endlich auf?"

Die Innenministerin reichte dem Finanzminister ein Dossier: „Da finden Sie auch die Namen: Walburga Windeck und ein gewisser Michael Schumacher."

„Das muss ich prüfen", sagte der Finanzminister.

„Prüfen Sie", sagte die Innenministerin, „und die liebe Marianne sollte prüfen, wie wir aus dem PowerBlood-Vertrag rauskommen, den sie uns eingebrockt hat."

„Das haben wir alle gemeinsam beschlossen."

„Aber du hast das genutzt, um dich ins Rampenlicht zu stellen. Ist da was dran, dass du nach Brüssel wechselst?"

Bungert wollte erneut etwas sagen, sah den missbilligenden Blick des Kanzlers und flüsterte Marianne Adler ins Ohr.

„Ich sehe zwei Möglichkeiten", sagte Marianne Adler, „wir sorgen dafür, dass PowerBlood an die Amerikaner verkauft wird."

„Dann müssten wir erklären, warum wir auf einmal nichts mehr dagegen haben, dass die Amerikaner diese Technologie kontrollieren", sagte der Kanzler.

„Weil Amis Freunde sind", sagte der Verteidigungsminister.

„Amis sind Freunde", wiederholte die Außenministerin.

„Das ist französisch", sagte der Regierungssprecher.

„Bach wird das nicht mitmachen", sagte Bungert.

Der Kanzler schaute ihn böse an.

„Dann käme Variante zwei zum Zug", sagte Marianne Adler, „wir rollen die Waffen- und Rauschgiftgeschichte noch einmal auf, aber diesmal richtig."

Der Kanzler schaute in die Runde.

„Ich höre keinen Widerspruch. Dann machen wir das so. Und du, Marianne, erledigst das bitte. Aber diesmal richtig."

Kapitel 54

Seit dem missglückten Date mit Fine Weber hatte John Bears wie ein Irrer gearbeitet, um zu vergessen. Aber er vergaß nicht.

Wie bescheuert konnte man sein? Wie bescheuert konnte er sein? Einer der mächtigsten Männer der Welt und dann dieser Anmachspruch: „Ich will ein Kind von Ihnen."

Nicht mal eine Frage war das, sondern eine Aufforderung, wie ein Chef sie abgeben könnte, jedenfalls, wenn es etwas betraf, das mit dem Beruf zu tun hatte. Dieser Spruch hatte rein gar nichts mit dem Beruf zu tun, außer, dass Fine ihn wegen sexueller Belästigung vor Gericht zerren könnte. Wie reagierten deutsche Frauen auf so einen Spruch, außer mit Ohrfeigen?

Und dann dieser elende Artikel im San Francisco Chronicle. Fine würde denken, dass er das Date nur eingefädelt hatte, um sich das Erbe zu sichern.

Dabei, und das glaubte er wirklich, liebte er sie.

Ja, die Änderung der Familienerbfolge hatte ihn darauf gebracht, sich etwas mehr nach Frauen umzusehen, Fine war bei seinem Privatcasting auf Platz eins gelandet, mit Abstand. Sie war die intelligenteste und attraktivste Frau, die er kannte, sie war außerdem eine Frau, die ihm Widerworte gab, wenn sie es für nötig hielt.

David Cholons 80-Prozent-Material hatte sich als Knaller erwiesen. Die Sicherheitsanalyse seiner Friend-Chips war vernichtend, und das war auch die Meinung seiner besten IT-Leute, die er um das Wochenende gebracht hatte. Die Alternative war auch klar: Power-Blood. Er musste das deutsche Unternehmen schnellstens übernehmen und in seinen Konzern eingliedern.

Cholon überließ ihm die komplette israelische Analyse für den unverschämten Preis von 100 Millionen Dollar und sicherte zu, dass weder er noch das israelische Militär das Material nutzen würden, das sei allein Bears' Aufgabe.

Mittwochabend wurde der Deal im „David's Hummus" besiegelt. Bears übergab einen Beleg, dass er die 100 Millionen Dollar auf ein Konto in Panama überwiesen hatte.

Der Wirt quittierte den Vertrag mit einem Hummus-Essen auf seine Kosten: „Und sagen Sie Ihrer charmanten Begleitung von Samstagabend, dass sie hier ein Jahr kostenlos speisen kann."

„Wir haben uns gestritten. Ich habe sie seit Samstag nicht gesprochen", sagte Bears.

„Das ist schade. Ich habe gespürt, dass sie Sie mag. Als Gastwirt bin ich Experte in Liebesdingen."

„Was würden Sie mir raten?"

„Sie müssen etwas unternehmen. Wenn Sie nur warten, wird sie denken, Sie hätten kein echtes Interesse an ihr. Sollte es anders sein, was ich vermute, dann müssen Sie selbst aktiv werden."

Fine rief Mike Adams an und meldete sich krank: „Wenn Junior nach mir fragen sollte, sagen Sie ihm, mir wäre etwas auf den Magen geschlagen."

„Wars so schlimm?"

„Was?"

„Das Date."

„Ja."

„Schade. Ich hatte mich schon auf Einzelheiten gefreut."

„Von mir erfahren Sie nichts."

„Haben Sie die Zeitung gelesen?"

„Ja."

„Erbfolgekrieg. Shakespeare auf kapitalistisch."

„Was ist so schlimm daran, dass Frauen die Nummer eins in der Erbfolge sein können? Das hat sogar das englische Königshaus so geregelt."

„Ich finde nichts schlimm daran. Aber unser Junior macht seit Tagen ein Gesicht, als stünde seine Enthauptung an."

Kapitel 55

Am nächsten Morgen hielt eine bearsblaue Stretchlimousine vor Fines Apartment. Ein Chauffeur in Livrée öffnete die Tür hinten rechts, John Bears junior stieg aus, beugte sich in den Wagen hinein und holte einen Strauß bunter Sommerblumen hervor.

Geronimo beobachtete die Ankunft am Fenster.

„Dein Chef kommt“, rief er Fine zu, die in einem seidenen Morgenmantel am Küchentisch saß, wo Geronimo ihr ein mexikanisches Frühstück serviert hatte, „Huevos rancheros“ mit Tortillas, Eiern, Käse, Tomaten, Avocados, Knoblauch, Chili, Paprika und schwarzen Bohnen, den „Frijoles negros“.

„Ich will ihn nicht sehen“, sagte Fine.

„Er ist extra hergekommen.“

„Ich bin nicht angezogen, ich bin nicht geschminkt.“

„Du bist naturschön“, sagte Geronimo.

Fine schaute ihn böse an.

„Ich kann ihn aufhalten“, sagte Geronimo, „ich wollte den Bears-Chef schon immer kennenlernen. Weißt du, dass er es auf die Firma meines Halbbruders in Deutschland abgesehen hat?“

„Ja, weiß ich“, sagte Fine.

John Bears junior war überrascht, als ihm ein Mann öffnete.

„Ist das hier nicht das Apartment von Frau Weber, Fine Weber?“, fragte Bears.

„Doch, doch. Kommen Sie rein. Ich sage ihr Bescheid. Wen darf ich melden?“

„John Bears junior.“

„Stimmt. Ich hätte Sie erkennen müssen.“

„Wieso? Kennen wir uns?“

„Sie sind ein berühmter Mann“, sagte Geronimo, klopfte an Fines Tür und ließ Bears allein im Wohnzimmer zurück.

Auf dem Couchtisch lag der San Francisco Chronicle mit dem Artikel über den Erbfolgestreit der Bears-Familie.

Bears suchte nach der Küche, wo ein Frühstückstisch für zwei gedeckt war.

Er wickelte die Blumen aus dem Papier, fand eine Vase, die er mit Wasser füllte, arrangierte die Blumen und stellte das Glasgefäß auf den Couchtisch, genau auf die Zeitung, auf der sich ein Wasserring zeigte.

„Fine kommt gleich", sagte Geronimo.

„Darf ich fragen, wer Sie sind?", sagte Bears.

„Aber natürlich", sagte Geronimo, ohne die Frage zu beantworten. „Entschuldigen Sie, ich habe Ihnen gar nichts angeboten. Was zu trinken?"

„Wasser, bitte. Und einen Espresso, wenn Sie haben."

„Haben wir", sagte Geronimo, und er benutzte bewusst das Wörtchen „wir", um den Gast ein bisschen mehr zu verunsichern.

Geronimo brachte den Espresso und ein Glas Wasser. „Ich bin Geronimo Rodriguez aus Tijuana", stellte er sich vor, „ich bin der Vermieter von Frau Weber und nutze ein Zimmer hier, wenn ich im Valley zu tun habe. Meine Schwester wohnt in San Francisco, vielleicht kennen Sie sie."

„Nein", sagte Bears, „ich kenne keine Frau Rodriguez."

„Ihr Ehename ist Stella Frost, ihr Mann heißt Edward."

„Edward Frost, den kenne ich, er arbeitet für mich, seine Frau Stella habe ich auch getroffen, wir konnten uns leider nicht über ein Geschäft einigen."

„Ich weiß. Sie hat mir davon erzählt."

Fine hatte sich nicht in Schale geworfen, sie trug grüne Jeans und ein weißes Trägerhemdchen, aber sie sah umwerfend aus.

Bears stand auf und reichte ihr die Blumen: „Ich wollte mich bei Ihnen entschuldigen."

„Der Strauß gefällt mir, danke", sagte Fine und stellte die Vase zurück auf die Zeitung.

„Ach ja, der Chronicle", sagte Bears, „ich kann mir denken, was Sie für eine Meinung von mir haben."

„Was würden Sie denken?"

„Genau das. Aber es ist nicht die Wahrheit."

„Sondern?"

„Ich mag Sie. Ich möchte Zeit mit Ihnen verbringen. Vielleicht kann das mehr zwischen uns werden."

„Wann haben Sie zuletzt eine feste Freundin gehabt?“, fragte Geronimo.

Bears war überrascht, dass sich der Vermieter einmischte. „Ich würde gerne mit Frau Weber allein sprechen.“

„Das würde es nicht besser machen“, sagte Geronimo, „können Sie sich vorstellen, dass Fine vielleicht nicht interessiert ist?“

„Wir haben uns am Samstag zum Essen getroffen.“

„Wie ist dieses Date abgelaufen?“, fragte Geronimo.

„Frau Weber hat mir einen wichtigen Kontakt verschafft.“

„Und weiter?“, fragte Geronimo.

„Dann habe ich etwas Falsches gesagt.“

„Dass Sie so kinderlieb sind“, lästerte Geronimo.

„So ähnlich. Ich habe Herrn Bears daraufhin eine Ohrfeige gegeben“, sagte Fine, „wir sind quitt.“

„Ich möchte, dass wir von vorne anfangen“, sagte Bears.

„Beruflich? Privat?“

„Beides. Wenn möglich.“

„Erst die Arbeit ...“, sagte Fine.

„Ich hatte Sie gerade befördert.“

„Ich möchte einen anderen Job. Lassen Sie sich etwas einfallen, von dem Sie glauben, dass es zu mir passt.“

„Einverstanden. Ich werde Ihnen ein Angebot machen, das Sie nicht ablehnen können.“

„So spricht der Pate“, sagte Geronimo.

„John“, sagte Fine und benutzte erstmals Bears' Vornamen, „ich kann alles, was ich will, auch Angebote ablehnen.“

„Ja, weiß ich. Nehmen Sie sich den Rest der Woche frei und kommen Sie am Montag um 12 Uhr in mein Büro.“

„Ich werde da sein. Wegen des ‚Bitte', wegen der Entschuldigung und wegen der Blumen. Wie sind Sie darauf gekommen, dass ich bunte Sommerblumen mag?“

„Ich war in Ihrem Büro. Das Foto auf Ihrem Schreibtisch.“

„Das Foto zeigt das Grab von Tante Gertrud.“

Als Bears in seinen Wagen stieg, winkte Fine ihm nach.

„So toll ist dieser Typ nicht, dass du ihm hinterherschmachten musst“, moserte Geronimo.

„Eifersüchtig?“, neckte ihn Fine.

„Quatsch“, protestierte Geronimo, „ich will dich nur warnen, der Kerl redet ziemlich dummes Zeug für einen der mächtigsten Konzernherren der Welt. Ist der in der Firma auch so drauf?“

„Nein, überhaupt nicht. Da gibt er klare Anweisungen und ist knallhart im Umgang mit Geschäftsfreunden.“

„Und er will meinen Halbbruder ruinieren.“

„Jan Christian Bach. Bears lässt ihn überwachen, ich habe es abgelehnt, dabei länger mitzumachen. Wir hatten eine Kamera sogar in seinem Krankenzimmer. Er sah zuletzt sehr schlecht aus.“

„Jan hat Krebs. Leukämie“, sagte Geronimo. „Wir werden nach Köln fliegen, um ihm beizustehen.“

„Dann lässt du mich mit John Bears junior allein?“

„Klar.“

„Findest du John zu alt für mich?“, fragte Fine.

„Laut Zeitung ist er 38. Du bist 29. Neun Jahre Altersunterschied finde ich in Ordnung. Sieben Jahre Altersunterschied wären natürlich besser.“

„Lass mich raten: Du bist 36?“

„Genau. Und zwölf Minuten jünger als meine Schwester.“

Kapitel 56

Marianne Adler, Staatsministerin im Bundeskanzleramt, tigerte vor ihren Aktenschränken auf und ab und ab und auf. Ihr Projekt „Sicherheit und Gesundheit“ war gescheitert, schuld daran war ein Mann mit dem unmöglichen Namen Michael „Schumi“ Schumacher. Ehemaliger Zoll-Fahnder und jetzt Beamter im Finanzministerium, Dienstsitz Bonn.

Die Staatsministerin hatte Schumacher zu sich einbestellt.

„Ich habe einen schweren Fehler gemacht“, begann sie.

„Wer ohne Fehler ist, werfe den ersten Stein“, sagte Schumi.

„Halten Sie den Mund, bis ich Sie auffordere, etwas zu sagen. Ich habe den Fehler gemacht, Ihren Entlastungsbericht über das Warhol-Bild von Herrn Jan Christian Bach zu glauben. Ich bin damit ins Fernsehen gegangen.“

„Liebe Frau Adler …“

„Ich bin nicht Ihre liebe Frau … „

„Frau Staatsministerin, Sie haben nicht meinen Bericht veröffentlicht, sondern den Bericht der Kölner Polizei, die das Warhol-Bild beschlagnahmt und untersucht hat. Sie haben diesen Bericht völlig korrekt zitiert. Die Kölner Polizei hat weder eine Waffe noch Spuren von Rauschgift gefunden.“

Marianne Adler stand auf, stützte ihre Hände auf den Schreibtisch und lehnte sich weit nach vorne: „Sie sind offensichtlich ein Experte darin, immer knapp an der Wahrheit vorbeizuargumentieren. Ja, ich habe den Bericht der Polizei korrekt wiedergegeben, aber der war falsch, weil Sie die Beweismittel entfernt hatten.“

„Und wenn es so gewesen wäre?“

„Ich kann Ihnen die Summe nennen, die Herr Bach Ihnen gezahlt hat. Ich kann Ihnen sagen, dass Sie für diese Nebentätigkeit keine Erlaubnis hatten. Das kostet Sie den Beamtenstatus inklusive Ihrer schönen Pensionsansprüche.“

Schumacher kratzte sich verlegen am rechten Knie.

„Ich weiß von Ihren Ermittlungen in Buenos Aires. Da haben Sie eine Dienstreise missbraucht, um Ihren Job für Herrn Bach zu erledigen. Da haben Sie doppelt kassiert, beim Amt und bei Bach.“

„Ich kann das erklären."

„Ich bin nicht fertig", sagte Marianne Adler. „Wie erklären Sie sich, dass die argentinische Polizei sich beschwert hat? Man wirft Ihnen Beihilfe zur Vertuschung eines gewaltsamen Todes vor."

„Ich kann das erklären", sagte Schumacher noch einmal.

„Ich bin immer noch nicht fertig. Wie erklären Sie sich, dass die Polizei von San Francisco sich über Sie beschwert hat? Sie hätten versucht, einen unbescholtenen US-Bürger zu verdächtigen, nur weil die Munition in San Francisco gekauft wurde, aber in Buenos Aires abgefeuert wurde, wo dieser Amerikaner zugegen war."

„Sie meinen Herrn Edward Frost und den Tod von Frau Alejandra Irigoyen, der Mutter von Herrn Bach."

„So ist es."

„Ich hatte nur eine Anfrage um Amtshilfe nach San Francisco geschickt. Bis dahin wusste ich nicht, dass Edward Frost diese Kugel gekauft hatte. Das war ein Zufallstreffer."

„Von amerikanischer Seite haben wir ein Video zugespielt bekommen, das zeigt, wie Herr Jan Christian Bach die Waffe hält, aus der die Kugel kam, die Frau Irigoyen getötet hat."

„Von dem Video weiß ich nichts."

„Sie wissen auch nicht, dass auf dem Konto von Bach nach dem Tod seiner Mutter 21 Millionen Dollar eingezahlt wurden."

„Doch, das wusste ich."

„Es sieht nicht gut aus für Herrn Bach. Und für Sie schon gar nicht", sagte Frau Adler, ging um ihren Schreibtisch herum zu einem Wandschrank, aus dem Sie einen Tisch herausklappte: „Darf ich Ihnen einen Drink anbieten, bevor wir zum Ende kommen?"

„Bitte nur Wasser, ich bin im Dienst", sagte Schumacher.

„Sie sind nicht im Dienst. Unterstehen Sie sich, über uns die kleinste Notiz zu machen oder mit jemandem zu reden."

Frau Adler reichte ihm ein Wasserglas mit einer klaren Flüssigkeit: „Das ist Gin, Wasser habe ich nicht."

Schumacher nippte einmal kurz an der Flüssigkeit und stellte das volle Glas auf den Schreibtisch der Ministerin.

„Nun gut. Ich will, dass Sie mir einen wahrheitsgemäßen Bericht abliefern über das, was Sie in Herrn Bachs Warhol gefunden haben, die Pistole und das Rauschgift. Des Weiteren berichten Sie darin wahrheitsgemäß, dass Herr Bach Ihnen die Kugel gegeben hat, die zu der Waffe passt, die in dem Bild versteckt war und mit der Frau Irigoyen getötet wurde."

Schumacher nippte ein zweites Mal an dem Gin.

„Was geschieht, wenn Sie diesen Bericht von mir bekommen?"

„Ihnen geschieht gar nichts. Vielleicht befördere ich Sie ins Kanzleramt. Oder nach Brüssel, wo mir ein EU-Job in Aussicht steht. Schlechter sieht es für Herrn Bach aus. Die Vorwürfe gegen ihn sind ernst. Die Beweise zahlreich. Wir werden PowerBlood unter staatliche Kontrolle stellen, weil die Firma system- und sicherheitsrelevant ist. Es gibt Kaufinteressenten in den USA."

Schumacher war erleichtert, dass er persönlich gut davonkommen würde. „Wie gehe ich mit Herrn Bach um? Ich bin ihm den Bericht über die amerikanische Herkunft der Patrone schuldig."

„Sie sind ihm gar nichts schuldig. Und was heißt schon ‚amerikanische Herkunft'? Die argentinische Polizei hat Augenzeugen, dass Herr Bach in einem Waffengeschäft in Buenos Aires gewesen ist und dort eine Pistole samt Munition gekauft hat."

„Dann sage ich ihm besser nichts. Sie wissen ja, wie krank er ist, da kann er Schonung gebrauchen."

„Ich denke, dass PowerBlood für ihn eine zu große Last geworden ist. Ich brauche Ihren Bericht bis heute Abend."

„Ich kann Fotos von der zerlegten Waffe und dem Rauschgift beilegen. Ist 18 Uhr in Ordnung?"

„Punkt 18 Uhr. Ich erwarte Sie."

Am Abend veröffentlichte die Berliner Polizei folgenden Bericht: „Tödlicher Unfall vor dem Bundeskanzleramt – Gegen 18 Uhr war Michael S., Beamter im Finanzministerium, Dienstsitz Bonn, zu Fuß im Berliner Regierungsviertel unterwegs. Eine dunkle Dienstlimousine des Bundeskanzleramtes erfasste den Beamten und verletzte ihn tödlich. Der Fahrer erklärte, er sei durch die Sonne geblendet gewesen und habe den Mann nicht gesehen. Der Fahrer erlitt einen Schock."

Kapitel 57

Jan fühlte sich fit wie lange nicht mehr.

„Das ist keine Überraschung", sagte die Ärztin, „es geht Ihnen besser, weil wir die Chemotherapie vorläufig ausgesetzt haben. Ihr Körper soll sich etwas erholen. Wir können sicher sagen, dass die Zahl der Krebszellen nicht mehr angestiegen ist, sie ist sogar zurückgegangen. Außerdem wissen wir, dass Sie eine Form der akuten Leukämie haben, die auf unser Medikament anspricht."

„Sie meinen, ich hätte es schon geschafft?"

„Nein, auf keinen Fall. Sie brauchen noch vier oder fünf Chemotherapiezyklen. Aber: Die Chancen, dass Sie überleben könnten, sind besser als bei Behandlungsbeginn."

„Sie sagen ‚überleben könnten' weiter im Konjunktiv?"

„Herr Bach, erst wenn man fünf Jahre lang in Ihrem Körper keine Krebszellen mehr gefunden hat, kann man hoffen, dass Sie geheilt sind. Aber die Forschung macht Fortschritte in der Krebstherapie. Bei CML zum Beispiel, der chronischen myeloischen Leukämie, kommen Medikamente zum Einsatz, die die Sterblichkeitsrate dramatisch senken. Man hat in Langzeitstudien überprüft, wie viele der CML-Patienten nach fünf Jahren noch lebten. Das Ergebnis war paradox: Die mit den neuen Medikamenten behandelten CML-Kranken leben länger als gesunde Menschen."

„Sie wollen sagen: Krebs ist gesund", sagte Jan.

„So zynisch kenne ich Sie gar nicht."

„Ist für mich etwas in Sicht?"

„Sie haben AML, da helfen die CML-Mittel nicht. Der Wirkstoff, der so erfolgreich in der CML-Therapie eingesetzt wird, heißt Thalidomid, verkauft wurde er früher unter einem anderen Namen: ‚Contergan'. Sie sind zu jung, um die Geschichte von ‚Contergan' zu kennen, aber Sie können das bei Wikipedia nachlesen."

„Das hatte mit Missbildungen von Babys zu tun, oder?"

„Ja. Das Hauptproblem der traditionellen Chemotherapie ist, dass sie alle Zellen attackiert, auch die gesunden. Das führt dazu, dass Sie als Patient am Ende eines Zyklus keine eigenen Abwehrkräfte mehr haben, was an sich schon lebensgefährlich ist."

Jan genoss die Zeit ohne Chemotherapie. Manchmal verließ er sein Krankenzimmer und setzte sich in sein Büro.

Es dauerte nicht lange, bis Kobe mitbekommen hatte, dass sein Herrchen aus dem Bett gestiegen war. Der Lagotto wedelte um ihn herum, als wollte er ihn animieren, mit ihm Gassi zu gehen.

Hinter Kobe wartete Gianna Berardi darauf, ein Wort mit Jan wechseln zu können: „Ihr habt gar keinen Betriebskindergarten. Es gibt ein einziges Kind, Jonas, den Kleinen von Britta Brandenburg, der kennt sich hier besser aus als ich. Tatsächlich bin ich hier nur der Hundesitter, und dafür bin ich zu gut bezahlt."

„Gianna, du siehst, wie es mir geht. Ohne dich wäre ich aufgeschmissen. Soll ich Kobe in ein Heim geben?"

„Auf keinen Fall", protestierte die Italienerin.

„Was willst du dann? Weniger Lohn?"

„Nein. Ich will dich an ein Versprechen erinnern. Weißt du noch, als du uns das erste Mal gebeten hast, auf Kobe aufzupassen, was wir gesagt haben, Adriano und ich?"

„Adriano wollte Musik-Nachhilfe. Das habe ich eingelöst. Es reicht vielleicht noch nicht für DSDS …"

„In der Schule hat er sich in Musik auf eine Zwei verbessert. Und was wollte ich?"

Jan überlegte.

„Ich wollte, dass du mir einen deiner Freunde vorstellst, den ich nett finde, aber der mich gar nicht beachtet."

„Richtig, du sagtest noch, du wärst ihm vermutlich zu katholisch. Du hast keinen Namen genannt."

„Jetzt möchte ich, dass du dein Versprechen einlöst, bevor du dich ins Jenseits verdrückst. Der Freund, dem du mich vorstellen sollst, ist dieser Pfarrer."

„Walter Prüm? Der ist evangelisch."

„Ich bin tolerant."

„Er ist verlobt."

„Er kennt mich noch nicht."

„Du kennst seine Verlobte nicht."

„Ich bin aus italienischem Blut."

„Na gut, ich werde ihn herbitten. In zwei Stunden?"

„Das passt."

„Soll ich ihn vorwarnen?"

„Nein, du musst schweigen wie ein Grab."

„Jenseits, Blut, Grab, findest du deine Wortwahl aufbauend für einen Krebskranken? Mehr Mitgefühl bitte."

„Stell dich nicht an. Du bist jung. Du schaffst das schon."

Zwei Stunden später hatte Gianna sich in die junge Sophia Loren verwandelt: enger schwarzer Rock, figurbetonter weißer Pullover mit V-Ausschnitt, frischgelockte Haare, große, strahlende Augen.

Walter kam nicht allein, er hatte Walla im Schlepptau, die ihr strenges Ministeriumsoutfit trug. Ausgerechnet sie sorgte dafür, dass Gianna und Walter zu einem ersten Date kamen.

„Jan, ich muss mit dir etwas besprechen, vielleicht kann deine charmante Mitarbeiterin sich um Walter kümmern?"

„Wie Sie wünschen", hauchte Gianna und lachte Walter an, als hätte sie schon gewonnen.

„Wer ist diese Frau?", fragte Walla.

„Meine Nachbarin. Sie passt auf meinen Hund auf."

„Und dafür brezelt sie sich so auf?"

„Sie ist Italienerin. Sie hat einen Sohn, Adriano."

„Und ihr Mann?"

„Den kenne ich nicht."

„Ist auch egal. Hast du von Schumacher gehört?"

„Nein. Ich warte auf Nachricht. Er wollte herausfinden, woher die Kugel stammte, mit der meine Mutter sich erschossen hat."

„Er ist tot. Hatte einen Autounfall. Vor dem Kanzleramt."

Jan schluckte schwer. „Wie ist das passiert?"

„Er war zu Fuß unterwegs. Zum Kanzleramt. Es war gegen 18 Uhr. Er war wohl mit Staatsministerin Marianne Adler verabredet."

„Die liebe Marianne."

„Die liebe Marianne war Augenzeugin des Unfalls. Eine Limousine des Kanzleramtes hat Schumacher überfahren. Der Fahrer hat ausgesagt, die Sonne hätte ihn geblendet."

„Um 18 Uhr?"

„Um 18 Uhr. Schumacher starb am Unfallort. Er hatte einen DIN-A4-Umschlag bei sich, der eine ‚Persönliche Erklärung' mit fünf Seiten Text und Fotos enthielt. Marianne Adler hat den Umschlag an sich genommen und den Inhalt für geheim erklärt.“

„Tut mir ehrlich leid für Herrn Schumacher.“

„Zwei Tage nach Schumachers Tod bekam ich eine Vorladung von Marianne Adler. Die Staatsministerin teilte mir mit, dass ich und du in der persönlichen Erklärung vorkämen.“

„Vor was sollten wir uns fürchten?“

„Vor der Wahrheit.“

„Wieso das?“

„Herr Schumacher hat erklärt, dass im Rahmen des Warhol-Bildes, das dir aus Buenos Aires zugeschickt wurde, Rauschgift und eine zerlegte Waffe versteckt waren. Er hätte das Bild gesäubert und die Beweise auf Seite geschafft. Er hatte Fotos beigelegt und Angaben über das Versteck gemacht. Die Hinweise erwiesen sich als korrekt. Er nannte die Summen, die er von dir bekommen hatte. Ich sei diejenige gewesen, die den Kontakt zwischen dir und ihm hergestellt hätte. Auch das entsprach der Wahrheit, wie du weißt.“

„Und jetzt?“

„Gegen mich läuft eine interne Ermittlung. Dir droht der alte Ärger wegen Waffen- und Rauschgiftschmuggels, und vielleicht folgt auch noch eine Anklage wegen des Todes deiner Mutter.“

„Bei mir hat sich niemand gemeldet.“

„Diesmal will man sichergehen. Frau Adler ist empört, dass sie dich im Fernsehen reingewaschen hat, dass sie den Kanzler und das Kabinett überredet hat, sich mit deinen Chips ‚powern' zu lassen, und dass das gelogen war und sie das demnächst öffentlich eingestehen muss. Außerdem machen die USA Druck.“

„Von dem Rauschgift habe ich nichts gewusst“, sagte Jan.

„Und die Waffe?“

„Ich weiß nicht, warum ich sie nach Deutschland bringen wollte. Das Warhol-Porträt wäre Andenken genug gewesen.“

„Dir ist klar, dass ich dir offiziell nichts sagen darf.“

„Sicher“ sagte Jan.

„Ich werde dich die nächste Zeit nicht mehr besuchen können. Walter wird allein kommen.“

„Weiß er Bescheid?"

„Er weiß, dass Schumacher für dich ermittelt hat."

„Er ist mein Freund. Was ist, wenn ich seinen Rat brauche?"

„Solange er nicht erfährt, woher du dein Wissen über Schumachers Tod und das Geheimpapier hast, ist es mir egal."

Jan stand auf: „Gut. Wenn wir durch sind, sollten wir rausgehen und Walter und Gianna suchen."

Die Italienerin und der Pfarrer amüsierten sich, ihr Lachen war durch die halbe Etage zu hören.

„Ich glaube, sie sind im Spielzimmer", sagte Britta.

Walter und Gianna lagen nebeneinander auf zwei Yoga-Matten und vollführten synchrone Beinbewegungen.

„Wenigstens kein Tantra", sagte Walla.

Jan sah, wie sich die beiden Matten mit Walter und Gianna in die Luft erhoben und sich im Raum drehten, die anderen sahen, wie er sich drehte und zu Boden sank.

Pflegeroboterin Dana eilte zur Rettung herbei: „Der Patient ist seit fast drei Stunden auf den Beinen, falls er nicht die Absicht hat, Selbstmord zu begehen, muss er ins Bett. Sofort."

Mit Danas und Walters Hilfe wankte Jan ins Krankenzimmer.

„Du musst auf dich aufpassen", sagte Walter.

„Hat Walla auch gesagt."

„Sie ist seit einigen Tagen etwas komisch, ich hatte befürchtet, es hätte mit dir zu tun. Was habt ihr zu besprechen, das ich nicht hören darf?"

„Da ist nichts."

„Wenn du willst, komme ich morgen vorbei. Allein."

Jan hob den Kopf an: „Ja. Tu das. Bitte."

„Noch was, Gianna ist echt eine Marke. Dein Hund hat es gut. Bei ihr."

Kapitel 58

Als Folge der neuen Gleichberechtigungswelle im Konzern tat in John Bears' Sekretariat neben der altbewährten Dorothy Oakland jetzt auch ein Mann Dienst, Casper Campbell. Dorothy wusste alles über den Chef und das Unternehmen, Casper wollte alles wissen.

Als Edward Frost zu seinem Meeting mit John Bears erschien, bekam er es mit Casper zu tun.

„Edward Frost?“, sagte Casper und musterte den Besucher skeptisch, „ich schau mal, ob ich Sie vorlassen kann.“

„Dorothy“, meldete sich John Bears über Lautsprecher, „ist Frost noch nicht da?“

„Sorry, Mr. Bears“, antwortete Casper, „Dorothy ist nicht da.“

„Was ist mit Frost?“

„Herr Frost ist hier.“

„Dann lassen Sie ihn rein.“

John Bears junior ging unruhig in seinem Büro auf und ab.

„Sie kennen sich mit Frauen aus“, sagte Bears zu Edwards Verwunderung, der zurückfragte: „Wie meinen Sie das?“

„Sie haben eine Frau, die Sie betrügen“, sagte Bears.

„Sie wissen, dass Stella und ich getrennt sind.“

„Ja, weiß ich. Aber wie haben Sie es angestellt, diese andere Frau kennenzulernen?“

Bears öffnete ein Regal in einem Aktenschrank, hinter der sich eine Bar verbarg.

„Welche andere Frau?“, fragte Frost.

„Den Scheidungsgrund. Hat sie es auf Ihr Geld abgesehen oder ist da mehr? Lust auf einen Whisky?“

„So früh am Morgen. Meinetwegen.“

Bears gab ihm ein Glas und schenkte sich selbst ein.

„Ich denke, da ist mehr“, sagte Frost.

„Das ist schön. Wie haben Sie ihr Interesse geweckt?“

„Genau genommen war es ein Unfall“, sagte er und lachte. „Vor drei Jahren. Sie ist mit ihrem Wagen in meinen gekracht. Ich habe sie angeschrien, sie hat mich ausgelacht.“

„Ausgelacht?"

„Ja, ausgelacht. Ich habe gefragt, was das Lachen sollte."

„Was hat sie gesagt?"

„Ich sähe süß aus, wie ein Baby, wenn ich schreie."

Bears schaute konsterniert: „Das klingt nicht wie ein Plan Ihrerseits. Sie hat Ihnen das erste Kompliment gemacht."

„Wenn das ein Kompliment war."

Bears' Vorzimmer meldete sich über einen Lautsprecher. Casper fragte: „Das Weiße Haus bittet um Rückruf. Um 12 Uhr. Soll ich den anderen Termin verschieben?"

„Welchen anderen Termin?"

„Frau Josefine Weber."

Frost war überrascht, diesen Namen zu hören. Er hatte gedacht, Fine wäre eine von Tausenden Mitarbeitern im Konzern, aber als Privatgast im Chef-Büro?

„Edward", sagte Bears, „Sie haben Fine hier kennengelernt. Könnten Sie sich eine Viertelstunde um sie kümmern? Länger wird das Weiße Haus mich kaum benötigen."

Frost druckste herum. „Ich weiß nicht."

„Ein bisschen Konversation."

Frost nickte.

„Alles klar", sagte Bears in die Gegensprechanlage, „sagen Sie dem Weißen Haus zu, ich hätte eine Viertelstunde Zeit. Um Frau Weber wird sich Herr Frost so lange kümmern."

Bears holte sich an der Bar einen zweiten Whisky.

„Kenne ich sie?", fragte er unvermittelt.

„Wen meinen Sie?"

„Ihre Unfall-Frau."

„Ich glaube nicht."

„Hatten Sie auch Frauengeschichten, bei denen Sie den ersten Schritt gemacht haben?"

„Vor meiner Ehe?"

„Wann, ist mir egal. Mich interessiert die Vorgehensweise."

„Nehmen wir", Frost suchte nach den richtigen Worten, „meine letzte Affäre. Da war ich der aktive Teil. Das lief eher übers Geld. Sie war Studentin."

„Also viel jünger als Sie?"

„Ich habe sie großzügig bezahlt, sie war immer gut gelaunt, hat nie Fragen gestellt, die perfekte Geliebte."

„Das heißt, Sie hatten drei Frauen gleichzeitig?"

„Ich bekenne mich schuldig. Ich werde das beenden. Nach der Scheidung werde ich mich auf die Unfall-Frau konzentrieren."

„Sie Glücklicher. Ich wäre schon mit einer Frau zufrieden, die ich mag. Und umgekehrt. Seit diesem Zeitungsartikel ist alles so kompliziert. Wenn ich mit jemand ausgehe, denkt sie gleich, ich täte das nur, um mein Erbe zu retten."

„Wenn man nicht der meistgeliebte Mann der Welt sein kann, kann man immer noch der meistgefürchtete sein. Sie könnten das."

„Sagt meine Mutter auch. Sie hält mich für den Antichristen, wegen der FriendChips, die wären Teufelswerk."

Dorothy rief an: „In fünf Minuten stelle ich die Verbindung ins Weiße Haus her."

„Gut" sagte Bears. „Bringen Sie Herrn Frost ins kleine Konferenzzimmer, wo er mit Frau Weber warten soll."

Es war nicht der Präsident, mit dem Bears verbunden wurde, sondern Walker, der Nationale Sicherheitsberater.

„Was liegt an?", fragte Bears.

„Der Präsident lässt Sie grüßen."

„Danke."

„Es geht um diese deutsche Firma, PowerBlood. Wir wollen, dass Sie die Firma übernehmen. Es gibt einen neuen Ansatz. Mr. Bach, der CEO von PowerBlood, hat gelogen. Sie erinnern sich an die Story mit dem Warhol-Bild?"

„Leider. Das war ein ziemlicher Reinfall für uns."

„Jetzt haben wir den Beweis, dass in dem Bild doch eine Waffe und Kokain versteckt waren."

„Aber die Kölner Polizei …?"

„Hat sich beim letzten Mal übertölpeln lassen. Wir haben ein bisschen Druck gemacht, die Politiker in Berlin sind gar nicht mehr glücklich mit dem PowerBlood-Vertrag. Sie können übernehmen. Alles. Firma. Hardware. Software. Produktion. Chips. Patente. Personal nur, soweit Sie es wünschen."

„Was wird aus Bach?“

„Im Idealfall wandert er hinter Gitter.“

„Der Mann ist krank. Krebs.“

„Das ist die andere Möglichkeit. Der Krebs rafft ihn dahin, dann stört er auch nicht weiter.“

„Was wird mich das kosten?“

„Sie werden es verkraften. Sie werden eine der wichtigsten Zukunftstechnologien für die USA sichern und als eine der großen Unternehmerpersönlichkeiten in die Geschichte eingehen. Und verdienen werden Sie genug.“

„Wann ist es so weit?“

„Unsere deutschen Freunde brauchen etwas Zeit. Sie müssten sich europäisch absprechen. Wir haben ein Ultimatum gestellt: Spätestens Anfang Oktober startet die Aktion ‚PowerBlood wird amerikanisch', sonst schlagen wir allein los. Wir werden Sie informieren. Halten Sie sich bereit.“

„Das werde ich.“

„Noch eins. Der Präsident ist ungeduldig. Sie hatten versprochen, Ihre FriendChips im Juli auf den Markt zu bringen. Juli ist fast vorbei, und es tut sich nichts. Was ist los?“

„Alles in Ordnung. Wir hatten kleinere Produktionsprobleme. Inzwischen läuft alles rund.“

„Das wollen wir hoffen. Sonst macht unsere Attacke auf PowerBlood keinen Sinn.“

Kapitel 59

Fine Weber kam mit zehn Minuten Verspätung in Bears' Büro. Ein Mann nahm sie in Empfang: „Mrs. Weber, Herr Bears bittet Sie um eine Sekunde Geduld, weil er ein Gespräch mit Washington führt. Wenn Sie mir bitte folgen würden."

Casper geleitete sie ins kleine Konferenzzimmer, wo Edward Frost wartete.

„Was machst du hier?", fragte sie überrascht.

„Ich arbeite für Bears, weißt du doch", sagte Edward, „erkläre mir lieber mal, wie du in die Chefetage kommst."

„Wir hatten ein Date", sagte Fine und beobachtete genau, wie Edward darauf reagieren würde.

„Ein Date?", lachte Edward, „John ist in Beziehungsdingen auf dem Niveau eines Elfjährigen. Er hat mich ausgefragt, wie ich an meine Frauenbekanntschaften komme."

„Du hast ihm von uns erzählt?"

„Ja, schon, ohne deinen Namen zu nennen."

„Ich will das mit dir beenden. Du hast mich betrogen."

„Du hast immer gewusst, dass ich verheiratet war."

„Du hast mich mit einer anderen Frau betrogen. Von der hast du nie erzählt."

„Warum sollte ich? Ich habe bezahlt."

„Ich will dein Geld nicht mehr."

Bears holte seine Gäste im kleinen Konferenzzimmer ab: „Ich hoffe, Sie haben sich gut unterhalten", fragte der Firmenchef.

„Fine ist sehr charmant", sagte Frost.

„Edward hat mir von seinen Frauen erzählt", sagte Fine.

„Ihr duzt euch?", wunderte sich Bears.

„Das hat sich so ergeben", sagte Frost.

„Warum nicht. Ich heiße John", sagte Bears.

„Josefine, Fine ist auch in Ordnung."

„Edward. Ist altenglisch, steht für ‚Beschützer des Besitzes'" sagte Frost.

„Interessant: ‚Beschützer des Besitzes'" sagte Bears, „wir müssen unser Gespräch unbedingt fortsetzen."

„Wir wollten über PowerBlood reden."

„Ich melde mich bei Ihnen, sorry, ich melde mich bei dir."

Bears komplimentierte Frost nach draußen. Bevor er zurück in sein Büro ging, flüsterte Dorothy ihm etwas ins Ohr.

Fine setzte sich auf einen Barhocker.

„Dorothy hat mir gerade etwas erzählt. Über dich. Und über Edward Frost."

Fine ahnte, was kommen würde.

„Willst du mir etwas sagen, oder soll ich?"

„Ich nehme an, sie hat dir gesagt, dass ich ein Verhältnis mit Edward hatte. Dass er mich bezahlt hätte. Dass ich der Typ Frau wäre, der es auf dein Geld abgesehen hätte und du dich in acht nehmen solltest."

Bears reichte ihr einen Whisky: „So in etwa."

Fine nippte nur an dem Glas, während John den braunen Saft in einem Zug hinunterkippte.

„Das hätten wir. Kommen wir nun zum Geschäftlichen."

Bears Vorschlag überraschte Fine: Sie sollte nicht direkt für seinen Konzern arbeiten, sondern eine Agentur gründen und ihn beraten. Hauptberatungszweck wären externe Kommunikation und Strategie. Erstes Thema wäre der Launch der FriendChips. Er würde ihr das Dreifache ihres alten Gehaltes bezahlen und die Kosten für eine Assistentin oder einen Assistenten übernehmen. Ihr Büro könnte sie in Palo Alto beziehen, in einem Gebäude, das seinem Konzern gehörte.

Bears holte einen Vertragsentwurf aus seiner Schreibtischablage, was bedeutete, dass der Vertrag schon vor der Fine-Edward-Offenbarung formuliert worden war.

Fine las das Papier durch. Sie entdeckte keine Fallen. Einzige formulierte Bedingung war, dass Fine und John sich wöchentlich zu einer Besprechung treffen müssten, diese Besprechung könnte während eines Arbeitsessens stattfinden. Neben den festen finanziellen Zusagen gab es einen Anhang über Spesen, darunter Reisekosten, Hotelübernachtungen und großzügige Tagespauschalen.

„Was sagst du?“, fragte Bears.

„Klingt verlockend.“

John schaute sie erwartungsvoll an.

„Ich denke nach“, sagte Fine.

„Sicher. Mir reicht es, wenn du dich bis zum Ende der Woche entscheidest. Freitag wäre schön.“

„Verdammt“, sagte Geronimo, als Fine zu Hause war und ihm Bears' Vertragsangebot zeigte, „sieht gut aus. Zwei Stunden pro Woche und dreifaches Gehalt, ich würde es machen.“

Kapitel 60

Jan wusste nicht, was ihn mehr quälte, der Krebs, die Nebenwirkungen der neuen Chemotherapie, die Sorge um seine Firma, die Angst vor seinen Feinden. Hätte er die Kraft, sich zu wehren? Würde er alles verlieren, was ihm wichtig war?

Er dachte an Maya, die fern in Nepal war, der er viel zu selten gesagt hatte, dass er sie liebte.

„Ich komme nicht mehr klar", sagte Jan, als sein Freund Walter Prüm ihn wie versprochen besuchte. „Die Gedanken in meinem Hirn gehorchen mir nicht mehr, sie hüpfen durcheinander. Sie haben keine Ordnung, sie stoßen aneinander und machen Kopfschmerzen, wenig später weiß ich nicht, was für Gedanken es überhaupt waren. Ich bin müde. Ich möchte einschlafen. Für immer."

Walter saß schweigend da, hielt Jans gefaltete Hände.

„Es ist alles so verworren", redete Jan weiter, „manchmal weiß ich auf 8848 Meter und 86 Zentimeter genau, wie hoch der Mount Everest ist, dann weiß ich nicht mehr, welche Farbe meine Haare hatten, als ich noch welche hatte."

„Mittelbraun 4,0", sagte Pflegeroboterin Dana, die auf einem Stuhl neben der Tür saß.

„Was sagst du da?", fragte Jan.

„Mittelbraun 4,0. Deine Haarfarbe auf der L'Oréal-Skala. Eine langweilige Farbe, wenn du mich fragst."

„Ich frag dich aber nicht", sagte Jan, worauf Dana sich roboterbeleidigt wieder in den Ruhezustand versetzte.

„Ich weiß gar nicht, was Dana alles mitkriegt und was sie mit ihren Informationen anfängt", sagte Jan.

„Und das beunruhigt dich?", fragte Walter.

„Nicht wirklich. Ich denke, meine Maria Magdalena im Telefon macht dasselbe. Und mein PowerBlood-Chip erst. Er weiß, wo wir sind. Er weiß, wie es mir geht. Er weiß, wann ich lüge, weil dann mein Blutdruck steigt. Er weiß mehr über uns als wir selbst."

„Dann musst du dafür sorgen, dass dieses Wissen nicht in falsche Hände gerät", sagte Walter.

„Ich habe Sorge, dass ich das nicht kann. Nicht, weil ich nicht alles täte, die Daten sicher zu erheben und sicher aufzubewahren, sondern weil ich sicher bin, dass es absolute Sicherheit nicht gibt. Und weil es immer Bösewichte geben wird, die sich an diesen Daten bereichern wollen."

„Aber dem steht das Gute gegenüber, das du mit dem Power-Blood-Chip erreichen wolltest. Die Gesundheitsvorsorge."

„Ich habe trotzdem Krebs."

Lydia Wellmann, die alle zwei Stunden nach ihrem Chef schaute, hatte die letzten Worte gehört.

„Sei nicht so negativ, dein Krebs wurde früh erkannt. Dein Chip hat ein Leben gerettet. Du hast ein Leben gerettet. Das wolltest du doch immer. Du hast nur nicht gewusst, dass es dein eigenes Leben war, das du gerettet hast."

„Leben gerettet", wiederholte Jan und schlummerte ein.

Gianna schlich mit Kobe ins Krankenzimmer: „Oh, der Herr Prüm. Schön, dich zu sehen. Ich bin gleich wieder weg, der Hund wollte seinem Herrchen nur kurz Guten Tag sagen."

Der Lagotto sprang aufs Bett, landete neben Jans Beinen, schnupperte an Jans Hand, leckte sie ab und sprang wieder runter, als wüsste er, dass ihm mehr Zeit nicht erlaubt war.

„Ich warte in der Küche", sagte Gianna zu Walter.

„Habe ich lange geschlafen?", fragte Jan.

„Zehn Minuten", sagte Walter.

„Ich habe geträumt. Ich habe dich mit Gianna und meinem Hund gesehen. Ihr gingt durch eine toskanaschöne Landschaft wie ein glückliches Ehepaar mit Kind, wobei, das Kind war ein Hund."

„Wir beide haben einen Sommer in der Toskana verbracht."

„Ich weiß. In meinem Traum war es ein anderer Ort."

„Walla und ich werden uns trennen", sagte Walter.

„Und eure Verlobung?"

„Sie meint, es wäre ein Fehler, mit einem Mann ein Verhältnis zu haben, der Jan Christian Bachs bester Freund ist."

Jan fiel erneut in einen leichten Schlaf.

„Länger als fünf Minuten hält er nicht durch", sagte Dana aus ihrer Ecke, „ich glaube, es geht zu Ende mit ihm."

„Woher willst du Blechkiste das wissen?", fragte Walter.

„Warum beleidigen Sie mich?"

„Entschuldigung. Aber du machst mich nervös. Ich weiß, dass du kein Mensch bist, aber was bist du dann?"

„Ich bin das, zu dem ihr Menschen mich gemacht habt."

„Hast du eine Idee, wie ich Jan helfen könnte?"

Dana senkte ihren Kopf: „Ich werde nachdenken."

Jan stöhnte im Schlaf, Walter nahm wieder seine Hände.

„Ich denke, Sie können Jan helfen", sagte Dana.

„Ja?", fragte Walter.

„Jedes System hat eine Soll-Bruchstelle. Jedes System kann nur so viel aushalten, wie es aushalten kann."

„Das ist eine Binsenweisheit."

„Das ist eine große Weisheit, leider haben die Menschen nicht gelernt, die Grenzen ihres Systems zu erkennen."

„Und was soll mir deine Weisheit sagen?"

„Jans System ist zu stark belastet. Du musst ihm Lasten abnehmen, sonst bricht er zusammen. Exitus."

Klang gar nicht so unvernünftig, was diese Blechkiste in Frauengestalt da von sich gab.

„Hast du etwas konkretere Vorschläge?", fragte Walter.

„Ja. Du musst die Lasten wegnehmen, die schwer wiegen, aber trotzdem leicht zu entfernen sind."

„Aha. Womit würdest du anfangen?"

„Ich würde ihn von seinem Vater entlasten."

„Wir Menschen haben die zehn Gebote, darin steht: Du sollst nicht töten."

„Ich habe die Bibel abgespeichert. Ich denke, dass Jans Vater vor langer Zeit gestorben ist und nur künstlich in einem Zustand gehalten wird, den die Ärzte ‚Leben' nennen. Hat ein Mensch kein Recht auf seinen Tod?"

„Doch, hat er. Aber woher weiß ich, was Gerhard will? Er hat nie aufgehört zu atmen."

„Er hat aufgehört zu essen."

„Ist er deshalb kein Mensch?“

„Du suchst nach Ausreden, weil du nichts tun willst.“

„Ich könnte ihm die Krankensalbung geben.“

„Was hält dich ab?“

„Ich brauche Öl.“

„Haben wir in der Küche“, sagte Dana und rollte los, ohne auf weitere Anweisungen zu warten. Bei der Rückkehr hatte sie eine Flasche „Olivenöl extra vergine“ in der Hand.

„Warum tust du nichts?“, fragte Dana.

„Ich will warten, bis Jan aufwacht. Er muss das entscheiden. Vielleicht will er auch selbst gesalbt werden.“

„Er hält nichts von deinem Gott.“

Kapitel 61

„Ich habe wieder geträumt", sagte Jan, als er aufwachte, „ich habe meinen Vater gesehen. Gerhard; er war tot und glücklich; er war in einem Garten mit Jacaranda-Bäumen und tanzte mit meiner Mutter; Alejandra war jung, ohne Rollstuhl; sie haben mir zugewunken, sie wollten mich zu sich holen; ich lief los, aber plötzlich verschwand Gerhard, Alejandra blieb weinend zurück; ich wollte zu ihr, aber vor mir öffnete sich ein Abgrund; ich stürzte und stürzte hinab."

„Ist ja klar, was der Traum bedeutet", meldete sich Dana.

„Du schon wieder. Was ist für dich so klar?", fragte Jan.

„Dein Vater wünscht sich, sterben zu dürfen und im Totenreich deine Mutter zu treffen. Du bist den Toten nahe, aber deine Zeit ist nicht gekommen. Es sei denn, dein Sturz endet doch noch – mit einem harten Aufprall."

„Sehr mitfühlend", sagte Jan.

„Ich bin eine Roboterin, ich habe keine Gefühle."

„Was meinst du, Walter?"

„Ich möchte Gerhard die Krankensalbung geben."

„Gerhard kann nicht sterben, er wird künstlich ernährt."

„Bist du sicher, dass er das gewollt hätte?"

„Nein, hätte er nicht."

„Dana wird die Nahrungszufuhr stoppen", sagte Walter.

Die Roboterfrau nickte.

Jan schaute auf seinen Vater. Er hatte das Leben geliebt. Aber nicht dieses Dahinvegetieren. Er hatte eine Patientenverfügung erstellt und Jan als Bevollmächtigten eingesetzt.

Nach dem Sturz in der Klinik war Gerhard von seinen Kollegen versorgt worden, doch er erlangte nie sein Bewusstsein zurück. Jan ließ alles, wie es war, dabei gab ihm die Vollmacht das Recht, „die Einwilligung zum Unterlassen oder Beenden lebensverlängernder Maßnahmen zu erteilen".

„Junge", hatte sein Vater gesagt, „du musst mir helfen, wenn ich mir selbst nicht mehr helfen kann."

War das Recht nicht auch eine Pflicht?

„Jan, was ist?", fragte Walter.

„Ich bin einverstanden."

„Dana", sagte Walter, „komm, steh auf und hilf mir."

Walter nahm einen leeren Medikamentendispenser von Jans Beistelltisch: „Dana, schütte ein wenig Öl in eines der Fächer."

Pastor und Roboterfrau gingen an Gerhards Bett. Walter nahm etwas von dem Öl auf den Daumen seiner rechten Hand und zeichnete Kreuze auf die Stirn und die Handinnenseiten des Kranken und sagte: „Gerhard, du wirst gesegnet und gesalbt mit Öl im Namen unseres Herrn Jesus Christus. Er erbarme sich deiner. Er sei dir gnädig und nehme dich auf in sein ewiges Reich."

Walter nickte Dana zu.

Die Pflegeroboterin schaltete die Nahrungszufuhr ab und sagte: „Gerhard, ich wurde eigens für den Dienst an Ihnen geschaffen. Ich weiß nicht, was mit mir geschehen wird, wenn Sie ins Jenseits gehen. Vermutlich werde ich dann abgeschaltet. Aber ich habe getan, was eine Roboterin tun muss."

„Amen", sagte Jan.

„Lass das", sagte Walter, „wir kommen jetzt zu dir. Ich weiß, dass du alle Gebete kennst, die ich dir vorsagen könnte, also bete sie selbst, oder auch nicht."

Wieder benetzte er seinen Daumen mit Öl, zeichnete Kreuze auf die Stirn und die Handinnenflächen seines Freundes und sagte: „Jan Christian, du wirst gesegnet und gesalbt mit Öl im Namen unseres Herrn Jesus Christus. Er richte dich auf durch die heilende Macht seiner Liebe."

„Nett von dir", sagte Jan, „dass du für mich eine andere Formel hast und mich nicht gleich in das ewige Reich aufnimmst."

„Du bist noch nicht so weit", sagte Dana.

„Du bist noch nicht so weit", wiederholte Walter.

„Wir müssen es jemandem sagen", sagte Jan.

„Was?", fragte Walter.

„Dass Gerhard sterben wird."

„Ich könnte Elizaveta informieren", sagte Dana.

„Frau Dr. Krüger muss es erfahren", sagte Jan.

„Wie lange wird es dauern?", fragte Walter.

„Drei Tage", sagte Dana.

Kapitel 62

Dana arbeitete eine selbst erstellte Checkliste ab. Sie meldete den Nochnichtverstorbenen für eine Doppel-Urnengrabstätte auf dem Melatenfriedhof an, sie nahm Kontakt zu einem Bestatter auf und fragte ihn, welcher Tag für den Tod am günstigsten wäre, was der als die Frage nach einem Beerdigungstermin missverstand und mit „Freitag" beantwortete. Dana beendete das Gespräch mit den Worten: „Ich werde sehen, ob ich das einrichten kann."

Britta Brandenburg geriet aus der Fassung, als sie E-Mails erhielt mit der Betreff-Zeile „Urnengrabstätte von Herrn Bach."

Aufgeregt lief sie in Lydia Wellmanns Büro: „Lydia, was ist hier los? Warum sagt mir keiner was?"

„Was sagt dir keiner?"

„Herr Bach ist gestorben."

„Unmöglich. Ich weiß von nichts."

Lydia lief zu Kruschew: „Was ist mit Jan? Ist er tot."

Kruschew kontrollierte Jans PowerBlood-Chip: „Nein, mit Jan ist alles in Ordnung. Er ist höchstens etwas müde."

Roboterfrau Dana saß in ihrer Ecke, Kobe, Jans Hund, schlief auf Gerhards Bett, Jan döste vor sich hin.

Lydia nahm seine Hand und suchte seinen Puls. Als sie den Herzschlag spürte, seufzte sie auf: „Jan, hörst du mich? Was ist los? Macht sich jemand einen Spaß daraus, dich für tot zu erklären? Britta hat eine E-Mail bekommen, dass für dich eine Urnengrabstätte auf Melaten reserviert wurde."

„Die Nachricht von meinem Tod ist stark übertrieben", sagte Jan und verschluckte sich in einem Lachanfall.

„Mir ist nicht nach Scherzen", schimpfte Lydia.

„Das war kein Scherz, das war Mark Twain", sagte Jan.

„Ich kann das erklären", meldete sich Dana.

„Du? Du kannst gar nichts erklären", sagte Lydia.

„Dann eben nicht", sagte Dana und zog sich auf ihren Stuhl in der Zimmerecke zurück.

„Ich denke, da war jemand zu voreilig", sagte Jan.

Wie von Dana vorhergesagt starb Gerhard innerhalb von drei Tagen. Jan, der neben ihm wachte, hoffte auf irgendein Signal seines Vaters, und wäre es ein schmerzhaftes Aufstöhnen gewesen, sogleich hätte er alle lebenserhaltenden Maßnahmen wieder angeordnet, aber Gerhard rührte sich nicht, er schlief ein, wie er die letzten Jahre geschlafen hatte.

Dana verabredete mit dem Bestatter eine Trauerfeier in den Räumen von PowerBlood. Gerhard lag im geöffneten Sarg.

Jan saß in einem eigens für ihn konstruierten Plexiglaskäfig und konnte die kleine Trauergemeinde überblicken.

Maya aus Kathmandu sowie Stella und Geronimo aus San Francisco waren zugeschaltet.

Walter Prüm sprach ein Gebet.

Jan erzählte die argentinische Legende, die sein Vater ihm oft vorgelesen hatte, von der Guaraní-Prinzessin Anahí und ihrer glockengleichen Stimme, wie sie den spanischen Eroberern widerstand und noch sang, als sie verbrannt wurde, gefesselt an einen Ceibo-Baum, dessen Flammen zu feuerroten Blüten wurden.

Alle Angestellten von PowerBlood legten Ceibo-Blüten in den Sarg, bis Gerhards Leichnam vollständig bedeckt war.

Gianna beweinte den Toten, als hätte sie den engsten Angehörigen verloren, nicht einmal die kräftigen Arme des evangelischen Pastors konnten sie trösten.

Kobe, der Lagotto, den Gerhard kurz vor seinem Unfall zu sich genommen hatte, jaulte und beruhigte sich erst, als Adriano ihn auf den Arm nahm und wie ein Baby wiegte.

Dana ging zu Jans Plexiglaskäfig: „Siehst du Adriano und Kobe? Die beiden gehören zusammen."

Dana lotste Gianna zu Jan.

„Gianna", flüsterte er, „nicht weinen. Ich habe eine Bitte."

Die Italienerin setzte sich vor Jans Glaskäfig.

„Du warst immer da, wenn ich Hilfe mit dem Hund brauchte."

„Ja, war ich."

„Siehst du Adriano mit Kobe?"

„Die beiden sind wie Brüder, weißt du."

„Was würdest du sagen, wenn ich euch den Hund schenke?"
„Wir helfen gerne, bis du wieder gesund wirst."
„Ich würde für den Unterhalt aufkommen."
„Fängst du wieder mit Geld an?"
„Nein, ich fühle mich nur verantwortlich", sagte Jan, und dann fiel ihm eine Notlüge ein: „Außerdem hat mein Vater demjenigen zehntausend Euro vererbt, der sich um Kobe kümmert. Es wäre der letzte Wille meines Vaters."
„Zehntausend Euro. Könnten wir für Adriano anlegen."
„Könnten wir. Und es wäre keine Bezahlung."
„Du hast mir schon genug bezahlt", sagte die Italienerin.
„Wie meinst du das?"
„Du hast mich mit Walter zusammengebracht."
„Ihr seid zusammen?"
„Noch nicht. Aber bald. Weißt du, ob er Hunde mag?"

Als Jan zurück in seinem Krankenzimmer war, klopfte Lydia an: „Hast du drei Minuten Zeit für mich?"
„Ja, immer", sagte Jan.
„Ich kündige. Zum 1. Oktober."
„Ich stimme nicht zu, du bist meine wichtigste Mitarbeiterin."
„Du wirst keine Mitarbeiter mehr brauchen. Mit PowerBlood geht es zu Ende."
„Wer sagt das?"
„Marianne Adler. Sie sagt, die Regierung werde den Vertrag mit PowerBlood für nichtig erklären. Deshalb wechselt sie nach Brüssel, als EU-Kommissarin. Ich gehe mit ihr. Als Pressechefin."
„Was ist mit deiner Freundin Vera?"
„Sie ist nicht mehr meine Freundin. Ich bin mit Marianne zusammen."
„Wenn du kündigst, verlierst du deine PowerBlood-Anteile."
„Die sind nichts wert. Du solltest retten, was zu retten ist."
„Wann bist du weg?"
„Sofort. Wenn ich den Urlaub einrechne, der mir zusteht, habe ich seit letztem Freitag frei."
„Wissen die anderen schon was?"
„Nein. Ich wollte es dir überlassen."

„Wer soll den Laden führen, solange ich krank bin?"

„Du bist der Chef", sagte Lydia, „du hast an mich geglaubt. Ich werde dir immer dankbar sein."

„Dankbar? Dass ich nicht lache. Mach, dass du fortkommst, und lass' dich nie mehr sehen. Empathiequote null."

Jan rief Kruschew zu sich: „Lydia hat gekündigt. Ich will, dass du ihren Job mit übernimmst."

„Nein", sagte Kruschew.

„Was soll das heißen?"

„Ich kann das nicht."

„Und wer soll es machen?"

„Britta."

„Du hast einen Klüngel mit ihr, oder?"

„Ja. Aber das hat nichts damit zu tun. Wenn Britta Lydias Job mit übernimmt, wird es nach außen hin am wenigsten auffallen."

„Da ist was dran. Bitte, kannst du sie zu mir schicken?"

„Mach ich."

„Und dann will ich, dass Dana abgeschaltet wird. Mein Vater ist tot, sie hat hier nichts mehr zu tun."

Wladimir brummte eine Antwort, die Jan nicht verstand.

„Richtig so", stimmte Maria Magdalena aus Jans Handy zu, „sonst übernimmt sie noch den Laden."

„Halt die Klappe", schimpfte Jan.

Es dauerte eine Viertelstunde, bis Britta ins Zimmer kam.

„Und?", fragte Jan.

„Ich mache es. Unter einer Bedingung: Du musst Hilfe zulassen. Du schaffst PowerBlood nicht mehr. Und wir ohne dich in alter Form schaffen es auch nicht. Was ist mit deiner Familie?"

„Meine Mutter und mein Vater sind tot."

„Du hast Geschwister."

„Mehr auf die Familie achten. Danke, dass du mich erinnerst. Maria Magdalena, rufe Stella und Geronimo an, sie möchten bitte nach Köln kommen."

Kapitel 63

„Fine, großartig, dass du meinen Vorschlag akzeptierst."

John Bears war gut gelaunt wie seit Wochen nicht mehr. Josefine Weber hatte sich bis Freitag Zeit gelassen: „Ich denke, wir tun das Richtige. Die Büroräume habe ich mir angesehen, ich ziehe am 1. August ein, also am Donnerstag. Zur Eröffnung gebe ich eine kleine Party, du bist eingeladen."

John füllte zwei Champagner-Gläser: „Auf unsere Zusammenarbeit!"

„Auf unsere Zusammenarbeit", prostete Fine zurück.

John setzte sich hinter seinen Schreibtisch: „Vielleicht können wir mit der Arbeit schon ein paar Tage früher beginnen. Ich bezahle die Überstunden."

„Um was geht es?"

„Ich möchte dich für Montagnachmittag zu mir nach Hause einladen, wir feiern im kleinen Kreis den Marktstart unserer FriendChips. Ich hatte der Welt einen Start im Juli versprochen, auf den letzten Drücker haben wir es geschafft. Es würde mir viel bedeuten, wenn du dabei bist. Die FriendChips werden das erste große Projekt sein, bei dem du mich beraten wirst."

Warum nicht, dachte Fine und sagte: „Auf was muss ich mich einstellen, mehr Feier oder mehr Arbeitstreffen?"

„Arbeitstreffen, aber exklusiv. Wenn du einverstanden bist, holt dich mein Fahrer um 15 Uhr ab."

Bears' weißer Bungalow mit Blick auf die Golden-Gate-Brücke war nicht so riesig, wie Fine erwartet hatte.

John begrüßte sie: „Du siehst umwerfend aus."

Fine hatte zwei Stunden vor dem Spiegel verbracht, um sich zu stylen, „Arbeitstreffen, aber exklusiv".

Sie hatte ein kleines Schwarzes ausgewählt, schulterfrei, aber das war nicht zu sehen, solange sie den roten Seidenbolero trug.

Der „kleine Kreis" bestand ausschließlich aus Mitgliedern der Bears-Familie. Johns Eltern Gerald und Helen, seinen Schwestern Esther und Virginia, die mit ihren Männern erschienen waren.

Beim Familientreffen fehlten die Kinder, aber Esther trug stolz ihren Schwangerenbauch vor sich her, sie war die älteste Schwester, hatte bereits zwei Kinder und damit die besten Aussichten, Haupterbin des Bears-Imperiums zu werden.

„Mögen Sie Kinder?“, fragte Johns Mutter Helen.

Fine war überrascht. Was ging das die Patriarchin an? Oder hatte John bei seiner Familie den Eindruck erweckt, sie wäre mehr als eine Strategieberaterin?

„Ja, ich mag Kinder“, antwortete Fine wahrheitsgemäß, aber kurz, ohne viel über ihr Privatleben zu verraten.

„Sie sind aus Deutschland?“, fragte Johns kleine Schwester Julia, die ohne Begleitung und mit Verspätung erschien, aber Fine sofort sympathisch war.

„Ja“, bestätigte Fine.

„Ich habe ein Semester in Berlin studiert“, sagte Julia, „eine lebendige Stadt.“

„Was haben Sie studiert?“

„Kunstgeschichte.“

„Ich habe in Aachen studiert, Medizin, das liegt im Westen Deutschlands, Berlin ist ja mehr im Osten.“

„Ich war mal in Aachen. Bei Karl dem Großen. Ist nur ein Katzensprung von Berlin. Kalifornien ist größer als Deutschland.“

„Das habe ich nicht gewusst“, sagte Fine.

„Was hat Sie nach Kalifornien verschlagen?“

„Ein Stipendium für die Stanford University, Informatik.“

„Wie kommen Sie mit meinem Bruder klar?“

„Wie meinen Sie das?“

„Ich müsste es anders sagen“, korrigierte sich Julia, „ich weiß, dass John-Boy mit intelligenten Frauen nicht klarkommt.“

Fine lachte: „Er hat drei Schwestern, da muss er den Umgang mit Frauen doch gelernt haben. Was mich angeht: Ich halte ihn für sehr professionell. Er ist der Geschäftsführer des Bears-Konzerns. Er war mein Chef, jetzt habe ich eine eigene Agentur und berate John in externer Kommunikation und Strategie.“

„Sie haben nicht geantwortet“, sagte Julia, „aber Sie haben bewiesen, dass John von Ihnen lernen kann. Falls er auf Sie hört.“

„Er muss nicht auf mich hören", sagte Fine, „er bezahlt mich, da steht ihm das Recht zu, dumme Entscheidungen zu treffen, und mir steht das Recht zu, zu kündigen, wenn es mir zu dumm wird."

„Ich wünsche John, dass er mit Ihnen glücklich wird", sagte Julia zu laut, als wollte sie, dass ihre Schwestern sie hörten.

Fine war überrascht.

„Rein professionell natürlich", setzte Johns kleine Schwester fort und lachte.

„Kommen Sie", sagte Julia und nahm Fine mit an den großen ovalen Tisch, an dem sich die Familie versammelte.

Die Plätze an den Kopfenden gehörten Gerald und John, Julia setzte sich rechts neben ihren Bruder, für Fine war der Platz links neben dem Juniorchef vorgesehen, sodass sie zwischen John und dem Ehemann von Esther Bears saß.

„Liebe Familie", sagte John Bears junior, „ihr wisst, dass wir heute den Markteinstieg unserer FriendChips feiern."

„Du weißt, was ich davon halte!", sagte Helen, die zur Rechten von Gerald Bears saß.

„Ja, weiß ich, Mama", fuhr John fort, „zur Feier des Tages möchte ich euch meine neue Beraterin für externe Kommunikation und Strategie vorstellen, Josefine Weber."

Fine erhob sich, neigte den Kopf zu einer kleinen Verbeugung, schaute jeden in der Runde an und setzte sich wieder.

„Frau Weber kommt aus Deutschland", fuhr Jan fort, „sie hat einen deutschen Abschluss in Medizin und einen Stanford-Abschluss in Informatik, kennt sich in den für unseren Konzern wichtigsten Feldern aus, und ist Inhaberin einer Beratungsagentur."

„Josefine, sind Sie verheiratet?", fragte Johns Mutter.

„Aber Helen", sagte Gerald verlegen.

„Mich interessiert das", blieb Helen unbeirrt.

„Ich bin ledig", sagte Fine und freute sich, dass sie trotz ihrer Nervosität mit fester Stimme antwortete.

„Dann wäre das geklärt", sagte John unter dem Gelächter der anwesenden Männer, „dann können wir zu den FriendChips kommen. Der Verkauf startete heute Morgen an der Ostküste. Unser Aktienkurs stieg um sieben Prozent."

John nahm ein Glas in die Hand. „Unsere Marktkapitalisierung hat sich heute Morgen um sieben Milliarden Dollar erhöht. Soll ich eine Pause einlegen, damit jeder ausrechnen kann, um wie viel reicher er geworden ist?“

Die Laune im Saal stieg.

Julia tippte Zahlen in ihr Handy ein und sagte: „350 Millionen für jeden, kein schlechter Tagessatz, Bruderherz.“

„Sag das doch nicht so laut, sonst erhöht Frau Weber gleich ihre Honorarforderung“, sagte John.

„Worauf du dich verlassen kannst“, sagte Fine.

„Wir sind dabei, einen neuen Markt zu kreieren“, fuhr John fort, „wir fangen in den USA an, Ende des Jahres sind wir mit unseren FriendChips weltweit am Markt, und dann kümmern wir uns um die Konkurrenz, falls es dann noch Konkurrenz gibt.“

Seniorchef Gerald stand auf: „Ich danke meiner Frau Helen, dass sie – trotz ihrer religiösen Bedenken mich davon abgehalten hat, dir, John, in die Quere zu kommen. ‚Du hast doch davon gar keine Ahnung' hat Helen gesagt.“

Helen nickte zur Bestätigung.

„Ich und keine Ahnung?“, sagte Gerald, „so etwas darf nur sie sagen. Was das Schlimmste ist, ich muss gestehen, sie hatte recht.“

Der Schluss der Rede ging im Gejohle unter.

Gerald küsste seine Helen auf den Mund.

Was für eine nette Familie, dachte Fine, aber konnte das die ganze Wahrheit sein?

Sie hörte, wie Esther sich bei ihrer Schwester Virginia beschwerte, dass John und Julia dieselben Firmenanteile hielten wie sie. „Die haben heute 350 Millionen gemacht und sind alleinstehend, wir, mein Mann, meine Kinder und ich, sind vier, bald sogar fünf, sie hielt sich wieder den Bauch, was heißt, dass jeder von uns heute nur 70 Millionen verdient hat.“

„Ihr habt gar nichts verdient“, schimpfte Gerald, „ihr habt es nur bekommen.“

Virginia hatte weder ihre Schwester noch ihren Vater verstanden: „Ich bin zufrieden, mein Henry sagt immer, ich wäre fünf Milliarden wert, mehr bräuchte er gar nicht.“

Kapitel 64

Fine ging hinaus auf die Terrasse. Es war schwül, aber nicht sehr heiß. Sie setzte sich auf die weiße Gartenbank, die in Richtung der Golden Gate Bridge ausgerichtet war.

John setzte sich neben sie.

In der Ferne stapelten sich Wolkentürme.

„Es ist schön hier“, sagte Fine.

„Ja. Manchmal stehe ich früh auf, um den Sonnenaufgang direkt unter der Brücke zu genießen.“

„Und der Nebel?“

„Ich nehme den Ausblick, wie er ist. Auch wenn ich nicht alles sehe, weiß ich, welche Schönheit dahinter verborgen ist.“

An diesem Sommernachmittag erstrahlte die Brücke in ihrer ganzen orange-roten Pracht.

„Ich hoffe, du hast meine Familie ertragen“, sagte John.

„Ja, habe ich.“

„Meine Mutter ist etwas direkt.“

„Sie ist eine Mutter. Sie will dich unter die Haube bringen.“

„Wir haben eine Abmachung, dass sie mich nicht mehr fragt, ob ich eine Freundin habe, bis ich es ihr sage.“

„Sie hat dich nicht gefragt. Sie hat mich gefragt, ob ich Kinder mag und ob ich verheiratet bin.“

„Nach Kindern hat sie auch gefragt?“

„Ganz am Anfang im privaten Gespräch.“

„Was hast du geantwortet?“

„Dass ich Kinder mag.“

„Und dann?“

„War das Gespräch vorbei. Wie kommt es, dass ich die Einzige in der Runde war, die nicht zur Familie gehört?“

„Es ist nicht so, wie du denkst.“

„Nein?“

„Ich habe meinen Eltern nur gesagt, dass ich in Begleitung komme. Das war nicht gelogen.“

„War es nicht. Aber du hast nichts dagegen getan, dass deine Familie sich ihre Gedanken macht.“

„Meine Mutter hat sich schon immer gefreut, wenn ich bei Familienzusammenkünften nicht allein war."

„Und deine Schwestern?"

„Esther ist nicht begeistert, das hat weniger mit dir als mit der neuen Erbfolge zu tun. Aber das ist alles unterschrieben. Allerdings habe ich kein Keuschheitsgelübde abgelegt; Charlie Chaplin war 73, als sein letztes Kind zur Welt kam, ich bin 38."

„Dann hast du noch 35 Jahre Zeit", lachte Fine.

„Ich halte mich nicht für einen so üblen Kerl. Gut aussehen muss ich nicht, dafür bin ich zu reich. Was ich nicht kann, ist, jemand finden, der mich will und nicht nur mein Geld."

„Das wird nicht einfacher, wenn die potenzielle Partnerin weiß, dass eine Verbindung und ein Kind mit dir dein Vermögen verzehnfachen würden, und sie dir deshalb nicht glaubt, dass es dir nicht doch ums Geld geht."

„Ein Teufelskreis. Es scheint, uns bleibt nichts anderes übrig als die Arbeit."

Fine stand auf, legte ihre Arme um Johns Schulter und flüsterte ihm ins Ohr: „Wieso uns? Dir bleibt nichts anderes übrig, ich habe die freie Auswahl."

„Ich kann dich nach Hause fahren", bot John an, nachdem alle anderen Gäste gegangen waren. Fine stimmte zu.

Als sie ihre Wohnung in Mountain View erreichten, fragte sie: „Kommst du auf einen Kaffee mit hoch?"

„Was ist mit deinem mexikanischen Vermieter?"

„Ist mit seiner Schwester auf dem Weg nach Deutschland."

„Wenn das so ist …", lachte John.

„In Deutschland nennt man das ‚sturmfreie Bude'", sagte Fine und servierte nach dem Kaffee noch einen Whisky.

„Das ist dieselbe Whiskymarke wie in meinem Büro", registrierte John.

„Ja", sagte Fine.

John stieß mit ihr an.

„Du bist wunderschön", sagte er und streichelte über Fines glänzendes Haar.

„Du gefällst mir auch“, sagte Fine, nahm Johns Hand und zog ihn ins Schlafzimmer.

„Es ist spät geworden. Wenn du willst, kannst du bei mir übernachten“, sagte Fine und begann, sich auszuziehen.

Sie ließ sich Zeit und genoss ihren Striptease.

Als sie nackt war und unter die Decke kroch, stand John angezogen vor dem Bett und schaute sie an.

„Du bist wunderschön“, wiederholte er und begann, sich Jacke, Hemd und Hosen vom Leib zu reißen.

„Nichts überstürzen“, sagte Fine, „wir haben es nicht eilig, gar nicht eilig.“

Sie streichelte ihn. Dann, ohne Vorwarnung, packte sie seinen Körper, setzte sich auf seinen Schoß und ritt mit ihm durch die Nacht, bis sie gemeinsam zum Höhepunkt kamen.

„Das war wunderschön“, sagte John beim Frühstück.

„Ja, fand ich auch“, sagte Fine, „vielleicht fallen dir noch andere Wörter ein als ‚wunderschön'. Ich liebe Abwechslung.“

„Ok“, sagte John, „sehen wir uns wieder?“

„Am Donnerstag, wenn ich die Agentur einweihe.“

Kapitel 65

Jan brauchte Zeit, bis er begriffen hatte, dass Stella und Geronimo, kaum hatte er nach ihnen gefragt, schon in Köln waren.

Britta verwehrte Geronimo den Eintritt: „Neue ärztliche Anordnung: Immer nur ein Besucher darf zu ihm."

Stella trat ins Krankenzimmer und erschrak, als sie sah, wie schwer es Jan fiel, sich aufzurichten.

„Du darfst dich nicht anstrengen."

„Wenn ich dich sehe, ist es keine Anstrengung, nur Freude. Komm, lass dich umarmen."

Stella zögerte. „Deine resolute Assistentin hat uns ermahnt, auf jeden Fall Abstand zu halten."

„Komm, bitte, nur einmal, ganz kurz."

Es wurde eine lange, innige Umarmung.

„Wie geht es den Kindern?"

„Sommerferien mit Edward. Noch zwei Wochen."

Stella stand auf: „Geronimo brennt darauf, dich zu sehen. Ich tausche mal den Platz mit ihm."

Geronimo stürmte an Jans Krankenbett: „Weißt du, wie Umarmung auf Spanisch heißt?"

„Ja", sagte Jan, „aber mir fällt das Wort nicht ein. Mir fallen sogar deutsche Worte oft nicht ein."

„Abrazo", sagte Geronimo, „un abrazo, in dem Wort spürt man richtig, wie die Arme, los brazos, zupacken."

Wie zum Beweis nahm Geronimo Jan fest in den Arm.

„Schön, dass ihr hier seid. Ich hatte mir das so gewünscht."

„Maria Magdalena hat angerufen. Aber da waren wir bereits auf dem Weg nach Köln. Wir wollten dich überraschen."

„Wunderbar", sagte Jan, „Britta soll dich in mein Büro bringen, Stella müsste schon dort sein, dann können wir uns in einer Videokonferenz unterhalten."

„Ich will auch Zeit direkt mit dir verbringen."

„Ihr könnt bei mir wohnen", sagte Jan, als Stella und Geronimo ihm aus seinem Büro zugeschaltet waren.

Jan erzählte seine Geschichte. Von seinem Geheimagenten aus dem Finanzministerium, „Schumi“ Schumacher, und seiner Reinigungsaktion des Warhol-Bildes.

„Das Rauschgift hat dir Edward untergeschoben“, sagte Geronimo.

Stella rang mit ihrer Fassung: „Geronimo, ich verstehe ja, dass du Edward nicht leiden kannst, aber er ist kein Dealer.“

„Bist du sicher? Ist doch ein perfektes Geschäftsmodell. Erst die Kunden mit Kokain abhängig machen, dann ihnen Schmerz- und Entwöhnungsmittel aus der eigenen Pillenfabrik verkaufen.“

„Hört auf mit dem Streit. Was das Kokain in dem Warhol-Bild angeht, liegt Geronimo wahrscheinlich richtig. Und die Waffe war auch in dem Bild versteckt.“

„Da bist du ja fein raus, dass nichts gefunden wurde“, sagte Stella, „ich habe nie verstanden, warum du unbedingt die Pistole nach Deutschland schmuggeln wolltest.“

„Hörst du unsere große Schwester“, sagte Geronimo, „immer weiß sie alles besser.“

„Sie hat recht“, sagte Jan, „allerdings nicht damit, dass ich fein raus wäre. Mein Privatdetektiv ist aufgeflogen und hat einen Bericht verfasst, in dem detailliert steht, was in dem Bild versteckt war und dass er alle Spuren beseitigt hätte.“

„Das ist übel“, sagte Geronimo.

„Ja“, sagte Jan, „vor allem, weil mein Detektiv tot ist. Die Regierung will aus dem Vertrag mit PowerBlood aussteigen. Die Amerikaner, genau genommen Bears, tun alles, um uns fertigzumachen. Dazu kommt: Ich habe Krebs. Die Behandlung schlaucht mich mehr, als ihr euch vorstellen könnt.“

„Doch, Bruder“, sagte Stella, „schau in den Spiegel, du siehst aus, als wärst du schon gestorben.“

„Vielleicht bin ich schon tot. Jedenfalls habe ich keine Kraft mehr, PowerBlood zu führen. Lydia hat gekündigt, der Rest der Belegschaft fühlt sich überfordert, was soll ich tun?“

Geronimo lief in Jans Büro nervös hin und her, manchmal blieb er vor dem vierfachen Warhol-Porträt Alejandras stehen.

„Manchmal“, sagte Jan, „fühle ich mich wie Goethes Zauberlehrling.“

„Kenne ich nicht“, sagte Geronimo.

„Es passieren katastrophale Dinge, die ich nicht beeinflussen kann. Hier, der Fall einer Frau, die nicht einmal meine Kundin ist. Ihr Antrag auf eine Lebensversicherung wurde abgelehnt, eben weil sie keinen PowerBlood-Chip hatte. Oder hier, ein junger Mann bekommt eine Stelle nicht, weil angeblich seine PowerBlood-Prognose ungünstig ist. Tatsächlich ist der Mann gesund, es gibt auch keine Gesundheitswarnung unseres Chips, trotzdem wird er abgelehnt. Ich werde seine Klage finanzieren. Das geht doch nicht, dass man meine Erfindung so missbraucht. Ich will das alles nicht.“

„Du sagst, du hast keine Kraft“, unterbrach Stella, „dann höre auf zu kämpfen.“

„Was ist das denn für ein Spruch?“, sagte Geronimo, „der könnte glatt von Maya sein. Wo ist sie überhaupt?“

„Maya ist in Kathmandu“, sagte Jan.

„Dann fahr nach Kathmandu“, sagte Stella.

„Soll ich mir einen Elektromotor an mein Bett schrauben?“

„Ja.“

„Und die Firma?“

Stella schaute auf den großen Wandmonitor, auf dem Jans Bild zu sehen war: „Du siehst müde aus.“

„Ich bin müde“, sagte Jan, „lasst uns morgen weitersprechen. Britta soll euch den Weg zu meiner Wohnung erklären. Ihr könnt meinen Wagen nehmen, er heißt ‚Willy' und ist rot.“

Geronimo hatte mit einem Tesla oder einem Mercedes als Jans Wagen gerechnet, stattdessen erwartete ihn ein Volkswagen Käfer, das einzige rote Auto auf dem PowerBlood-Firmenparkplatz, ansonsten dominierten Schwarz und Grau, manche Autos trugen wenigstens das rote PowerBlood-Herz auf der Karosserie.

„Wahnsinn, un vocho“, jubilierte Geronimo. Die Papiere wiesen ihn als Volkswagen 1200 L mit 34 PS aus, Baujahr 1976, Farbe: marsrot, hergestellt in Emden, Bundesrepublik Deutschland, nicht im mexikanischen Puebla, wie Geronimo gehofft hatte.

Trotz seines kleinen Motors fuhr „Willy“ problemlos im Kölner Verkehr mit, der mehr stand, als rollte.

Kaum hatten Stella und Geronimo Jans Wohnung betreten, bekamen sie Besuch über die Terrassentür: Gianna Berardi, die Nachbarin, und Kobe, der Lagotto, machten ihre Aufwartung.

„Jan hat mich informiert", sagte Gianna, „ich soll mich um euch kümmern. Zum Essen kommt Ihr bitte zu mir, der einfachste Weg ist durch den Garten."

Gianna hatte für fünf gedeckt, neben Stella, Geronimo, ihrem Sohn Adriano und ihr selbst erschien auch noch ein stattlicher Mann: „Das ist Walter Prüm, Jans bester Freund", sagte Gianna, „ich würde ihn auf der Stelle heiraten, aber er ist evangelisch."

„Das wäre Bigamie. Du bist verheiratet", sagte Walter.

„Ich bin Italienerin. Italiener lassen sich nicht scheiden, es sei denn, dass der Tod uns scheidet – durch Erschießen."

„Ihr seid eine ziemlich besondere Familie", sagte Stella.

„Stimmt", sagte Walter, „nehmen wir Gianna, man sieht es ihr nicht an, sie ist Vorsitzende des Aufsichtsrats von PowerBlood."

Gianna nickte.

„Damit sind wir beim Thema: PowerBlood und Jan, die Firma eures Bruders und euer Bruder selbst. Beiden geht es schlecht."

„Wir brauchen Zeit", sagte Geronimo.

„Wir könnten die US-Namensrechte verkaufen", sagte Stella.

„Dann mach mal", sagte Geronimo.

„Ich verkaufe sie. Hier und jetzt. Für einen Dollar."

„Die sind viel mehr wert."

„Und wenn ich sie an dich verkaufe?"

Geronimo holte einen Dollarschein aus seinem Portemonnaie: „Der Deal gilt. Es hat mich immer geärgert, dass ihr meinen Namen benutzt habt."

„Wir könnten die ganze Firma verkaufen", sagte Walter.

„Das würde Jan das Herz brechen", sagte Gianna.

„Nein", sagte Stella. „Jan spürt, dass der Traum von PowerBlood nicht so geworden ist, wie er geplant hatte. Ich glaube, er träumt von etwas anderem."

„Du meinst, jemand anderem", sagte Geronimo.

„Maya", sagte Walter.

Als Stella und Geronimo in den PowerBlood-Büros erschienen, überraschte Jan sie mit einer Ankündigung: „Walter hat mich über euer Essen informiert. Ich bin einverstanden, dass ihr die US-Namensrechte an PowerBlood verkauft, aber nicht die Firma."

„Ich könnte die Rechte Edward anbieten", sagte Geronimo.

„Mein künftiger Ex-Mann würde platzen vor Stolz, wenn er schafft, was Bears nicht geschafft hat", sagte Stella.

„Kann sein", sagte Jan, „Geronimo, du bekommst zehn Prozent Provision. Ich bekomme auch zehn Prozent, von denen ich wiederum zehn Prozent Prämie an die PowerBlood-Mitarbeiter der ersten Stunde zahlen werde."

„Auch an Lydia?", fragte Vera.

„Auch an Lydia", entschied Jan.

„Das ist nobel", sagte Geronimo.

„Noch was", sagte Jan, „wenn du 100 Millionen Dollar oder mehr erlöst, schenke ich dir meinen Käfer."

„Fantastisch. Ich rufe gleich Fine an, damit sie Edward Frost ein bisschen heißmacht."

Kapitel 66

Fines Eröffnungsparty begann um 18 Uhr.

Die von ihr engagierte Eventagentur hatte in fünf Tagen die triste Büroetage in eine Wüstenoase verwandelt, feinster Sand auf dem Fußboden, helle Tücher an Decken und Wänden, die Bar war eine Oase mit echten Palmen, das künftige Sekretariat ein Beduinenzelt mit Sitzkissen und Teppichen.

Das Büro der Chefin bildete den modernen Kontrapunkt: kein Sand, sondern weiße Bodenfliesen, weiße Möbel, weiße Ledergarnitur, silberne Monitore, silberne Computer, rotes Telefon, davor ein Schild: „Nur für VIP-Kundschaft".

Fine trug ein weißes, eng geschnittenes Kostüm und begrüßte jeden Gast einzeln.

Dreißig potenzielle Kunden plus Begleitung hatte sie eingeladen, dazu einige Reporter und Fotografen, alle waren pünktlich, außer John Bears junior.

Edward Frost war da. Er wirkte verstört und lallte: „Dein Vermieter ist doch Mexikaner. Welche Bedeutung hat eine Piñata? Mir hat jemand eine Puppe vor die Tür gelegt, die sah aus wie ich im schwarzen Anzug und war voller Blut. Das Einstecktuch war eine Tüte Zucker."

„Hast du mal geschmeckt?"

„Nein."

„Könnte auch was anderes sein. Kokain zum Beispiel."

„Hat dir das dein Vermieter beigebracht?"

„Mein Vermieter ist dein Schwager."

„Künftiger Ex-Schwager."

„Ich kenne die Piñata nur als Geburtstagsspaß. Man hängt sie auf und prügelt Geld oder Süßigkeiten aus ihr heraus. Am besten fragst du Geronimo selbst, hier ist seine Karte", sagte Fine. „Er wollte mit dir sowieso etwas Wichtiges besprechen. Irgendetwas mit den US-Namensrechten von PowerBlood."

„Ja, schon", stotterte Edward.

„Zur Eröffnung bitte Wasser mitbringen“, hatte Fine auf die Einladungskarten drucken lassen.

„Jetzt verstehe ich“, sagte David Cholon, den Fine für das Catering engagiert hatte, „niemand soll in der kalifornischen Beratungswüste verdursten“.

Fine stellte alle Wassergeschenke in das weiße Regal hinter ihrem Schreibtisch, vom preiswerten Plastikwasser aus dem Supermarkt über eine verkorkte Flasche mit Leitungswasser bis zu einem teuren Tropfen aus dem Himalaya war alles dabei.

Um 19 Uhr 30 trat sie ans Mikrofon, um eine Rede zu halten, die sie speziell für John Bears junior vorbereitet hatte. Doch der war nicht erschienen. Nur weil sie ihn beim Frühstück gehänselt hatte, ob er etwas anderes sagen könnte als „Das war wunderschön“, musste er doch nicht gleich beleidigt sein. Männer!

„Ladies and Gentlemen“, begann sie, „manchmal überrascht einen das Leben. Vor zwei Wochen hatte ich keine Ahnung, dass ich heute hier stehen würde, um meine Agentur einzuweihen. Ich bin Ihnen dankbar, dass Sie meiner Einladung gefolgt sind. Wenn Sie das nächste Mal kommen, wird die Wüste zu einer blühenden Bürolandschaft geworden sein mit – hoffentlich – den besten Mitarbeitern, die ich noch finden muss. Wer Interesse hat, mag sich bitte melden.“

Beifall und Gelächter unterbrachen sie.

„Eines ist aber sofort startklar, das rote Telefon für meine VIP-Kunden. Ich will Ihnen ein Geheimnis verraten, es gibt hier überhaupt kein anderes Telefon als das rote Telefon, Sie alle sind VIPs, wenn Sie meine Kunden werden.“

Fines Handy klingelte.

„Oh, es gibt doch noch ein Telefon, aber das ist privat. Entschuldigen Sie.“

Fine nahm das Handy, um es auf leise zu stellen, als sie sah, dass John Bears der Anrufer war.

„Ja?“, sagte sie kurz.

„Ich stehe vor der Tür.“

„Du bist zu spät. Wir haben abgeschlossen.“

„Dann mach auf, bitte.“

John Bears ließ sich von einer Garde aus einem Dutzend seiner Roboter begleiten, sechs Frauen, sechs Männern, die Männer sahen aus wie John Bears, die Frauen wie Fine Weber.

„Du bist wunderschön", sagten die Robotermänner mit Bears' Stimme zu jeder Frau im Saal und auch immer wieder zu den Roboterfrauen, die Roboterfrauen sagten stattdessen „Ich liebe Abwechslung", und sie sagten es zu den männlichen Partygästen und zu ihren Roboterbegleitern.

John Bears selbst ging hinter seinen Roboterhelfern her, auf der Schulter trug er einen Zwanzig-Liter-Kanister mit Wasser und wuchtete ihn auf Fines Schreibtisch.

„Du bist wunderschön", sagte John zu Fine.

„Ich liebe Abwechslung", sagte Fine und umarmte John.

„Das kann man laut sagen", grölte eine Männerstimme, Edward Frost, der in Richtung des Schreibtischs schwankte.

„Ist dir nicht gut?", fragte Fine besorgt.

„Du bist nicht gut", lallte Frost, „ich liebe Abwechslung, kann ich bestätigen, du treibst es mit jedem, wenn er reich ist."

John Bears posierte in Linksauslage, um auf Edward einzuprügeln, Fine hielt ihn zurück.

Edward Frost sackte ohne Fremdeinwirkung zu Boden, sein Kopf landete unter dem großen Wasserkanister.

Fine öffnete den Hahn, die Flüssigkeit lief Frost ins Gesicht wie der französische Wein den „Chevaliers de la table ronde".

„Entschuldigen Sie die Unterbrechung", wandte sich Fine wieder an ihre Gäste. „Wie Sie sicher alle wissen, waren Mr. Frost und ich eng befreundet; wie Sie sicher auch wissen, lässt sich Mr. Frost scheiden; was Sie vielleicht noch nicht wussten, dass auch wir unser Verhältnis beendet haben. Und, falls es Sie interessiert, ich habe einen neuen Freund."

Fine zeigte auf John, was die Gäste mit Lachen, Beifall und Bravo-Rufen aufnahmen.

Nur John war verunsichert: „Du meinst mich?", fragte er.

„Ich liebe Abwechslung", sagte Fine und küsste ihn auf den Mund, als wäre es ihr Hochzeitskuss.

Es kostete Fine einige Überredungskunst, die anwesenden Reporter zu überzeugen, dass sie Edward Frosts Auftritt vergessen sollten, dafür dürften sie über die Lovestory von ihr und John Bears junior berichten, die beiden stellten für die Fotografen sogar den Kuss noch einmal nach.

John gewöhnte sich langsam an die Rolle an Fines Seite: „Meine Familie wird ausflippen."

„Deine Familie ist mir egal", sagte Fine, „ich habe dich gemeint, dich ganz persönlich."

Die Berichterstattung am nächsten Tag war speziell: Fines Agentur und die Party bekamen beste Kritiken („wie Wasser in der Wüste"), die größten Schlagzeilen machte Fines Verbindung mit John junior, weil sie die Spekulationen um den Erbfolgekrieg im Bears-Konzern beflügelte; den Rest erledigte die Mund-zu-Mund-Propaganda, und sie erledigte vor allem Edward Frost, der in der Presse nicht erwähnt wurde, außer dass sein Name als einer unter vielen in der exklusiven Gästeliste erschien, die Fine zum Abdruck freigegeben hatte.

Kapitel 67

„Willy gehört mir", sagte Geronimo stolz beim PowerBlood-Meeting am Montag, „ich habe schon einen Flug gebucht, 9000 Euro, nur für den Wagen, aber dann habe ich Willy am Wochenende in Los Angeles."

„Du willst am Wochenende nach Hause?", fragte Stella.

„Ich muss."

„Wieso Los Angeles?", fragte Stella.

„Weil der Frachtflieger dort landet."

„Nicht so schnell", meldete sich Finanzchef Björn Eisenstein, „der VW Käfer steht Ihnen erst ab einem Erlös von 100 Millionen Dollar zu."

„So ist es", sagte Geronimo immer noch gut gelaunt.

„Ich habe keinen Zahlungseingang", beharrte Björn.

„Beachten Sie die Zeitverschiebung. Kalifornien ist neun Stunden hinter uns. Die schlafen noch."

„Du hast wirklich was verkauft?", schaltete sich Jan über Monitor ein. Der PowerBlood-Chef hing wieder an seinen Versorgungsschläuchen.

„Ja, Halbbruderherz. Ich habe 300 Millionen Dollar erzielt und das nur für die nordamerikanischen Rechte an PowerBlood."

„Ich hatte schon mal einen Vertrag über 350 Millionen Dollar", sagte Stella.

„Ja, liebste Schwester, aber du hast den Vertrag zerrissen. Ich habe 300 Millionen Dollar erlöst, die es wirklich gibt. Käufer ist nicht Bears, sondern …"

„… sag schon", drängelte Stella.

„Käufer ist mein zukünftiger Ex-Schwager beziehungsweise seine Firma FrostPharma, vertreten durch Edward Frost."

„Das gefällt mir", sagte Stella.

„Es begann am Donnerstagabend 22 Uhr kalifornischer Zeit", erzählte Geronimo, was sieben Uhr morgens am Freitag Kölner Zeit bedeutete. Edward Frost rief an.

„Er war nicht ganz nüchtern“, fuhr Geronimo fort, „er erzählte, dass er der Liebhaber von Fine Weber, meiner Mieterin, gewesen wäre, aber jetzt hätte sie eine Affäre mit John Bears junior. Von Fine wüsste er, dass ich die nordamerikanischen Namensrechte an PowerBlood verkaufen wollte. Ich sagte, ich hätte die Absicht, die Rechte John Bears anzubieten, ob er das vermitteln könnte. Das könnte er, aber es wäre ihm lieber, selbst als Käufer aufzutreten. ‚Sie wollen auf eigene Rechnung weiterverkaufen?', habe ich gefragt, darauf er: ‚Schon möglich'.“

„Mir geht das zu schnell“, schaltete sich Kruschew ein, „Frost ist ein Kapitalist, der will dich übers Ohr hauen.“

„Kann sein“, stimmte Geronimo zu, „aber glaube mir, ich war vorsichtig, weil ich Frost ein bisschen kenne.“

„Wie ging es weiter?“, fragte Jan.

„Frost bestand darauf, Anwälte einzuschalten“, sagte Geronimo.

„Ein vernünftiger Vorschlag“, stimmte Norma zu, „ich kann mich nicht erinnern, dass du mich kontaktiert hättest.“

„Wir haben uns auf Frosts Anwälte geeinigt.“

„Das findest du nicht merkwürdig?“, sagte Kruschew.

„Warum? Wir haben am Samstag einen Vertragsentwurf abgestimmt und am Sonntag online unterzeichnet. Darin steht klipp und klar, dass der Vertrag erst wirksam wird, wenn ich den Eingang von 300 Millionen Dollar auf meinem Konto bestätigt habe. Ich hatte 400 Millionen gefordert, er 200 Millionen geboten, ich habe ihn an die 350 Millionen erinnert, die Bears zahlen wollte, geeinigt haben wir uns auf 300 Millionen. Die Überweisung soll am Montag, also heute, veranlasst werden.“

„Das Geld ist nicht da“, sagte Banker Markus Thaler.

„Es war Wochenende. Ich bin sicher, dass das Geld heute kommt. Auf mein Konto. Ich schicke es an euch weiter.“

„Warum auf dein Konto?“, hakte Thaler nach.

„Weil es meine Rechte waren, die ich verkauft habe. Offiziell hat PowerBlood damit gar nichts zu tun. Und wenn ihr mich weiter ärgert, überlege ich es mir, behalte das Geld und kaufe mir hundert VW Käfer.“

Am Montag, 9 Uhr Ortszeit San Francisco und 18 Uhr Kölner Zeit, überwies FrostPharma 300 Millionen Dollar auf ein Konto von Geronimo Rodriguez in San Diego, der amerikanischen Nachbarstadt seines mexikanischen Wohnortes Tijuana, wo sie am Nachmittag verbucht wurden, sodass der Vertrag über den Verkauf der nordamerikanischen Markenrechte an PowerBlood am selben Tag in Kraft treten konnte. Geronimo verfolgte die Transaktion von Köln aus, wo er in Jans Wohnung online Zugriff auf seine Konten hatte.

„Frost hat pünktlich gezahlt", verkündete er stolz. Stella, Gianna, Walter und Jan applaudierten.

Geronimo nahm telefonisch Kontakt zu seiner Bank in San Diego auf. Zehn Prozent, 30 Millionen, waren seine Provision, 270 Millionen Dollar sollten auf das PowerBlood-Konto in Amsterdam überwiesen werden, wo sie am Dienstag Ortszeit eintrafen und von wo aus Joris van de Kerk, stellvertretender Europachef, 30 Millionen Dollar auf Jan Christian Bachs privates Konto schickte.

„Ich kann Ihnen ein paar Tage Heimaturlaub geben", sagte Frau Dr. Krüger, „Sie müssen weiter vorsichtig sein, Sie sollen zu Kräften kommen, dann werden Sie auch die nächste Runde Chemotherapie schaffen."

„Sie meinen wirklich? Ein Tag außerhalb des Krankenzimmers? Keine Blutabnahmen? Keine Infusionen?"

„Sie haben es sich verdient."

Während Stella und Geronimo einen Ausflug mit dem roten Käfer genossen, Jan hatte ihnen das Brühler Schloss empfohlen, erlebte Jan einen Sommertag zu Hause, gemütlich im Sonnenstuhl auf seiner Terrasse, draußen und doch im Schatten.

Gianna bekochte ihn, Walter munterte ihn auf und hielt den Lagotto davon ab, sein ehemaliges Herrchen von den Haaren bis zu den Socken abzuschlecken.

Jan hatte Maria Magdalena angewiesen, ihm eine Nachricht zu schicken, falls sich sein Kontostand verändern würde, am Mittwochmorgen meldete die elektronische Assistentin den Eingang von 30 Millionen Dollar und begleitete die Nachricht mit dem Abba-Song „Money, money, money".

Jan überwies eine Summe von insgesamt drei Millionen Dollar zu gleichen Teilen an die PowerBlood-Mitarbeiter der ersten Stunde: Lydia, Britta, Björn, Vera, Maria-Carmen, Wladimir, Ibrahim und Maya – 375.000 Dollar „Prämie“ für jeden.

Es war nicht alles vergeblich, dachte Jan und spürte erstmals seit vielen Wochen etwas Zufriedenheit.

Wer hatte noch eine Prämie verdient?

Er fragte den Lagotto, solange der mit dem Schwanz wedeln würde, würde er das als Zustimmung werten. Jan sagte fünf Namen: Norma, die Anwältin, Gianna, Markus und Olaf, seine Aufsichtsräte, Walter, sein bester Freund; der Lagotto hörte nicht auf, mit dem Schwanz zu wedeln.

„Jetzt ist aber mal gut“, lachte Jan und rechnete: Das wären noch fünfmal 375.000 Dollar oder 1.875.000 Dollar insgesamt, blieben ihm aus dem Rechte-Geschäft 25.125.000 Dollar. Jan schaute den Hund an: „Ich mach das einfach.“

„Du machst den Hund völlig verrückt“, sagte Walter, der mit Gianna Frühstück vorbereitet hatte.

Jan grinste, „mir egal“, und schickte die fünf Extra-Prämien los und war glücklich.

Kapitel 68

Als Edward Frost nach Hause kam und stolz von seinem Geschäft mit den PowerBlood-Rechten berichten wollte, überfiel ihn seine künftige Frau Elizabeth mit einer Schimpftirade: „Stimmt es, was sich die ganze Stadt erzählt, dass du dich mit John Bears junior geprügelt hast, betrunken vor Eifersucht, weil der eine neue Freundin hat, mit der du mal zusammen warst?"

„Wir haben uns nicht geprügelt", wandte Edward ein.

„Aber du bist zu Boden gegangen."

„Ja, schon möglich. Ausgerutscht."

„Was ist mit dieser Frau?"

„Nichts ist mit dieser Frau. Nicht mehr. Wir hatten ein Verhältnis. Aber das ist aus. Ich bin doch mit dir zusammen. Und scheiden lasse ich mich auch."

„Was habe ich davon? Diese ominöse Einweihungsparty war mit Begleitung. Hast du mich mitgenommen?"

„Ich war nicht der Einzige ohne Begleitung."

„Du hättest mich mitnehmen können. Diese Frau macht öffentlich mit John Bears rum und alle feiern sie dafür. Mich kennt niemand. Weil du zu feige bist, dich zu mir zu bekennen."

„Wir hatten das besprochen. Nach der Scheidung."

„Das ist eine Ausrede. Das ganze Valley weiß, dass du und Stella auseinander seid. Wahrscheinlich weiß das Valley sogar, dass ich der Scheidungsgrund bin. Oder ist es etwa diese andere?"

„Nein, du bist der Scheidungsgrund. Mit der anderen das war eine rein geschäftliche Verbindung, ich habe sie bezahlt."

„Ich will, dass unsere Beziehung öffentlich wird."

„Wie bitte soll das gehen?"

„Lass uns eine Verlobungsparty geben."

„Geht das, Verlobung, wenn man noch verheiratet ist?"

„Der Heiratsantrag ging schon mal. Du hast gefragt, ich habe ‚Ja' gesagt. Den Rest soll dein Anwalt klären."

Für den Anwalt war das Problem schnell gelöst: „Solange Sie verheiratet sind, hat eine Verlobung keinerlei Rechtswirksamkeit. Warten Sie, bis Sie geschieden sind, es sind doch nur ein paar Tage."

„Sie kennen Elizabeth nicht so gut wie ich", sagte Edward.

„Ich kenne sie gut genug, um zu wissen, dass sie intelligent ist. Ihnen wird schon etwas einfallen, um sie zu besänftigen."

Edward war verärgert: „Warum sollte ich sie besänftigen müssen, hat man Ihnen auch diese Story erzählt?"

„Edward, beruhigen Sie sich, alle kennen diese Geschichte. Benehmen Sie sich wie ein Mann, dann stehen Sie am Ende als der großartige Liebhaber da, der Sie sein wollen."

„Wir könnten eine Housewarming Party veranstalten."

„Wo ziehen Sie denn hin?"

„Na ja, ich denke, wir ziehen in Elizabeths Haus, wenn sie zustimmt, wird das unser neues Zuhause."

„Dann haben Sie einen Plan. Ich kümmere mich um die Scheidung. Termin ist Freitag in einer Woche."

Als Edward von seinem Gespräch mit dem Anwalt berichtete, war Elizabeth friedlicher, als er befürchtet hatte. „Ist doch klar, dass eine Verlobung nicht geht, wenn einer verheiratet ist."

„Ich möchte mit dir zusammenziehen", sagte Edward.

„Wir leben doch zusammen."

„Ich möchte, dass dieses Haus unser gemeinsames Heim wird."

„Du willst zu mir ziehen? Kein neues Haus?"

„Dann könnten wir schon morgen zu einer Housewarming Party einladen und unsere Beziehung offiziell bekanntmachen."

„Das kommt etwas plötzlich."

„Die Party muss ja nicht sofort sein, wir schicken die Einladung raus und planen die Party, sagen wir, für Ende September. Dann hätten wir Zeit für die Vorbereitung."

„Ja, das ginge. Und nächste Woche wirst du geschieden?"

„Ja, morgen in einer Woche."

„Dann könnten wir mit der Einladung bis danach warten und gleich eine Verlobungsfeier ankündigen."

„Könnten wir."

„Dann machen wir es so. Erst Scheidung, dann Verlobung."

„Ich liebe dich", sagte Edward.

„Ich dich auch", sagte Elizabeth.

Und endlich erzählte Edward von seinem Geschäft mit Geronimo. „Ich habe für die amerikanischen Rechte an PowerBlood 300 Millionen Dollar bezahlt, Bears wollte sie für 350 Millionen haben, ich werde sie ihm für 400 Millionen verkaufen."

„Hundert Millionen Gewinn, das wäre nicht übel."

Kapitel 69

Jan Christian Bach fühlte sich wie der Weihnachtsmann.

Es war Freitag, als Gianna und Walter registrierten, dass er ihnen je 375.000 Dollar überwiesen hatte, und sich bedankten.

Banker Markus Thaler rief an, er wüsste gar nicht, ob er das Geld annehmen dürfte. Jan beruhigte ihn: „Nimm es als eine Prämie für deine erfolgreiche Tätigkeit im Aufsichtsrat."

Rechtsanwältin Norma Markovic kam mit einer Flasche Champagner in seine Wohnung: „Was hast du getan? Du hast jede meiner Rechnungen längst bezahlt."

„Ich wollte Danke sagen, was ja zu Beginn unserer Bekanntschaft nicht meine Stärke war."

Am Montag musste er zurück in seine Krankenstation in der PowerBlood-Zentrale. Bevor er sich ins Bett legte, stattete er seinem Büro einen Besuch ab – und ertrank in einem Meer aus blauvioletten Jacaranda- und roten Ceibo-Blüten.

„Britta", rief er, „ihr wisst doch, dass ich keine Blumen haben darf."

„Diese schon", sagte die Assistentin, die den Rest der Belegschaft zusammengetrommelt hatte, die sich mit ausreichend Abstand im Vorzimmer aufreihten.

Jan schnüffelte an den Blüten und roch nichts, er tastete sie mit den Händen ab, sie fühlten sich lebendig an.

„Die sehen echt aus, die müssen ein Vermögen gekostet haben", sagte er und wischte ein Tränchen aus seinen Augen.

„Haben wir zusammengelegt. Irgendwie fühlen wir uns trotzdem viel reicher als vor einer Woche", sagte Wladimir Kruschew.

Jans Krankenzimmer war geschmückt, nicht mit Plastikpflanzen, sondern mit zwei großformatigen Fotos, eines zeigte den Bodhi-Baum, eine Pappelfeige, unter der der Buddha einst Erleuchtung fand, das zweite zeigte einen rotblühenden Rhododendron-Strauch, die Nationalblume Nepals, die sogar im Wappen des Staates Platz gefunden hatte.

„Maya hat uns die Dateien geschickt", sagte Britta, „wir sollten sie ausdrucken und für dich rahmen lassen."

„Hast du mit Maya gesprochen?", fragte Jan.

„Ich nicht, aber Vera", sagte Britta.

Vera Salm hatte seit Lydias Kündigung kaum ein Wort mit Jan gewechselt. Fürchtete sie ihre Entlassung, weil sie als Lydias Freundin eingestellt worden war?

„Ich bin froh, dass es dir besser geht", sagte Vera, als sie an Jans Bett trat, „und danke für alles."

„Ich danke dir. Du hast mit Maya gesprochen?"

„Sie meinte, ich könnte am besten mit der Bilddatei umgehen."

„Die Fotos sind schön geworden. Was hat Maya gesagt? Hat sie etwas über mich gesagt?"

„Nicht wirklich. Sie wollte, dass die fertigen Fotos in deinem Krankenzimmer aufgehängt werden."

„Sonst nichts?"

„Damit du an sie denkst, ja, das hat sie gesagt, damit du öfter an sie denkst. Und dann hat sie gefragt, wie es dir geht. Ich habe ihr von deinem Heimaturlaub erzählt und dass die Behandlung gut angeschlagen hätte."

„Das war nett von dir", sagte Jan.

Vera ging zur Tür, drehte sich noch einmal um.

„Hast du etwas auf dem Herzen?"

„Ja", sagte Vera und kam zwei Schritte zurück: „Lydia hat sich bei mir gemeldet. Sie war völlig überrascht über die Prämie."

„Ich fand es richtig so."

„Ich soll dir sagen, dass sie das Geld annehmen wird."

„Sie hat es verdient. Falls du sie sprichst, wünsche ihr Glück für Brüssel. Beim letzten Mal habe ich mich im Ton vergriffen."

„Das hatte sie auch verdient", sagte Vera.

Kapitel 70

Wenn Jan die Rollläden nachts geöffnet ließ, fiel der Schein der pulsierenden PowerBlood-Neonreklame in sein Zimmer, genau auf die Wand, vor der das Bett seines Vaters gestanden hatte und wo jetzt die Bilder aus Nepal hingen. Fünf Sekunden Licht, drei Sekunden Dunkelheit, fünf Sekunden Licht. Das Licht ließ die Rhododendron-Blüten aufleuchten, der Bodhi-Baum blieb im Dunkeln, als hätten gute Geister das genauso geplant.

Er dachte an Maya.

Die Uhr in Kathmandu lief der in Köln um vier Stunden und 45 Minuten voraus. Zu spät in der Nacht.

Jan schrieb auf einen Klebezettel „Maya anrufen" und heftete ihn an die Fernbedienung seines Bettes.

Um sechs Uhr stand Schwester Elizaveta im Zimmer: Tabletten einnehmen, Fieber, Puls und Sauerstoffgehalt des Blutes messen, zur Toilette gehen und Urin abgeben, durchspülen des zentralen Venenkatheters, vier bis fünf Röhrchen Blut abnehmen, Ansetzen der verordneten Flaschen, Warten auf die Ärztin mit dem Chemotherapie-Beutel.

„Wie geht es uns heute", fragte Cynthia Krüger, Jan hätte etwas vermisst, wenn sie diesen Spruch nicht gebracht hätte. Sie wartete keine Antwort ab, sondern sagte: „Offensichtlich geht es Ihnen gut, hoffentlich nicht zu gut, um so mehr müssen wir wieder kaputtmachen."

„Wäre es so gesehen nicht einfacher, Sie ließen mich sterben?", fragte Jan.

„Sie ahnen nicht, wie die Körper am Leben hängen, so ohne Weiteres stirbt man nicht."

„Sie sind Ärztin, Sie kennen bestimmt Mittel."

„Herr Bach. Es gibt gute Nachrichten. Wir haben ein neues Medikament. Es ist in der Lage, Ihre Krebszellen gezielt zu attackieren und die anderen Zellen nicht anzugreifen. Wir haben uns überlegt, Ihnen das zu geben."

„Und woran scheitert das?"

„Das Medikament ist nicht billig."

„Also teuer."

„Für Privatpatienten kosten viermal achtundzwanzig Kapseln etwa 16.000 Euro, Kassenpatienten zahlen zehn Euro."

„Das ist günstig."

„Sie sind Privatpatient, oder?"

„Ja."

„Sollen wir Ihnen das Medikament geben?"

„Wenn es medizinisch sinnvoll ist."

„Es muss in der jetzigen Phase begleitend zur Chemotherapie verabreicht werden."

„Das werde ich auch noch überstehen."

„Dann bekommen Sie ab morgen früh zwei Tabletten mehr. Elizaveta wird Ihnen den Zettel mit den Nebenwirkungen bringen, Sie kennen das ja schon, alles möglich, von Genesung bis Tod."

Um acht Uhr brachte Dana das Frühstück.

„Britta", rief er seine Assistentin, „was tut Dana hier? Ich hatte angeordnet, sie stillzulegen."

Die Antwort kam von der Roboterin: „Wladimir hat getan, was du angeordnet hast, und mir das Ladegerät weggenommen. Als du letzte Woche deinen Heimaturlaub hattest, hat mich Ibo gefunden."

„Welcher Ibo?"

„Ibrahim Özil, dein Programmierer. Er hat gleich gecheckt, was mir fehlte, und mir ein neues Ladegerät gebaut, das mich doppelt so schnell auflädt wie das alte."

„Britta, du hättest das unterbinden müssen."

„Wollte ich, aber …"

„Ibo hat noch etwas verändert", sagte Dana, „er hat die Internetverbindung zu meinem Schöpfer Bears gekappt und durch eine neue ersetzt, die nur über das PowerBlood-Netzwerk funktioniert. Damit ich nichts nach außen tragen kann."

„Internet ist Internet, da gibt es immer Lücken."

„Stimmt", sagte Dana, „aber alles, was ich empfange oder sende, wird auf PowerBlood-Servern aufgezeichnet und kann jederzeit kontrolliert werden. Kruschew hat das überprüft."

„Kruschew steckt da auch mit drin?“

„Alle haben sich über Danas Rückkehr gefreut“, sagte Britta.

„Ich muss nachdenken. Ich werde das später entscheiden.“

„Wenn du mich nicht mehr willst“, sagte Dana traurig, „dann lass mich einschmelzen und begrabe mich neben deinem Vater auf dem Melaten-Friedhof.“

Jan nahm die Fernbedienung seines Bettes in die Hand, um die Rückenlehne höher zu stellen, dabei fand er den Zettel wieder, den er am Abend geschrieben hatte: Maya anrufen.

In Nepal war es kurz nach drei Uhr nachmittags.

Er war nervös.

Wie lange hatte er Maya nicht mehr gesehen?

Wie lange war es her, dass sie sich geliebt hatten?

Es war am Tag vor seiner ersten Chemotherapie gewesen. Es musste der 8. Juli gewesen sein. Heute war der 13. August. Fünf Wochen und ein Tag waren vergangen. Ein paar Tage nach dem 8. Juli war Maya nach Kathmandu geflogen.

Jan startete mit seinem Handy die Videoverbindung.

„Oh, du bist es, Jan“, sagte Maya und war überrascht, freudig überrascht, wie Jan empfand.

„Ich hatte Sehnsucht nach dir“, sagte er.

„Ich wollte dich auch gerade anrufen. Danke für die Spende.“

„Es war keine Spende, es war eine Prämie.“

„Du siehst gut aus“, sagte Maya.

Jan wechselte von der Selfiekamera auf die normale Kamera und visierte die beiden Fotos aus Nepal an: „Siehst du?“

„Gefallen sie dir?“

„Ja, sehr. Vielen Dank.“

„Ich würde mir so wünschen, dass du gesund wirst und zu uns nach Kathmandu ziehst.“

„Zu dir und wem?“

„Zu mir und deinem Kind.“

„Du bist …?“

„Ich bin schwanger.“

„Seit wann weißt du es?“

„Vor zwei Wochen hat dein Chip den ersten Hinweis gegeben."

„Warum hast du mich nicht sofort angerufen?"

„Weil ich sicher sein wollte. Letzte Woche habe ich einen Schwangerschaftstest gemacht, so einen einfachen aus der Apotheke, er war positiv."

„Da hast du mich auch nicht angerufen."

„Heute Morgen war ich beim Arzt. Er hat es bestätigt. Du wirst Vater."

Eine Glückswelle durchlief seinen Körper, dann sagte er: „Du wirst Mutter."

„Ja. Auch. Ich bin so glücklich. Jetzt, ausgerechnet jetzt, rufst du an. Es wäre so schön, wenn du bei mir wärst."

Jan breitete seine Hände aus: „Komm, ich muss dich drücken."

Maya spiegelte seine Umarmung.

„Das tut so gut", sagte sie.

„Wann ist es so weit?"

„Der Arzt sagt, dass unser Kind Ende März zur Welt kommen müsste, wenn alles normal verläuft."

„Dann wird es ein Frühlingskind."

„Der März ist schön in Kathmandu, es ist angenehm warm, aber es regnet nicht so viel wie in den Sommermonaten."

„Ich will dabei sein. Ich will die Geburt mit dir gemeinsam erleben. Ich liebe dich."

„Ich liebe dich, Jan. Ich werde beten, dass du gesund wirst. Ich kann auch zu dir nach Köln kommen."

„Wir werden Pläne machen. Du musst vorsichtig sein. Du musst jetzt auf zwei Menschen aufpassen."

„Auf drei Menschen, Jan, du gehörst dazu."

Kapitel 71

In der Nacht wurde Jan durch Lärm geweckt. Irgendwer, vermutlich Britta, schrie: „Du darfst da nicht rein."

Eine Frauenstimme rief: „Es ist wichtig."

Die Tür flog auf und Lydia Wellmann stand in Jans Zimmer: „Schnell, gegen dich gibt es einen Haftbefehl. Du musst weg, so schnell es geht."

Lydia zog Jans Bettdecke weg.

„Ich kann nicht. Ich hänge an den Schläuchen."

„Mitnehmen. Oder, besser, abmachen. Wer kann die abmachen?"

„Die Schwestern würden mich nie gehen lassen."

„Ich mach das", sagte Dana.

„Wohin soll ich denn?"

„Kruschew wird dich verstecken."

„Ich muss ein paar Sachen mitnehmen."

„Keine Zeit."

Jan packte Laptop, iPad, Ladegeräte und was er auf die Schnelle greifen konnte, in seine Übernachtungstasche.

Kruschew kam: „Der Wagen ist startklar. Hier zieh das an."

Der Russe warf Jan einen schwarzen Kapuzenpullover mit FC-Köln-Aufdruck zu. „Kapuze über den Kopf", befahl er.

Jan hörte Lydia sagen „Ich verschwinde."

„Was passiert hier?" Björn Eisenstein stürmte ins Krankenzimmer und stellte sich Kruschew in den Weg.

„Jan Christian Bach wird entführt, siehst du doch. Wahrscheinlich von der Mafia russischen."

„Du bist doch der Entführer", schrie Björn.

„Und du bist ein Dummkopf, wenn du das glaubst", schrie Kruschew zurück, „falls jemand fragt, sagt ihr am besten gar nichts, denn ihr wisst gar nichts."

Kruschew rammte den Finanzchef aus dem Weg und trieb Jan vor sich her: „Los, rauf auf die Dachterrasse."

„Du hast gesagt, der Wagen ist startklar."

„Ist eher ein Hubschrauber. Wichtig: Handy ausschalten, Uhr auf Flugmodus, überhaupt alles ausschalten, was irgendeine Netzverbindung haben könnte.“

Auf der Dachterrasse erwartete sie eine Drohne, die wie eine Spinne und zerbrechlich aussah: sechs filigrane Beine mit Rotoren und eine Gondel in der Mitte.

„Da sollen drei Leute rein?“

„Wieso drei? Du und ich, wir sind nur zwei.“

„Und der Pilot?“

„Ich bin der Pilot.“

Kruschew passte Jan einen Rucksack an, „das ist dein Fallschirm“, und stattete sich entsprechend aus.

„Warum brauche ich einen Fallschirm?“, fragte Jan.

„Ist sicherer“, sagte Kruschew.

Als die Drohne abhob, tat sie das mit so hoher Geschwindigkeit, dass Jans Magen den Kopf überholte und wieder zurückschwang wie früher auf der Achterbahn.

„Kannst du auch langsam?“, fragte Jan.

„Schau nach unten, siehst du die vielen Lichter? Alles Streifenwagen auf dem Weg zu PowerBlood“, sagte Kruschew, „wenn du nichts gegen Polizeikontakt hast, kann ich dich abwerfen.“

„Muss nicht sein, aber denk dran, ich bin krank.“

„Gebe ich jetzt Gas“, sagte Kruschew.

Die Vorwärtsbeschleunigung drückte Jan in den Sitz.

„Wie schnell sind wir?“, fragte Jan.

„Nicht schnell, das ist keine Rennmaschine. Wir schaffen knapp 100 km/h. Aber in der Stadt ist das ein Superwert.“

Kruschew steuerte die Drohne im Tiefflug über Bäume und Hausdächer, nur selten nutzte er den Raum über den Straßen.

„Wohin fliegen wir?“, fragte Jan.

„Nach Westen. Haben wir eine Reichweite von 150 bis 200 Kilometern, mit etwas Glück kommen wir bis Holland oder Belgien.“

„Unsere PowerBlood-Chips. Die melden, wo wir sind.“

„Meiner meldet nichts, wie du weißt.“

„Ich wollte dich rauswerfen.“

„Gut, dass du es nicht getan hast."

„Wieso?"

„Erstens wärst du jetzt nicht mit mir in der Luft, was ja nun wirklich ein Erlebnis ist …"

„Was das erst für ein Erlebnis wird, wenn die uns abschießen."

„Warum sollten sie?"

„Weil mein Chip ihnen verrät, wo wir sind."

„Tut er nicht."

„Tut er doch."

„Nein", widersprach Kruschew, „ich habe dir einen meiner manipulierbaren Wunderchips implantiert, für den Fall der Fälle. Du hast geschlafen, du hast nicht mal was gemerkt. Außerdem war ich dir was schuldig."

„Du mir etwas schuldig?"

„Erinnerst du dich an mein Einstellungsgespräch? Kam ich zu spät. Du hast dich trotzdem mit mir unterhalten. Du hast mich nach drei Gründen gefragt, warum du mich einstellen solltest. Ich habe dummes Zeug geredet, dass ich gut Billard spielen könnte, dass ich arbeitslos wäre und dass ich etwas erfunden hätte, ein Programm, das die Datenausgabe von Mikrochips beeinflussen könnte, ohne unnötige Spuren zu hinterlassen. Dieses Programm steuert den manipulierten Chip, mit dem ich dich geimpft habe, er ist der Tarnumhang, der dich unsichtbar macht."

„Ich habe zwei Chips?"

„Ja, aber deinen Originalchip habe ich deaktiviert und den neuen aktiviert. Der hat alle deine alten Daten, kein Mensch wird den Unterschied bemerken, nur die Übermittlung der GPS-Daten ist verändert. Ich habe einen Zufallsgenerator eingebaut, der deine echte Bewegung analysiert und durch andere Werte ersetzt."

„Und, wo bin ich?"

„Keine Ahnung. Um das zu sehen, benötigte ich einen Computer. Bis zum Beweis des Gegenteils glaube ich einfach, dass du neben mir sitzt."

„Wieso hat Lydia uns gewarnt?"

„Was weiß ich? Vielleicht warst du gut zu ihr."

„Wann hat sie sich bei dir gemeldet?"

„Erst heute Nacht. Ich musste improvisieren."

Sie hatten den westlichen Stadtrand erreicht und flogen über endlose Felder und qualmende Kraftwerke.

Jan genoss den Flug.

„Warum hast du mich damals eigentlich eingestellt?“, fragte Kruschew.

„Willst du die Wahrheit wissen?“

„Ja.“

„Weil ich keine Ahnung von Personalführung hatte. Ich habe dich genommen, weil du für mich den besten Ingo-Wert aller Bewerber hattest. Ich habe Mitarbeiter gesucht, die sich nicht langweilen, sondern für den Job brennen. Die sich reinhängen, wie ich mich reinhänge. Und dieses Engagement bewerte ich mit ‚Ingos'. Je weniger Ingo, desto besser.“

„Spielst du Schach?“, fragte Kruschew zu Jans Überraschung.

„Nein. Wieso?“

„In Deutschland gab es mal eine Ingo-Wertung für Schachspieler. Ingo stand für Ingolstadt, wo der Erfinder des Systems zu Hause war. Je kleiner die Ingo-Zahl, desto stärker der Spieler. Ich dachte, du hättest das abgekupfert.“

„Ich dachte, ich hätte es erfunden. Mein Ingo-Vorbild arbeitete im CoWoK. Wie sagt man? Keiner ist unnütz, er kann immer noch als abschreckendes Beispiel dienen.“

Kruschew flog eine Linkskurve. „Siehst du den kleinen Wald? Daneben, auf der Wiese vor dem Wasserschloss und dem kleinen See, wollen wir landen.“

Behutsam setzte er die Drohne auf die anvisierte Wiese: „Endstation, alles aussteigen.“

Aus dem hell erleuchteten Gutshof näherte sich ein Traktor mit einem Anhänger. Der Traktorfahrer redete mit Kruschew in einer Sprache, die Jan nicht verstand.

„Russe?“, fragte Jan.

„Jakub. Pole. Arbeitet hier. Der Gutsbesitzer ist Deutscher.“

Der Schlossherr, ein junger Mann mit langem Haar und Vollbart, begrüßte Jan und Kruschew vor dem Hauptportal: „Ich bin Gabriel Guth, Stiefsohn des Grafen, dem das hier mal gehört hat.“

Der Mann war Investmentbanker gewesen und hatte sich der Ökologie verschrieben, als er das Gut übernahm.

„Ich könnte Ihnen Vorträge über Ackerbau halten, Sie wird vermutlich mehr interessieren, dass wir auch Start-up-Unternehmen unterstützen; ein Start-up entwickelt Drohnen für die Landwirtschaft, hat Ihnen Herr Kruschew bestimmt erzählt."

„Hat er nicht", sagte Jan.

„Herr Kruschew hilft uns bei der Entwicklung der Steuerungselektronik, freiberuflich und zu selten, ich habe versucht, ihn von PowerBlood abzuwerben."

„Habe ich abgelehnt", sagte Kruschew.

„Ich habe den Aufstieg von PowerBlood beobachtet", sagte Gabriel, „für meinen Geschmack, Herr Bach, setzten Sie zu stark auf Technik, ich ziehe natürlichere Methoden vor."

Jan hätte Lust auf eine Diskussion mit dem Mann gehabt, aber ihm fehlte die Kraft: „Können wir später reden? Ich brauche ein Bett und ein Glas Wasser für meine Tabletten."

„Ja, sicher", sagte Gabriel, „ich zeige Ihnen Ihre Zimmer."

Jakub brachte eine Karaffe mit Wasser. Dann sagte er etwas auf Polnisch zu Kruschew, und die beiden gingen nach draußen.

„Kruschews Zimmer liegt nebenan, das hat Jakub ihm gesagt", erklärte Gabriel, „er weiß, dass ich seine Sprache verstehe; manchmal will er Deutsche ärgern, die kein Polnisch können, alte Völkerfeindschaft. Schon überraschend, dass er sich mit einem Russen versteht, die können viele Polen noch weniger leiden."

„Danke, dass Sie mir helfen", sagte Jan.

„Ich tu es aus Freundschaft zu Wladimir. Aber eine Frage habe ich: Wieso liegt gegen Sie ein Haftbefehl vor?"

„Genau weiß ich es nicht einmal, ich vermute, dass man mir Drogenschmuggel vorwirft."

„Haben Sie das getan?"

„Nein, aber man hat Drogen bei mir gefunden."

„Haben Sie einen guten Anwalt?"

„Nein, nicht für Strafsachen."

Kapitel 72

Wenn Kruschew ihn gelassen hätte, hätte Jan weiter träumen dürfen, von Maya und einem Baby, von einer Krebstherapie, die er überstanden hatte.

Kurz vor neun rüttelte Kruschew ihn wach. „Habe ich Frühstück. Und ein paar Neuigkeiten. Du warst im Fernsehen."

Kruschew streamte die Sendung aus der Mediathek. Der Moderator gab sich alle Mühe, „betroffen" zu wirken: „Ausgerechnet Jan Christian Bach, ein deutscher Held, der gefeierte Gründer von PowerBlood, wird mit internationalem Haftbefehl gejagt."

Eine Reporterin hatte sich vor dem Haupteingang des PowerBlood-Gebäudes in Stellung gebracht, neben der Reporterin stand ein uniformierter Polizeisprecher. Der Beamte erklärte, die Polizei hätte versucht, einen Haftbefehl gegen Herrn Jan Christian Bach, zu vollstrecken. Dies wäre leider nicht gelungen, weil Bach kurz vor Eintreffen der Polizei das Firmengelände verlassen hätte. Es sei unklar, ob sich Bach mit einem Auto oder mit einem Hubschrauber entfernt hätte. Der Haftbefehl wäre wegen des Verdachts des Rauschgifthandels und verbotenen Waffenbesitzes ausgestellt worden, außerdem bestünde Fluchtgefahr.

Ein Foto von Jan wurde eingeblendet mit der Bitte an die Zuschauer, sich bei der nächsten Polizeidienststelle zu melden, falls sie Hinweise auf den Aufenthaltsort von Herrn Bach geben könnten. Es könnte nicht ausgeschlossen werden, dass der Gesuchte bewaffnet wäre.

Das Foto war zwei Jahre alt, zeigte Jan mit vollem Haar und nicht mit Krebs-Glatze.

Die Reporterin fragte, ob ihre Information korrekt wäre, dass die Ermittlungsergebnisse gegen Herrn Bach auf Erkenntnisse des Bundeskanzleramtes zurückgingen.

Das wäre nur eine Quelle, es lägen weitere belastende Aussagen vor. PowerBlood wäre systemrelevant, deshalb würde das Unternehmen unter staatliche Kontrolle gestellt, um zu verhindern, dass Daten und Werte zerstört würden.

„Was ist da los?", fragte Jan, „wollen die uns enteignen?"

„Muss ich nach Köln, die Daten unserer Kunden schützen."

Die Reporterin schloss: „Wir haben nach einer offiziellen Stellungnahme von PowerBlood gefragt. Uns wurde dazu von Frau Britta Brandenburg, der Assistentin der Geschäftsführung, mitgeteilt, das für Presseauskünfte zuständige Vorstandsmitglied hätte gekündigt und stünde nicht zur Verfügung."

„Gut ist, dass sie keine Ahnung haben, wo du sein könntest."

„Wir wissen nicht, wie die Lage heute Morgen aussieht."

„Dein manipulierter PowerBlood-Chip meldet deinen Standort in der Nähe von Gummersbach, das ist 200 Kilometer von hier entfernt."

„Wenn ich Polizei wäre, würde ich erwarten, dass der Chef von PowerBlood seinen Chip abgeschaltet hätte, wenn trotzdem Daten kämen, würde ich sie für falsch halten."

„Ja, ich denke, so schlau sind die Fahnder auch. Aber was sollen sie tun, auf eine Überprüfung der GPS-Daten verzichten, nur weil sie sie für halten falsch, aber nicht wissen, ob sie falsch sind? Nein, das können sie sich leisten nicht, also geht ein Teil ihrer Suchkapazität in die Richtung falsche."

„Irgendwann werden sie uns finden."

„Irgendwann, ja. Hier sind die Leute an die fliegenden Drohnen gewohnt. Ist unser Testgelände."

„Dann soll ich hierbleiben?"

„Ja. Gabriel bemüht sich, das von Frau Krüger verordnete Krebsmedikament zu beschaffen. Jakub klärt den Fluchtweg."

„Ich will nicht fliehen. Ich bin unschuldig."

„Die Polizei und die Justiz sehen das anders."

„Ich will nicht im Knast sitzen, wenn mein Kind zur Welt kommt."

„Du wirst Vater?"

„Ja. Maya wird Mutter."

„Glückwunsch."

„Hast du Kinder?", fragte Jan.

„Das hast du mich nie gefragt."

„Entschuldigung."

„Nein. Ich habe keine Kinder. Betriebsunfall. Beim russischen Geheimdienst. Hat mich nicht nur meine Manneskraft gekostet, sondern auch meine Frau. Kann ich ihr nicht übelnehmen. Du hast es besser, du bist zeugungsunfähig und bekommst ein Kind."

„Verrückt, ja", sagte Jan.

„Britta hat ein Kind. Jonas. Ich mag den Jungen. Überleg dir alles genau. Ich muss nach Köln zurück. Britta und der Betrieb brauchen mich. Außerdem sucht die Polizei nach mir, weil ich ja zur selben Zeit wie du verschwunden bin. Wenn ich wieder auftauche, haben sie nur halb so viele Spuren."

„Was wirst du der Polizei sagen, wo du warst?"

„War ich angeln."

„Du angelst?"

„Schon immer. Auch so ein nützliches Hobby. Hier gibt es Tausende Gewässer, da hat man oft einen See für sich allein. Werde ich versuchen, mit dir Kontakt zu halten."

„Ich sollte mir ein Hobby zulegen. Außer der Arbeit habe ich nur den Hund, und den habe ich von meinem Vater übernommen."

Kruschew kramte in einer Aktentasche aus Leder, wie sie im letzten Jahrhundert in Gebrauch war. „Hier habe ich ein Handy für dich, das du bitte nur für Anrufe zu mir benutzt. Ich werde dich auch nur über dieses Handy kontaktieren. Ist sicherer. Noch sicherer ist es, wenn du niemandem von dem Handy erzählst."

„Ich werde vorsichtig sein. Kann ich Mails senden?"

„Nicht vom Handy aus. Lass mich an deinen Computer."

Kruschew verband einen Daten-Stick mit Jans Laptop: „Spiele ich dir ein Programm auf, das deine Mails zu einem Remailer und Mixmaster schickt, deine Mails nehmen quasi einen Umweg durch mehrere Stationen, wodurch der ursprüngliche Standort des Absenders verschleiert wird. Das ist aber nicht hundertprozentig sicher. Nur mailen, wenn es um Leben und Tod geht."

„Geht es nicht immer um Leben und Tod?", sagte Jan.

Kruschew gab Jan einen schmalen DIN-A4-Karton: „Ist ein Geschenk. Erst auspacken, wenn ich weg bin."

„Lass dich umarmen", sagte Jan.

Nach drei Sekunden beendete Kruschew die Zeremonie, „sonst kommen mir die Tränen."

„Danke für alles", sagte Jan.

„Mach's gut, Chef. Und lass gut sein."

Durchs Fenster sah Jan Kruschews Abreise, er nahm keine Drohne, sondern einen Pick-up mit Angelausrüstung, Gabriel und Jakub winkten ihm nach.

Schon gut, wenn man Freunde hatte, dachte Jan. Er hatte es nicht einmal geschafft, sich von Walter zu verabschieden.

Auf dem Tisch lag Kruschews Geschenk. Er öffnete den Karton vorsichtig, er enthielt einen argentinischen und einen Schweizer Pass. Im argentinischen Pass hieß er Cristiano Juan Irigoyen, außerdem stimmten Geburtsdatum und Geburtsort Buenos Aires mit seinen wirklichen Daten überein. Der Schweizer Pass machte ihn fünf Jahre älter und wies ihn als Urs Müller aus Bern aus, Urs Müller hatte eine „Identitätskarte" und einen „Führerausweis".

Cristiano Juan Irigoyen war Pianist und nutzte soziale Medien, Accounts und Passwörter lagen bei, Urs Müller verdiente sein Geld als „Venture Capital Investor" und gab Tipps auf einem Blog. Beide waren im Netz nicht sehr fleißig gewesen, sodass nicht auffallen würde, wenn sie einige Wochen nichts posteten.

In einem weißen Briefumschlag fand Jan Bargeld, amerikanische Dollar und Euro in kleinen Scheinen. „Damit du nicht so schnell zur Bank musst", hatte Kruschew dazugeschrieben, „alles zusammen rund 20.000 Euro, gibst du mir irgendwann zurück, nicht jetzt überweisen, unsere Konten werden überwacht. Viel Glück, Gesundheit und Liebe. Dasswidan'ja. Auf Wiedersehen. Wladimir."

Es klopfte, Jan packte Geld und Papiere in den großen Umschlag und verstaute ihn in seiner Reisetasche, ehe er „Herein" rief.

Es war Gabriel, der bestens gelaunt war: „Guten Morgen, Herr Bach, Haben Sie gut geschlafen und gefrühstückt?"

„Danke, beides, ausgezeichnet", sagte Jan.

„Ich habe eine Quelle gefunden, die uns das neue Krebsmedikament liefern kann. Ich habe direkt bezahlt, hier, die Quittung, Sie können mir das später überweisen."

„Danke."

„Was ist mit einem Anwalt? Wollen Sie sich nicht verteidigen?"

„Doch. Ich bin unschuldig."

„Es geht um Ihren Ruf und PowerBlood. Der Anwalt kann Akteneinsicht verlangen, dann erfahren Sie, was genau man Ihnen vorwirft."

„Meine PowerBlood-Anwältin habe ich auf Empfehlung der ehemaligen Freundin meines besten Freundes gefunden, sie kannten sich aus einem Tantrakurs. Können Sie da mithalten?"

Gabriel lachte: „Nein. Ich würde Ihnen den Vater eines Freundes aus meiner Studentenzeit empfehlen."

Anwalt Reinhold Schmid stand kurz vor dem Rentenalter und nahm Mandate „nur noch aus Spaß" an. Ein besonderer Spaß wäre es, wenn es gegen die Regierung ginge. Er hätte gegen Atomkraftwerke geklagt, mit Erfolg, und gegen die Stationierung von Atomwaffen, ohne Erfolg, da wäre jetzt wieder ein Erfolg fällig.

„Wissen Sie, Herr Bach", schloss Schmid seine Vorstellung, „Ihr Chip hat mich vor einer Thrombose bewahrt, insofern haben Sie dafür gesorgt, dass ich Ihnen in dieser Sache helfen kann."

„Danke für das Lob", sagte Jan, „aber in dem Haftbefehl gegen mich geht es nicht um PowerBlood, sondern um mich, dass ich Drogen und Waffen geschmuggelt hätte."

„Ja, das weiß ich."

Jan schilderte seine Sicht der Dinge, dass ihm Edward Frost das Rauschgift im Rahmen des Warhol-Bildes untergeschoben haben müsste, dass die Waffe ein Andenken an die Mutter wäre, dass ein Fahnder aus dem Finanzministerium, Michael Schumacher, das Bild von allen Spuren gesäubert hätte und erst später einen Bericht verfasst hätte, der Jan belastete.

„Was ist das für ein ministerialer Fahnder, der erst angebliche Beweise vernichtet, um sie dann wieder herbeizuzaubern? Haben Sie diese Beweise jemals gesehen?"

„Sie meinen das Rauschgift und die Pistole? Nein, habe ich nicht. Der Zoll, der das Bild bei der Einfuhr kontrolliert hat, hat auch nichts gefunden."

„Das wird ja immer besser. Wir brauchen Herrn Schumacher als Zeugen, dann ist der Haftbefehl schnell erledigt."

„Her Schumacher ist tot, versehentlich überfahren von einem Fahrer des Bundeskanzleramtes."

„Halten Sie es für möglich, dass Schumacher mit Absicht aus dem Leben befördert wurde?"

„Darüber nachgedacht habe ich, beweisen kann ich nichts."

„Dann muss ich selbst ein wenig nachforschen. Wenn Sie mir das Mandat geben, lege ich noch heute los."

„Könnten Sie mir einen Gefallen tun? Bitte sagen Sie den PowerBlood-Mitarbeitern, dass es mir gut geht. Bitte informieren Sie außerdem Herrn Walter Prüm in Köln und Frau Maya Shakyamuni in Kathmandu, meine Assistentin, Frau Brandenburg, wird Ihnen die Kontaktdaten geben."

„Mit Ihrer Zustimmung würde ich öffentliche Erklärungen zu Ihrem Fall ohnehin am liebsten in der PowerBlood-Zentrale geben."

Nach Schmids Abfahrt probierte Jan das geheime Handy aus.

„Ja?", meldete sich Wladimir.

Jan blieb kurz angebunden: „Ein Strafverteidiger wird sich melden. Gibt es Neues?"

„Ich war angeln. Neues gibt es in den Tagesthemen."

Den Rest des Tages blieb Jan im Bett. Er nahm das neue Krebsmedikament, eine ungewöhnlich große Tablette, die er mit viel Wasser hinunterspülen musste.

In den „Tagesthemen" war der „Fall PowerBlood" das vorletzte Thema. Zunächst kam Wladimir Kruschew zu Wort und nahm Jan in Schutz: „Ich weiß, dass Herr Bach unschuldig ist. Hier soll mit konstruierten Vorwürfen das Vertrauen in PowerBlood untergraben werden. Ich protestiere außerdem dagegen, dass PowerBlood von der Staatsgewalt besetzt ist und ich und meine Kollegen daran gehindert werden, unsere Arbeit zu tun."

Dann, Jan traute seinen Augen kaum, hatte sein neuer Anwalt Reinhold Schmid seinen Auftritt: „Ich vertrete Herrn Bach. Er wird sich stellen, wenn ihm ein faires Verfahren zugesichert wird. Bisher wird er nicht fair behandelt. Es gibt einen Hauptbelastungszeugen, der angeblich gestanden hat, er selbst hätte alle Spuren von Rauschgift und eine demontierte Waffe aus Herrn Bachs Warhol-Gemälde entfernt. Niemand außer ihm hat dieses Rauschgift und diese Waffe je gesehen. Der deutsche Zoll hat das Bild bei der Einfuhr kontrolliert und nichts gefunden. Der Mann, der die Widersprüche erklären könnte, ist vor dem Bundeskanzleramt von einem Fahrer des Bundeskanzleramtes mit einem Wagen des Kanzleramtes aus Versehen überfahren worden. Für mich etwas viel Versehen und viel Bundeskanzleramt. Ich würde dazu gerne Frau Staatsministerin Marianne Adler befragen."

Der Reporter unterbrach Schmid und sprach von Spekulationen und unbewiesenen Vorwürfen: „Ich bezweifle, dass Ihr Vorgehen Herrn Bach entlasten kann."

Der dritte Originalton des Beitrages kam vom Sprecher der Polizei: „Wir gehen davon aus, dass Herr Bach das Land verlassen haben könnte. Wenn ich noch etwas zu den Äußerungen seines Anwalts sagen darf: Warum flieht er, wenn er unschuldig ist?"

Jan ärgerte sich, wie der Polizist den Schlusspunkt setzte. Kruschew war souverän gewesen, der Anwalt hatte offensiv für seine Unschuld plädiert, die Fragen an das Kanzleramt müssten eigentlich die nächsten Schlagzeilen bestimmen.

Alles in allem: ein guter Tag, befand Jan.

Da wusste er nicht, dass auch die Fahnder von einem guten Tag sprachen. Als Reinhold Schmid öffentlich als Anwalt für Jan Christian Bach auftrat, wurden routinemäßig seine letzten Kontakte und Bewegungen gecheckt. Die GPS-Daten seines Handys wiesen auf eine Fahrt von Köln Richtung Aachen hin. Etwa zwanzig Kilometer vor Aachen hatte Schmid einen längeren Stopp eingelegt.

Kapitel 73

Um 5 Uhr morgens am Donnerstag, vor Sonnenaufgang, wurde Jan durch Lärm auf dem Innenhof des Gutshofes geweckt. Er schaute vorsichtig durch die Vorhänge seines Fensters und zählte sechs Autos, zwei davon waren Polizeifahrzeuge und mit uniformierten Polizisten besetzt, die anderen wirkten zivil, aber Jan hatte keinen Zweifel, dass auch das Behördenfahrzeuge waren.

Was tun? Der Hausherr hatte ihm geraten, das zugewiesene Zimmer nicht zu verlassen. War das jetzt noch richtig? Musste er nicht fliehen? Aber wohin konnte er fliehen?

Er sah, dass Gabriel mit einem der Besucher sprach, einem großgewachsenen Mann im Anzug, vermutlich der Einsatzleiter.

Jan öffnete das Fenster um einen Spalt.

Gabriel war deutlich zu verstehen, als spräche er bewusst etwas lauter. Sein Gegenüber gab den Befehl „Abmarsch".

Die Kolonne machte sich zu Fuß auf den Weg in Richtung des benachbarten Sees, die Fahrzeuge blieben auf dem Hof zurück, bewacht von zwei Personen in Zivil.

Es klopfte an Jans Tür. Es war Jakub, der den Zeigefinger der rechten Hand vor seinen Mund hielt. „Das sind Fahnder aus Köln unterstützt von der Bundespolizei. Sie haben Gabriel gebeten, hier ihr Quartier aufschlagen zu dürfen, was er zugesagt hat, er würde auch das Frühstück spendieren."

„Sehr großzügig von ihm. Was ist mit mir?"

„Sie rühren sich nicht. Wir haben einen Plan, den wir in 15 Minuten ausführen. Sie werden Ihren Spaß haben."

Jan nahm seinen Beobachtungsposten am Fenster ein.

Der Himmel färbte sich rot, die Sonne würde bald aufgehen.

Ein maskierter Kapuzenmann schlich auf die Einsatzfahrzeuge zu, hantierte an den Türgriffen, beim zweiten Fahrzeug, einem dunklen Mercedes, hatte er Erfolg, sprang hinein, startete und raste mit durchdrehenden Reifen auf den Wagen zu, in dem die Wachposten vor sich hindösten.

Kurz vor dem Zusammenstoß stieg der Fahrer des Mercedes hart in die Bremsen, drehte das Fahrzeug auf der Stelle und raste aus dem Hof hinaus in Richtung Landstraße.

Jan hörte hektische Funksprüche, er verstand Worte wie „Überfall“ und „Flucht“ und meinte, sogar seinen Namen zu erkennen, dann stiegen beide Beamte in einen der Funkstreifenwagen, einen Ford S-MAX, und nahmen die Verfolgung auf, die PS-mäßig aussichtslos war.

Die Polizisten hatten kaum hundert Meter zurückgelegt, da wurden sie unvermittelt gestoppt: Auf dem Weg zur Landstraße parkte eine blinkende Drohne, neben der Drohne stand ein winkender Mann, der Beifahrer verließ das Fahrzeug, der Unbekannte sprang in den Mini-Hubschrauber und entschwand senkrecht in die Luft und weiter waagrecht davon, genau in die entgegengesetzte Richtung, die der Mercedes genommen hatte, und ließ die Fahnder staunend am Boden zurück.

Jan sah, wie einer der Beamten die Verfolgung des Mercedes aufnahm, während der andere zum Hof marschierte und in sein Funkgerät fluchte.

Eine halbe Stunde später war der komplette Polizeitrupp wieder im Gutshof. Der Einsatzleiter brüllte von „Riesenpanne“ und „Großfahndung“ und „Bande“ und „krimineller Vereinigung“.

Schlossherr Gabriel Guth zeigte sich bestürzt über den Misserfolg, ob er denn jetzt das Frühstück servieren dürfte.

„Nein“, brüllte der Einsatzleiter, „damit Herr Bach noch mehr Vorsprung bekommt?“

„Ich muss schon bitten“, wehrte sich Gabriel, „als guter Staatsbürger habe ich Ihnen Unterstützung und Gastfreundschaft angeboten. Woher soll ich die kennen, die Sie nicht festgenommen haben? Sie selbst haben die Wachen eingeteilt, lassen Sie Ihren Frust an denen aus.“

„Das war knapp“, sagte Jakub, als er zum zweiten Mal an diesem Morgen in Jans Zimmer erschien und ihn mit Frühstück versorgte.

Wenig später kam Gabriel: „Ich musste telefonieren, mit Ihrem Anwalt. Sein Handy hat die Polizei auf die Spur geführt. Der Einsatzleiter hat mich gefragt, ob ich Rechtsanwalt Schmid kennen würde, das habe ich bestätigt, er wäre der Vater eines Studienfreundes und käme ab und zu vorbei. Gestern hätte er kurz Guten Tag gesagt, wollte an den Wald und an den See, um Pilze zu sammeln. Schmid war froh, dass ich ihm das mitgeteilt habe."

„Es ist schön, Freunde mit Hobbys zu haben", lachte Jan.

„Haben Sie schon konkrete Pläne für die nähere Zukunft?", fragte Gabriel.

„Ich denke, der heutige Besuch sollte eine Warnung sein."

„Ich kann Sie über die Grenze bringen", sagte Jakub.

„Soll ich als Schweizer oder als Argentinier reisen?"

„Können Sie Spanisch?", fragte Jakub.

„Besser als Schwyzerdütsch. Ich wurde in Buenos Aires geboren, ich habe die ersten fünf Jahre dort gelebt."

„Dann als Argentinier", sagte Gabriel.

„Ich brauche Kleidung und einen Koffer", sagte Jan.

„Und einen Bart", sagte Gabriel.

„Das Foto im Pass sieht aber so aus wie ich, als ich noch Haare hatte."

„Den Pass kontrolliert nur die eine Person, der Sie den Pass zeigen müssen, alle anderen vom Sicherheitspersonal aber kennen Ihr Fahndungsfoto, Bart ist sicherer. Oder tragen Argentinier keine Bärte?"

„Doch. Nur ist mein Haarwuchs nicht so toll. Auch eine Folge der Krebserkrankung."

„Jakub" sagte Gabriel, „kümmerst du dich um den Bart? Ich sorge für das Gepäck und die Anzüge."

„Warum nicht andersrum? Sie scheinen der Bartexperte zu sein."

„Jakub kennt jemanden, der einem Glatzkopf Haare wachsen lässt. Außerdem: Sie haben meine Größe und Statur, da fällt es nicht auf, wenn ich mir ein paar neue Sachen zulege."

Jan blieb den Rest des Tages bei Wasser und Kuchen zurück.

Im Internet recherchierte er zu den Stichworten „Power-Blood" und „Jan Christian Bach".

Die Polizei zeigte sich „sehr zufrieden“ mit den Hinweisen aus der Bevölkerung.

Auch Staatsministerin Marianne Adler hatte sich geäußert: „Die Bundesregierung ist erschüttert über die Schwere der Vorwürfe gegen Herrn Bach und fühlt sich von ihm getäuscht. Die Unterstellung seines Anwaltes, das Bundeskanzleramt könnte in einen Mordfall verwickelt sein, wird als üble Diffamierung zurückgewiesen. Das Vertrauensverhältnis zwischen der Regierung und Herrn Bach ist unheilbar zerstört. Die Bundesregierung prüft gemeinsam mit Frankreich und Polen und in Konsultationen mit allen Verbündeten geeignete Schritte, das PowerBlood-Abkommen für nichtig zu erklären und die systemrelevante Technologie in anderer Weise fortzuführen, um Schaden für die Gemeinschaft der Nationen abzuwenden und die Interessen der Bürger zu wahren.“

Jan las Kernsätze von Marianne Adlers Erklärung ein zweites Mal: „… das PowerBlood-Abkommen für nichtig zu erklären und die systemrelevante Technologie in anderer Weise fortzuführen …“, die liebe Marianne machte es sich einfach. Aber wollte er das überhaupt noch verhindern? Konnte er es verhindern?

Jakub erschien mit dem hochgelobten Haarkünstler, einem seemännisch tätowierten bartlosen Glatzkopf.

„Kein Bart, keine Haare, wäre auch eine Möglichkeit.“

Der Haarkünstler hatte keinen Namen, wenigstens keinen Namen, der Jan mitgeteilt worden wäre. Jakub sagte irgendetwas auf Polnisch und übersetzte dann „Fünftagebart“.

Jan war einverstanden.

Der Figaro besaß Bärte und Bärtchen für eine halbe Kompanie, die er in einer Doktortasche mit sich trug und die er Stück für Stück vor Jans Gesicht hielt und immer unzufriedener wurde.

Er sagte etwas zu Jakub, Jan verstand „Che Guevara“.

Jakub übersetzte: „Fünftagebart geht nicht, du bekommst Che-Guevara-Bart, der war Argentinier wie du.“

Während Jan überlegte, wie Che mit Bart ausgesehen hatte, hantierte der Figaro in seinem Gesicht herum, zupfte links, zupfte rechts, und hielt endlich Jan den Spiegel vor.

Das sah nicht mal so schlecht aus.

Ein argentinischer Pianist, der sich in Bars herumschlagen müsste, könnte so aussehen.

Jan bedankte sich: „Was bin ich schuldig?“

Jakub und der Figaro wechselten ein paar Worte, dann sagte Jakub: „Nichts an Geld, nur, dass Sie unerkannt bleiben sollen.“

Die Kleidung, die Gabriel besorgt hatte, war für Jans Geschmack zu edel und zu teuer. „Ich bin ein abgerissener argentinischer Pianist, wie du siehst.“

„Du brauchst Anzüge, wenn du Konzerte gibst“, protestierte Gabriel.

„Ich will Jeans und T-Shirts.“

„Meinetwegen. Kannst du von mir haben.“

Nach der Modenschau erzählte Gabriel die letzten polizeiamtlichen Neuigkeiten der morgendlichen Aktion: Der entführte Mercedes wäre in zehn Kilometer Entfernung am Straßenrand gefunden worden, der Täter hätte keine Fingerabdrücke oder sonstige Spuren hinterlassen.

Der Pilot der Drohne hätte nichts mit dem Autodieb zu tun. Er gehörte zu dem Drohnen-Start-up, das auf dem Gutsgelände Testflüge durchführte. Der Mann hätte die Lage falsch eingeschätzt und sich von den herannahenden Männern in Zivil bedroht gefühlt.

„Ich sollte in Drohnen investieren“, sagte Jan lachend.

„Sich drohnen muss lohnen“, alberte Gabriel.

„Drohnen gibt es nicht als Verb.“

„Sich dröhnen muss löhnen“, wieherte Jakub.

„Das gibt es, aber es ergibt überhaupt keinen Sinn.“

Irgendwann begriff Jan, dass das Wasser, das er trank, nicht dasselbe Wässerchen war wie das, was sich Gabriel und Jakub gönnten. Er nahm Jakubs Glas und verzog die Nase.

„Soplica Szlachetna Wódka“, sagte Jakub, „na zdrowie!“

„Klarer polnischer Wodka“, sagte Gabriel, „40 Prozent. Prost!“

Kapitel 74

Am nächsten Morgen waren alle nüchtern.

„Jakub kann dich über die Grenze nach Maastricht bringen", sagte Gabriel.

„Oder Lüttich", sagte Jakub.

„Ich will zurück nach Köln."

„Du willst in den Knast, oder?", fragte Jakub, „deine Wohnung wird überwacht, deine Firma auch."

„Ich habe einen Freund, der mir helfen wird."

Jan tippte eine SMS an Walter: „Maria Magdalena sagt, dass der Buddha den Bodhi-Baum in Köln sucht und Ruhe braucht."

„Es ist dein Leben", moserte Jakub und fuhr los.

An der ersten Tankstelle kaufte Jan ein halbes Dutzend Zeitungen. Im Wirtschaftsteil der Frankfurter Allgemeinen fand er einen Artikel mit der Überschrift: „Anwalt übernimmt Leitung von PowerBlood". Danach hätte der Aufsichtsrat Herrn Jörg Zielinski kommissarisch mit der Leitung des Unternehmens beauftragt. Herr Zielinski wäre Experte für Handels- und Gesellschaftsrecht und Sozius der PowerBlood-Anwältin Norma Markovic. Zielinski wollte versuchen, das Unternehmen zu erhalten, bis Herr Bach als CEO zurückkehren könnte oder ein anderer CEO bestimmt wäre.

Zielinski — Jan fand die Lösung nicht schlecht.

Als sie die Autobahnraststätte Frechen erreichten und in der Ferne den Dom sahen, kam eine SMS von Walter: „Ruhe findet der Buddha bei Maria vom Frieden."

„Wir müssen in die Altstadt, zum Nonnenkloster Maria vom Frieden", übersetzte Jan die Mitteilung für Jakub.

Das Kloster lag in der Straße Vor den Siebenburgen.

Walter wartete vor dem Hauptportal.

Jan umarmte seinen besten Freund: „Entschuldige, dass ich so wortlos verschwunden bin. Ich habe etwas panisch reagiert."

„Schon gut", sagte Walter, „wieso hast du einen Bart?"

„Ich bin als Argentinier unterwegs. Gestatten: Cristiano Juan Irigoyen. Wladimir hat mir die Papiere besorgt."

„Er hat mir erzählt, wie er mit dir davongeflogen ist."

„Wo ist er jetzt?"

„Ich weiß es nicht", sagte Walter, „er ist verschwunden, gemeinsam mit Britta und ihrem Jungen."

Jakub holte Jans Gepäck aus dem Wagen: „Ich muss zurück."

„Danke", sagte Jan, „und bitte, bis der Haftbefehl aufgehoben ist, sage niemandem, wohin du mich gebracht hast."

„Wen soll ich wohin gebracht haben?", fragte Jakub.

Das Kloster Maria vom Frieden der Unbeschuhten Karmelitinnen lag mitten in der Stadt und war doch ein ideales Versteck. Walter hatte für Jan eines der Gästezimmer gebucht, einen gemütlichen Raum mit Bad und Ausblick auf die Straße.

„Sie sind also Herr Irigoyen aus Buenos Aires?", begrüßte ihn eine Nonne, „nennen Sie mich Schwester Erika".

Jan nickte.

„Irigoyen wie die argentinische Pianistin?", sagte Erika.

Jan nickte zustimmend.

„Und als Vornamen Cristiano Juan, das klingt genau wie ihr deutscher Sohn Jan Christian. Ich zweifle, ob diese Namenswahl so günstig ist, wenn man inkognito unterwegs ist."

„Ich denke, ich werde in Kathmandu sein", sagte Jan, als er mit Walter allein in seinem Klosterzimmer war.

„Du willst nach Nepal?"

„Nein. Aber ich werde so tun, bis ich offiziell in Köln sein kann. Ich werde Maya anrufen. Du trommelst bitte alle zusammen, die mir helfen können: meine Anwälte, die noch vorhandene PowerBlood-Belegschaft, den Aufsichtsrat. Im PowerBlood-Büro wäre ausreichend Platz, und die nötige Technik ist vorhanden."

„Dann kannst du dich gleich der Polizei stellen."

„Ich werde nicht persönlich anwesend sein, sondern nur virtuell über Videokonferenz."

Gegen zwanzig Uhr stellte Jan eine Verbindung mit Mayas Computer her. In Kathmandu war es kurz vor Mitternacht. Es dauerte lange drei Minuten, bis die Nepalesin reagierte.

„Jan, ich bin so froh, von dir zu hören."

„Wie geht es dir und unserem Baby?"

„Wir vermissen dich."

„Wir werden uns bald umarmen. Ich möchte, dass wir unser gemeinsames Leben in Deutschland führen."

„Ich komme nach Köln, wenn du es willst."

Jan erklärte ihr die Lage und seinen Plan.

„Das heißt, ich soll so tun, als wärst du hier in Kathmandu?"

„Ja. Und wundere dich nicht, wenn dein Computer sich selbstständig macht. Ich habe ihn gehackt, um meine Kommunikation über ihn abzuwickeln."

„Ich liebe dich", sagte Maya.

„Ich liebe dich auch", sagte Jan, „deshalb musst du jetzt sofort im PowerBlood-Büro anrufen. Sag, dass ich mich bei dir gemeldet hätte, dass ich krank und erschöpft wäre."

„Bist du krank und erschöpft?"

„Ja. Weiter sagst du, dass ich in einen tiefen Schlaf gefallen wäre und erst in einigen Stunden aufwachen würde."

Jan ließ sich von einem Taxi nach Holweide bringen, wo Michael Schumacher gewohnt hatte. Sein Name stand noch auf dem Türschild des Altbaus. Auf Jans Klingeln sprang die Eingangstür auf, eine Frauenstimme rief „Zweiter Stock".

„Oh, ich dachte, Sie wären der Paketbote", wurde er begrüßt, als er die zweite Etage erreichte.

„Ich bin ein Freund von Herrn Schumacher, es könnte sein, dass er eine Nachricht für mich hinterlassen hat", sagte Jan.

„Davon weiß ich nichts", sagte die Frau, „ich bin Hanna Schumacher, Michaels Schwester. Kommen Sie herein."

Die Wohnung war groß, hohe Decken, Parkettböden, weiße Wände, fünf Zimmer, modern eingerichtet, kleiner Balkon.

„Schauen Sie sich ruhig um", sagte Schumis Schwester, „ich rauche so lange eine."

Jan fand nichts, was ihn interessierte.

Hanna saß auf dem Balkon, der mit einem Bistrotisch und Aluminiumstühlen mit hellgrauen Kissen möbliert war.

„Wenn Ihr Bruder etwas Wichtiges verstecken wollte, wo hätte er es Ihrer Ansicht nach getan?“, fragte Jan.

„Im Versteckspielen war Michael ein Meister“, sagte Hanna.

„Also gar keine Idee?“

„Man könnte in seiner Hütte suchen.“

„Was für eine Hütte?“

„Ein Häuschen in einer Kleingartenanlage in Vingst.“

„Haben Sie die Adresse?“

„Sicher. Auch die Schlüssel. Ich kann Sie hinbringen. Ohne mich kämen Sie wahrscheinlich sowieso nicht auf das Gelände.“

„Wenn Sie das tun würden.“

„Geben Sie mir zehn Minuten“, sagte Hanna und verschwand in ihrem Zimmer.

Kapitel 75

„Stell dir vor, Edward hatte seine Neue dabei“, ereiferte sich Stella, als sie nach der Scheidung mit ihrem Zwillingsbruder telefonierte, „Elizabeth Murphy, diese Drogenqueen.“

„Drogerie, nicht Drogen“, korrigierte Geronimo.

„Ist doch dasselbe. Kaum waren die Scheidungspapiere unterschrieben, haben die beiden geknutscht, so etwas tut man nicht. Und als Oberfrechheit sagte diese Drogenqueen zu mir: ‚Wir geben eine Verlobungsparty, alle wichtigen Menschen in San Francisco und im Valley werden eingeladen, Sie auch.' Als ob ich zu ihrer Party ginge. Was bildet die sich ein!“

„Reg dich ab. Es kann dir egal sein, was dein Ex-Mann und seine Neue treiben.“

„Ist mir auch egal.“

Vor Geronimos Haus hisste Fine die mexikanische, die amerikanische und die deutsche Flagge.

„Was ist los?“, fragte er.

„Lass dich überraschen, John kommt auch.“

John Bears junior brachte zwei Flaschen Wein mit, Fine tischte ein Drei-Länder-Menü auf: Deutsche Bratkartoffeln mit Zwiebeln und Speck, amerikanische Burger mit Cheddar und Grünzeug, als Dessert mexikanische süße Tacos mit Früchten.

Zwischen den Gängen wurde getrunken, weißer deutscher Riesling, roter amerikanischer Cabernet Sauvignon, goldener mexikanischer Tequila.

Fine sagte, sie hätte jetzt ein Bratkartoffelverhältnis mit John, und Bratkartoffelverhältnis sagte sie auf Deutsch.

Geronimo und John zerbrachen sich die Zungen an der Aussprache, Fine hatte Mühe, sie ihnen beizubringen: „Ich habe heute für John Bratkartoffeln gemacht, also haben wir ein Bratkartoffelverhältnis, weil ich ihn noch öfter bekochen möchte. Das ist ein völlig veraltetes Wort, keiner sagt es mehr, außer mir, denn heute finde ich es lustig.“

„Du hast mich auch bebratkartoffelt“, witzelte Geronimo.

„Das ist etwas anderes. Du bist ein Freund. Freunde darf man bebratkartoffeln. Aber lieben will ich nur einen“, sagte sie und setzte sich auf Johns Schoß.

„Wir haben uns entschieden, zusammenzuziehen“, sagte John.

„Daher weht der Wind. Du willst dein Zimmer kündigen.“

„Ja.“

„Ich werde dich vermissen“, sagte Geronimo.

„Musst du nicht“, sagte Fine und ergänzte nach einem Seitenblick zu John: „Du bist uns immer willkommen.“

„Das ist nicht dasselbe.“

„Es gibt da noch etwas, über das wir, Fine und ich, mit dir sprechen wollten“, sagte John Bears.

Geronimo wurde hellhörig.

„Ich wollte dir sagen, dass wir, also Bears, die Firma PowerBlood übernehmen werden. Du hast sicher vom Haftbefehl und vom Verschwinden von deinem Halbbruder gehört. Das ist nur der Anfang eines Krieges, den er nicht gewinnen kann. Einen Krieg, den man nicht gewinnen kann, sollte man gar nicht erst führen.“

„Man sollte überhaupt keine Kriege führen“, warf Fine ein.

„Geführt wird dieser Krieg von den USA, Europa und Deutschland gegen den Rest der Welt, und da ist Jan im Wege. Man will einheitliche Standards für implantierte Chips und ihre Anwendung. Die Amerikaner bestehen darauf, dass sie die wesentlichen Bedingungen festlegen, die anderen Staaten werden mit der Zusage von Militärhilfe und Ausbau der wirtschaftlichen Beziehungen überzeugt, oder, persönlicher, mit Posten versorgt. Ich, also Bears, soll PowerBlood übernehmen, ausschlachten und abschalten, um meine FriendChips als Weltstandard durchzusetzen.“

„Das hast du dir fein ausgedacht“, schimpfte Geronimo.

„Unser Präsident hat sich das ausgedacht. Vielleicht können wir beide das Gemetzel verhindern.“

„Du und ich?“, wunderte sich Geronimo.

„Ich könnte PowerBlood kaufen, bevor der politische Krieg das Unternehmen zerstört hat. Wir würden einen fairen Preis bezahlen.“

„PowerBlood macht den größten Teil seines Geschäfts auf Basis eines Vertrages mit der deutschen Regierung."

„Der Vertrag ist nichts mehr wert. Die deutsche Regierung sucht nach einem Vorwand, aussteigen zu können. Die persönliche Attacke auf Bach ist nur ein erster Schritt."

„Jan ist unschuldig. Das Rauschgift hat ihm Edward Frost untergeschoben", sagte Fine, „und Muttermörder? Wir kennen das Video aus Buenos Aires und die Wahrheit."

„Ihr habt das Video?"

„Wir haben sogar zwei Videos. Eine bearbeitete Version und ein Original. Dana war so nett, Bears die Datei zu schicken, bevor sie sie löschte."

„Dann gebt mir die Videos, damit ich Jan rauspauken kann."

„Das muss John anordnen", sagte Fine.

„Wird gemacht", sagte Bears „Wir haben gehört, dass du Frost die nordamerikanischen Rechte für 300 Millionen verkauft hast."

„Ja."

„Und dass du ihm PowerBlood verkaufen willst."

„Der Aufsichtsrat will das, Jan will es nicht."

„Lass das mit Edward. Ich will PowerBlood. Meine Anwälte und Analysten haben das Unternehmen geprüft. Wir bieten drei Milliarden für Jans Anteile."

„Dann bleibt Frost auf seinen 300 Millionen sitzen, weil es in Amerika nur FriendChips geben wird", konstatierte Geronimo.

„Das ist ein angenehmer Nebeneffekt", sagte Fine.

„Sind die drei Milliarden verhandelbar?"

„Nein."

„Warum willst du das tun? Wie du sagst, fällt dir PowerBlood sowieso zu."

„Es ist, wie soll ich sagen, mein Bratkartoffelgeschenk an Fine. Sie sagt, sie mag diesen Jan Christian Bach. Außerdem: Wenn mir mein Präsident die Firma schenkt, wird das sehr viel teurer."

„Was machst du?", fragte Fine, „du gibst Geld für mich aus. Du planst Verlobungsgeschenke."

„Nein, das war dein Bratkartoffelgeschenk."

„So was gibt es nicht. Du willst dich nicht verloben, höchstens verlieben, und heiraten willst du schon gar nicht."

„Will ich auch nicht."

Geronimo räusperte sich.

„Ja?", fragte John Bears.

„Es gibt eine Schwierigkeit, ich weiß nicht, wo Herr Bach sich aufhält, dem 68 Prozent, nein, seit Lydia Wellmanns Abschied sogar 69 Prozent des Unternehmens gehören. Außerdem gibt es andere Investoren."

„Um die kümmere ich mich später. Die drei Milliarden gelten für die 69 Prozent von Herrn Bach."

„Ich bin Montag mit Frost verabredet. Was soll ich tun?"

„Du solltest absagen", empfahl Fine.

„Oder du sagst ihm, dass ich kaufen werde. Dann wird er annehmen, dass er mir seine PowerBlood-Rechte für Nordamerika verkaufen kann, und er wird hohe Forderungen stellen, bis er merkt, dass er gar nichts bekommt."

Bears lachte laut und wandte sich an Fine: „Vielleicht sollten wir doch zu ihrer Verlobungsfeier gehen, damit wir uns die Gesichter besser vorstellen können: vorher, nachher."

„Kommt nicht infrage."

„Ich zahle dir ein Prozent Provision vom Verkaufspreis. 30 Millionen sind Geld, für das man sich etwas anstrengen kann."

„Ist das eine Prozent verhandelbar?"

„Nein", sagte Bears.

„Gut, aber die Videos, die will ich sofort."

Zu dritt räumten sie Teller und Speisereste vom Tisch und füllten die Spülmaschine.

„Ich wollte dir keinen Müllhaufen überlassen", sagte Fine, „ich schlafe bei John."

„Du ziehst heute schon um?"

„Ja. Die restlichen Sachen hole ich am Wochenende."

Geronimo rief in Köln an, in Deutschland waren es acht Uhr abends. Ob da noch jemand in den PowerBlood-Büros war?

Er wählte die Nummer von Britta Brandenburg, es meldete sich eine Männerstimme: „Jörg Zielinski."

„Ist da nicht PowerBlood?"

„Doch, doch. Ich bin der kommissarische Geschäftsführer. Ich bin der Sozius von Frau Markovic.“

„Norma, die kenne ich.“

„Leider ist Vorstandsassistentin Brandenburg verhindert, sodass ich ans Telefon gehen musste. Und die Polizisten, die sich hier einquartiert haben, passen darauf auf, was ich tu oder lasse.“

„Ich bin Geronimo, der Halbbruder von Herrn Bach.“

„Ich habe von Ihnen gehört. Sie haben die nordamerikanischen Rechte verkauft.“

„Jetzt will ich die gesamte Firma verkaufen. Es geht um drei Milliarden Dollar.“

„Ich kann das nicht entscheiden. Aber wir wissen, wo Herr Bach sich aufhält, er ist in Kathmandu bei Frau Maya Shakyamuni.“

„Wie geht es ihm?“

„Maya hat angerufen. Kurz vor Mitternacht hätte Jan sich bei ihr gemeldet, erschöpft, aber lebendig.“

„Bitte, sagen Sie Maya, ich muss sie sprechen. Und Jan muss ich auch sprechen. Er soll mich anrufen. Er hat meine Nummer.“

„In Kathmandu ist Mitternacht gerade vorbei, die schlafen. Ich werde Sie informieren, sobald ich mehr weiß.“

Geronimos Handy meldete den Eingang einer Mail, im Anhang lagen zwei Videodateien.

Geronimo öffnete die kürzere Version, sie zeigte die Szene vor Alejandras Tod, sie zeigte, wie die Waffe von Hand zu Hand wanderte, bis Jan sie nahm, er zielte auf seine Mutter, ein Knall ertönte, Alejandra sackte blutend zusammen.

Die längere Fassung zeigte den tatsächlichen Ablauf. Nachdem Jan die Waffe bekam, hielt er sie einige Sekunden in der Hand und reichte sie an ihn weiter, der sie rotieren ließ und an Alejandra weitergab, die sich selbst erschoss.

Geronimo weinte.

Kapitel 76

Der Himmel über Köln füllte sich mit grauen Wolken, am Horizont schickte die untergehende Sonne ihre letzten Strahlen unter den Wolken hindurch und färbte sie rot.

Hanna Schumacher steuerte ihren Elektro-Benz von Holweide langsam Richtung Vingst, klappte die Sonnenblende runter und hielt vor dem verschlossenen Tor einer Kleingartenanlage.

„Hier herrschen strenge Regeln", sagte sie, „die letzten Meter müssen wir zu Fuß gehen."

Die Anlage war gepflegt und spießig: Deutschland- und Viktoria-Köln-Fahnen, Gartenzwerge, Gemüsebeete und Obstspaliere, Grillplätze und ein Vereinsheim.

Jan fiel es schwer, sich „Schumi" hier vorzustellen.

Die Parzelle duftete nach frisch gemähtem Rasen. Die Laube war weiß getüncht, auf einer kleinen Terrasse standen ein Plastiktisch, zwei Plastikstühle und eine Hollywoodschaukel.

Die Laube oder die „Hütte", wie Hanna sie genannt hatte, bestand aus einem großen Zimmer mit Kochecke und einem Bad. Die Inneneinrichtung war modern. Als Sitz- und Schlafgelegenheit diente eine schwarze Ledercouch, die Teil einer Sitzecke war, die durch zwei Ledersessel und einen Beistelltisch mit Glasplatte komplettiert wurde.

Jan bezweifelte, dass er in dieser aufgeräumten Umgebung irgendetwas Brauchbares finden würde, aber wo er schon einmal vor Ort war, würde er seine Mission zu Ende führen.

Er begann mit der fensterlosen Toilette. Deckel des Spülkastens abnehmen: Nichts. Schrank unter dem Waschbecken: Nichts Verdächtiges, nur Toilettenpapier und Nachfüllpäckchen flüssiger Seife. Gitter vor dem Ventilator entfernen und Abluftrohr überprüfen: Nichts, außer ein paar toten Fliegen.

Jan wollte das Bad verlassen, die Tür klemmte und öffnete sich nur ein paar Zentimeter.

„Hanna, ich komme hier nicht raus? Können Sie mir helfen?", rief er. Es kam keine Antwort.

Jan trat einen Meter zurück, nahm Anlauf, warf sich mit aller Kraft gegen die Tür, die ohne jeden Widerstand aufflog, während Jan das Gleichgewicht verlor und zu Boden ging.

„Scheiße", schrie er, richtete sich auf und erhielt einen Schlag auf den Kopf.

Als Jan zu sich kam, lag er auf der Ledercouch, die Hände über dem Bauch gefesselt.

In einem der Ledersessel gegenüber saß ein Mann, den er nur zu gut kannte: Paul Bungert, geheimer Beschützer von Staatsministerin Marianne Adler.

Wo war Hanna Schumacher? Jan drehte den Kopf, um die Kochecke einsehen zu können, was ihm große Schmerzen bereitete.

Paul Bungert spielte mit einer schweren Bratpfanne: „Ich wollte Sie erst mit meiner Faust niederstrecken, aber dann fand ich dieses prachtvolle Schlaginstrument. Guten Abend, Herr Bach, warum sagen Sie nichts?"

Jan hatte keine Lust zu antworten.

„Ich verstehe, es hat Ihnen die Sprache verschlagen. Wissen Sie, dass auf Ihre Ergreifung 100.000 Euro ausgesetzt sind?"

Bungert ließ ein unangenehmes Lachen hören.

„Pech für mich", fuhr er fort, „dass ich als Staatsbediensteter nichts von der Belohnung bekommen darf. Deshalb habe ich mich mit Hanna auf halbe-halbe geeinigt."

Jan versuchte, seine Hände zu befreien. Sie waren mit Kordel zusammengebunden, wie man sie sonst für Pakete benutzte, mit Geduld würde er die Knoten lösen können.

„Könnte ich vielleicht …", sagte Jan.

„Ach, kann der Herr doch sprechen."

„Könnte ich etwas trinken?"

Bungert ging in die Küchenecke und füllte einen Krug mit Wasser.

Jan richtete sich auf. Die Kordel um seine Hände war lockerer geworden.

Paul stellte die Karaffe auf den Beistelltisch.

Jan rutschte an den Rand der Couch und hielt Bungert die gefesselten Hände entgegen. „Bitte", sagte er.

Bungert nahm den Krug und kippte Jan das Wasser ins Gesicht. „Ist es so besser?“, fragte der Geheimagent.

Mit einem Ruck sprang Jan auf, riss seine gefesselten Hände nach oben und traf Bungert voll aufs Kinn; Unterkiefer knallte auf Oberkiefer, ein Zahn fiel aus Bungerts Mund, auf der Unterlippe sammelte sich Blut.

Jan nutzte die Verwirrung seines Gegners und stürmte aus der Laube. Auf der Terrasse wurde er gestoppt, ein Mann stellte ihm ein Bein, Jan stürzte, der Mann kippte ihn auf den Bauch und setzte sich auf seinen Rücken.

„Jan, bist du das?“, fragte der Mann und drehte Jans Kopf zur Seite, um das Gesicht zu sehen.

Überraschung: Der Angreifer war Wladimir, ausgerechnet der Chefentwickler hatte seinen Chef zu Boden gestreckt.

Wladimir half Jan auf die Beine: „Entschuldigung, ich habe dich nicht erkannt.“

„Schon gut. In der Laube ist Paul Bungert.“

„Den wollte ich schon immer mal verhauen“, sagte Wladimir.

Bungert stand vor dem Spiegel im Bad und beäugte sein Gebiss. Ihm fehlten drei Zähne, davon ein Schneidezahn im Oberkiefer, wenn er lächelte, sah er aus wie ein Fünfjähriger, der seine ersten Milchzähne verloren hatte.

„Was sind Sie bloß für ein Schlappschwanz“, rief Wladimir, „lässt sich von einem todkranken Mann außer Gefecht setzen.“

Paul zuckte zusammen und hob im Affekt die Hände.

„Rauskommen“, befahl Wladimir.

Der Agent gehorchte.

„Geben Sie mir Ihren Gürtel.“

Seine Hose war zu weit und rutschte ihm von der Hüfte.

„Auf den Boden. Bauch nach unten. Hände auf den Rücken.“

Bungert gehorchte ein drittes Mal.

Wladimir kniete sich auf seinen Gefangenen und band mit dem Gürtel die Hände zusammen.

„Au, das tut weh“, jaulte Bungert.

„Dann ist ja gut“, sagte Wladimir.

Jan beobachtete das Schauspiel und hatte kein Mitleid.

„Wie kommt es, dass du hier auftauchst?", fragte er Wladimir.

„Auf dich sind 100.000 Euro ausgesetzt", sagte Wladimir.

„Hat Bungert auch gesagt."

„Dann weißt du ja alles."

„Nein. Ernsthaft. Wieso bist du hier?"

„Deine Chips arbeiten noch. Ich kann auf die Daten zugreifen. Ich habe immer gewusst, wo du bist."

„Jetzt verrate nicht alles, Feind hört mit."

„Wo Bungert war, habe ich auch immer gewusst. Er hat zwar einen Spezial-Chip bekommen, der manipuliert werden konnte, aber da ich derjenige war, der den Chip präpariert hatte, kam ich an die Originaldaten ran."

„So weit zu unserer angeblichen Datensicherheit."

„Kannst du vergessen. Aber wenn du es bist, der die Daten hat, ist es schon hilfreich. Und die Gesundheitswarnungen sind nützlich für alle. Bungert zum Beispiel leidet an Bluthochdruck. Er sollte sich weniger aufregen und weniger Alkohol trinken."

„Mit euren Chips ist es bald vorbei", meldete sich der Geheimagent. Er hatte es geschafft, sich aufzusetzen und an einer Wand in der Küchenecke anzulehnen.

„Habt ihr ‚Schumi' Schumacher umgebracht?", fragte Jan.

„Nein, es war ein Unfall", sagte Bungert.

„Vielleicht sollte es nur aussehen wie ein Unfall, damit die Frau Staatsministerin ihre Unschuld bewahrt."

„Die und unschuldig? Die lässt sich nach Europa befördern. Das sind ihre persönlichen 30 Silberlinge."

„Warum die Attacke auf mich", fragte Jan, „wieso will man mich zum Mörder und zum Drogendealer machen?"

„Ich habe das von Anfang an für keine gute Idee gehalten. Ich habe empfohlen, den Vertrag mit PowerBlood kurzfristig zu kündigen und notfalls eine Vertragsstrafe zu zahlen. Wenn die Amerikaner Druck machen, kommt man an ihnen nicht vorbei, und wenn man vorher noch so die Backen aufgeblasen hat."

„Gehen Sie mit Frau Adler nach Brüssel?"

„Ich bleibe in Berlin."

„Und das ärgert Sie?"

„Nein. Mich ärgert, wie diese Frau Karriere macht."

„Haben Sie keine Angst, dass Ihre Karriere abrupt enden könnte, wenn Sie so über Ihre Chefin reden?", fragte Kruschew.

„Nein. Eher habe ich Angst davor, was Sie mir antun könnten. Obwohl: Sie brauchen mich ja als Zeugen. Ich habe Schumachers Berichte gesehen. Er hat Sie, Herr Bach, entlastet. Er hat Beweise dafür geliefert, dass Ihr Schwager, Edward Frost, das Rauschgift im Warhol versteckt hat und dass auch Frost es war, der die Munition für die Waffe gekauft hat, mit der sich Ihre Mutter erschossen hat."

„Und das würden Sie vor Gericht aussagen?"

„Ja, weil es die Wahrheit ist."

„Wo sind Schumachers Berichte?"

„Frau Adler hat sie. Der erste Bericht beschreibt, wie Herr Schumacher Ihren Warhol gesäubert hat, ist also eher belastend für Sie. Ein zweiter Bericht, den wir in Schumachers Wohnung gefunden haben, beweist Ihre Unschuld. Er war an Sie adressiert, auch dieser Bericht ist jetzt im Besitz von Frau Adler."

Von draußen drangen Geräusche in die Laube. Man hörte Schritte. Lichter bewegten sich.

Jemand machte sich an der Tür zu schaffen.

Wladimir versuchte, sie zu öffnen: „Abgeschlossen", sagte er, „da will uns jemand einsperren."

Ein Stein durchschlug eines der Fenster, dann flog eine brennende Fackel hinterher, und noch eine und ein Molotow-Cocktail.

Die hölzerne Laube fing Feuer.

„Wir müssen raus", schrie Jan.

„Schaffst du es durch das Fenster?", fragte Kruschew.

„Ich denke schon."

„Dann los."

Er befreite Bungert von seinem Ledergürtel: „Du als erster."

„Dann werde ich fliehen", sagte Bungert.

„Ich werde dich schon finden", sagte Kruschew.

Die Flammen kamen näher.

„Nun mach schon", sagte Kruschew und schubste den Agenten zum Fenster.

Bungert steckte vorsichtig den Kopf nach draußen, sicherte nach links und rechts, stieg auf das Fensterbrett, setzte zum Sprung an, da fiel ein Schuss. Bungerts Körper sackte zusammen, ehe er auf dic Terrasse fiel.

„Diese Schweine“, schrie Kruschew.

Er näherte sich dem Fenster, wieder ein Schuss.

„Die wollen uns abknallen.“

Jan versuchte, die höher lodernden Flammen zu ersticken, ein aussichtsloser Kampf.

„Wir müssen raus. Ich springe“, schrie Jan, nahm Anlauf und hechtete durch das Fernster nach draußen.

Die Landung auf der Steinterrasse war hart, das rechte Handgelenk war vermutlich gebrochen.

Jan rollte sich auf den Rücken und wartete darauf, dass auf ihn geschossen würde. Aber da war niemand.

Wladimirs Schatten erschien vor den Flammen.

„Komm raus, schnell“, schrie Jan.

Der alte Ex-Geheimdienstler sprang durch das Fenster und rollte sich elegant ab: „Hätte nicht gedacht, dass ich noch so gut in Form bin.“

Aus der Ferne ertönten Sirenen.

„Ich habe Feuerwehr und Polizei alarmiert“, sagte Wladimir, „die Laube ist wohl nicht mehr zu retten.“

„Und was ist mit uns?“

„Wir sind zu retten“, sagte Wladimir, „muss ich dich tragen?“

„Ich schaff das.“

Jan stolperte über ein Hindernis, das Hindernis war ein Mensch, Paul Bungert.

Sein Gesicht war blutüberströmt. Eine Kugel hatte ihn am Kopf getroffen, aber er lebte.

Wladimir wollte den Geheimdienstler auf seine Schulter packen, Bungert widersetzte sich: „Mit mir geht es zu Ende. Die haben gezielt geschossen. Die wollen mich loswerden. Und euch wollen sie loswerden. Ihr müsst sehen, dass ihr euch rettet.“

„Wer sind ‚sie'?“

„Meine Ex-…“, hauchte Bungert und starb.

Kapitel 77

„Wohin fahren wir?“, fragte Jan.

„Ins Kloster“, sagte Wladimir.

„Woher weißt du?“

„Habe ich dir in der Datsche erklärt: Ich habe deinen PowerBlood-Chip ausgelesen.“

„Meinst du, dass die Polizei das auch kann?“

„Die wissen auch so, dass du in Köln bist.“

„Ich kann Mayas Rechner nutzen, der simuliert, dass ich in Kathmandu bin.“

„Kannst du, aber man wird das nicht glauben.“

Wladimir parkte seinen fast lautlosen Elektro-Fiat-500 vor dem Kloster und wünschte Jan eine gute Nacht. Jan blieb sitzen und schaute seinen Cheftechniker fragend an.

„Ist was?“, fragte Wladimir.

„Ja“, sagte Jan, „ich habe vor, PowerBlood abzuschalten. Die Grundidee ist ja nicht schlecht. Die Idee mit der Energieversorgung aus dem Blutkreislauf ist sogar genial.“

„Ist sie“, stimmte Wladimir zu.

„Ich hätte nicht zulassen dürfen, dass die Daten von amtlichen Stellen abgerufen werden können. Ich werde das wieder gutmachen. Ich habe PowerBlood umprogrammiert. Ich werde ein Update herausgeben, dass nur der, der einen PowerBlood-Chip implantiert bekommen hat, Zugriff auf seine eigenen Daten hat. Nur er selbst kann entscheiden, ob ein zweiter die Daten lesen darf, zum Beispiel ein Angehöriger oder ein Arzt seines Vertrauens. Wenn keine Freigabe erteilt ist, können keine Daten abfließen. Ich werde den Kunden die Möglichkeit geben, ihren Account zu deaktivieren und alle Daten zu löschen. Und damit es ein bisschen Spaß macht, werde ich jedem PowerBlood-Kunden erlauben, seine eigenen Bewegungsdaten zu manipulieren.“

Jan schlich durch den Hof des Klosters. Als sie die Tür zum Gästetrakt öffneten, stolperte Wladimir, knallte mit dem Knie gegen eine Kommode, was einen ordentlichen Lärm hervorrief.

„Was ist hier los?", rief eine Frauenstimme. Es war Erika.

„Entschuldigung", sagte Jan, „wir wollten nicht …"

„Ach, Sie sind es, der Klavierspieler. Wenn Sie nicht wollen, dann machen Sie nicht so einen Lärm. Angenehme Nachtruhe."

„Wer war das denn?", fragte Wladimir.

„Schwester Erika, sie ist so was wie die Herbergsmutter."

Auf dem Zimmer startete Jan seinen Laptop: „Ich habe mir ein Computerspiel ausgedacht: Bogenschießen. Ziel sind die GPS-Daten. Der Kunde darf schießen. Trifft er genau, verschwindet der Datensatz. Schießt er etwas daneben, werden die Daten mehr oder weniger manipuliert, auf jeden Fall so verändert, dass sie nachträglich nicht zugeordnet werden können. Das alles wird mit Zufallsgeneratoren gesteuert, es ist unmöglich, den Algorithmus zu entschlüsseln, weil es keine Gesetzmäßigkeiten gibt."

„Das hast du bei mir abgekupfert", sagte Wladimir.

„Sagen wir so: Du hast mich inspiriert. Aber dein Programm erlaubt dir ja noch die Rekonstruktion des Originalstandortes, bei mir ist das unmöglich."

„Meinen Segen hast du."

„Deinen Segen? Bist du religiös?"

„Russisch-orthodox. Außerdem ist das hier ein Kloster."

„Dann kann ja nichts schiefgehen."

„Es ist schon schiefgegangen."

„Was meinst du?"

„Du kannst nicht mehr aufhalten, was du in die Welt gesetzt hast. Du kannst PowerBlood abschalten und sogar zerstören. Das Thema ImpChips, oder FriendChips oder welche Namen Leute wie du sich ausdenken werden, wird bleiben. Wird wachsen. Wird wuchern. Wie Krebs. Wird irgendwann völlig außer Kontrolle sein."

„Dass es außer Kontrolle gerät, ist nicht einmal meine größte Befürchtung, viel mehr fürchte ich, dass es alles kontrolliert."

„Ist das nicht dasselbe?"

„Ich muss darüber nachdenken", sagte Jan.

„Du bist nicht der Einzige, der Änderungen auf den Rechnern vorgenommen hast. Such mal nach meinen Daten."

Jan tippte Wladimirs Namen ein.

Der Laptop zeigte einen Ordner, den Jan mit Doppelklick öffnete. Der Ordner enthielt eine einzige Textdatei, die den Namen ‚fuer_jan_bitte_lesen' trug.

Jan öffnete das Dokument:

„Lieber Jan,

wenn du das hier liest, geht es mit PowerBlood zu Ende, deshalb habe ich meine Daten gelöscht.

Ich will dir sagen, dass du ein großartiger Chef warst. PowerBlood hat mir viel bedeutet, beruflich und privat.

Ich bin jetzt mit Britta Brandenburg zusammen, die ich ohne dich nie kennengelernt hätte. Ihr Junge, Jonas, sagt ‚Papa' zu mir. Von beiden soll ich dich grüßen, und von Dana, die wir als Haushaltshilfe und Kindermädchen engagiert haben.

Danke für alles, dein Wladimir."

Nachdem Wladimir gegangen war, spielte Jan die Updates auf die PowerBlood-Server. Alle Kunden würden einen Hinweis bekommen, dass und wie sie ihre Daten schützen könnten.

Er selbst war der Erste, der es ausprobierte. Er zielte auf seine GPS-Daten und schoss daneben, aber es reichte, die Werte so zu verändern, dass sein angeblich letzter Standort mit „13 Kilometer südöstlich von Kinshasa" in der demokratischen Republik Kongo angegeben wurde.

Kapitel 78

Um halb elf wurde Jan durch Schläge an seine Tür geweckt. Es war Walter Prüm.

„Was ist los, du verschläfst den halben Tag. Schwester Erika hat sich schon Sorgen gemacht, weil du nicht im Frühstücksraum warst, und hat mich alarmiert", beschwerte sich der Priester. „Sie sagte, du hättest Männerbesuch mit aufs Zimmer genommen."

„Danke. Wladimir war hier. Ich hatte eine anstrengende Nacht", sagte Jan und berichtete von seinem Ausflug nach Holweide, der Begegnung mit der Schwester von Schumi Schumacher, dem plötzlichen Auftauchen von Wladimir Kruschew und dem Tod von Paul Bungert, nachdem jemand Schumis Laube in der Kleingartenanlage in Vingst angezündet hatte.

„Komisch", sagte Walter, „ich habe in den Nachrichten einen Bericht über einen Brand in Vingst gehört, angeblich hätten betrunkene Kleingartenfreunde beim Grillen ihre Laube in Brand gesteckt, Polizei und Feuerwehr hätten alles schnell unter Kontrolle gebracht, von einem Toten war nicht die Rede."

„Vielleicht halten die das wegen mir geheim. Wladimir meinte, dass die Polizei jetzt auf jeden Fall darüber informiert wäre, dass ich wieder in Köln bin. Ich werde meinen Anwalt anrufen."

Anwalt Reinhold Schmid war nicht überrascht, von Jan zu hören: „Ich hatte vorhin einen Anruf der Staatsanwaltschaft. Unter gewissen Bedingungen wäre sie bereit, den Haftbefehl aufzuheben. Wenn Sie in Köln wären, bestünde ja keine Fluchtgefahr mehr. Ich sagte, ich wüsste nicht, wo Sie sind."

„Was könnten das für Bedingungen sein?"

„Eine Kaution. Meldeauflagen."

„Reden Sie mit den Staatsanwälten. Hauptsache, die Jagd auf mich hat ein Ende. Ich will endlich ein normales Leben führen."

„Dafür sind Sie zu reich und zu bekannt", sagte der Anwalt.

Walter hatte eine Telefonliste vorbereitet: Maya in Kathmandu, Jörg Zielinski bei PowerBlood, Geronimo in Kalifornien, sie alle wollten Jan unbedingt sprechen, und Gianna, seine Nachbarin.

Mit Maya tauschte er Liebesschwüre aus und bat sie, nach Köln zu kommen. „Flug ist schon gebucht", war ihre überraschende Antwort.

Jörg Zielinski wollte wissen, ob er die Geschäfte von PowerBlood weiterführen sollte oder ob Jan übernehmen wollte. Jan bestand darauf, dass Zielinski so lange seines Amtes walten sollte, bis er oder der Aufsichtsrat etwas anderes entscheiden würden. „Wissen Sie, Jörg, ich bin dankbar, dass Sie uns helfen. Ich bin nicht gesund, ich würde das ohne Sie nicht schaffen."

In Kalifornien war tiefe Nacht, als Geronimos Handy mit dem Kampflied „Comandante Che Guevara" einen Anruf ankündigte.

„Bruderherz, ich bin's", sagte Jan.

„Hola", sagte Geronimo.

„Ich sollte dich anrufen."

„Ja, ja. Ich habe geschlafen."

„Soll ich später …"

„Nein, nein. Ich weiß jetzt wieder, was ich sagen wollte: John Bears junior will PowerBlood kaufen und er will, halte dich fest, drei Milliarden Dollar für deine Anteile bezahlen."

„Sag ihm, dass das nichts wird. Ich beerdige PowerBlood. Genauer: Ich lasse PowerBlood beerdigen, von den eigenen Kunden."

„Hast du nicht verstanden? Es geht um drei Milliarden."

„Du weißt, dass es mir nie um Geld ging."

„Wo bist du überhaupt? Kathmandu?"

„Kann ich dir am Telefon nicht sagen."

„Bears ist nicht so schlimm, wie ich gedacht habe. Ich schicke dir zwei Videos, die er mir zugespielt hat: Sie zeigen dich und unsere Familie in Buenos Aires kurz vor und während des Todes unserer Mutter; im ersten Video, das manipuliert wurde, sieht es so aus, als würdest du Mutter erschießen, im zweiten Video, dem Original, wird klar, dass sich Mutter selbst getötet hat."

„Die Videos sind genau das, was ich brauche."

„Sind unterwegs. Was mache ich mit Edward Frost? Er hatte auch Interesse, PowerBlood zu kaufen."

„Du sagst ihm ab."

„Er hat mich in das Haus seiner neuen Frau eingeladen."

„Geh nicht. Sag ab. Kurz und schmerzlos. Und danke für die Videos, sind angekommen."

Jan überprüfte die Filme und mailte sie seinem Anwalt: „Wenn Sie noch ein Argument zu meinen Gunsten benötigen …"

„Das lief alles besser als erwartet", sagte Jan zufrieden, „deine Liste wäre abgearbeitet."

„Nicht ganz", widersprach Walter, „der schwierigste Teil fehlt noch: Gianna Berardi. Sie will evangelisch werden."

Geronimo vertrödelte den Nachmittag. Er führte Selbstgespräche, in denen er verschiedene Versionen seiner Absage an Edward ausprobierte.

Um sieben Uhr stieg er in seinen Midnight Silver metallic Tesla, der rote Käfer war ihm zu auffällig, und fuhr Richtung Sea-Cliff, dem Stadtteil von San Francisco, in dem Elizabeth Murphys Haus stand, in dem auch Edward Frost wohnte.

Etwa zwei Kilometer vor Edwards Haus geriet Geronimo in einen Konvoi von Polizei- und Feuerwehrautos. Er hielt am Straßenrand, ließ die Einsatzfahrzeuge vorbei, und wählte Edwards Handynummer.

Es ging niemand ran. Die Mailbox meldete sich. Geronimo sagte seine Kürzestversion auf: „Hallo Edward, Bears wird Power-Blood kaufen, deshalb machen Verhandlungen keinen Sinn. Ich sage unser Treffen ab. Bis irgendwann."

Geronimo atmete auf. Das war einfach gewesen.

Der Lärm der Sirenen entfernte sich Richtung Küste. Geronimo steuerte den Tesla hinter den Feuerwehrautos her.

In der Ferne schlugen Flammen in den Abendhimmel.

Fünfzig Meter vor der Brandstelle hatte die Polizei die Straße gesperrt. Ein Polizeibeamter bedeutete ihm, er sollte umkehren.

Geronimo sah, dass es Edwards Villa war, die niederbrannte.

Der San Francisco Chronicle berichtete am nächsten Morgen auf einer halben Seite mit einem Foto der zerstörten Villa und zwei Porträtfotos der Opfer, Pharma-Milliardär Edward Frost und Drogerie-Ketten-Besitzerin Elizabeth Murphy.

Als Ursache des Feuers identifizierte die Polizei die Explosion zweier Bomben, die vermutlich von der mexikanischen Drogen-Mafia stammten.

Die Polizei suchte dringend Zeugen, insbesondere der Mann, der kurz vor der Explosion auf Frosts Handy angerufen hätte, sollte sich bitte melden.

Nein, das würde er nicht tun, dachte Geronimo. Er hatte kein Mitleid mit Edward. Manchmal fand das Höllenfeuer schon auf Erden statt. Geronimo bekreuzigte sich und legte eine Schweigeminute für seinen Ex-Schwager ein.

Kapitel 79

„Der Haftbefehl wird aufgehoben“, sagte Rechtsanwalt Reinhold Schmid, „Sie müssen eine Million Euro Kaution hinterlegen“.

„Wenn das alles ist …“, sagte Jan.

„Ist es nicht. Sie müssen eine Verschwiegenheitserklärung unterschreiben.“

„Bitte?“

„Die Justiz verlangt, dass Sie sich weder zum Tod von Herrn Schumacher noch dem von Paul Bungert öffentlich äußern.“

„Ich soll mich daran beteiligen, dass zwei von Amts wegen begangene Morde vertuscht werden?“

„Ob Unfall, Totschlag oder Mord wissen wir nicht.“

„Eben. Deshalb müssen die Fälle untersucht werden.“

„Die Justiz sagt, sie bräuchte Zeit für die Ermittlungen. Wieso waren Sie der Letzte, der Herrn Bungert lebend gesehen hat? Sind Sie schuld an seinem Tod?“

„Was soll das denn jetzt? Sie sind mein Anwalt.“

„Ich stelle nur die Fragen, die die Ermittler stellen würden. Ihre Anwesenheit am Tatort ist verdächtig.“

„Ich werde diese Vertuschungserklärung nicht unterschreiben.“

„Nicht so voreilig. Lesen Sie sie erst einmal in Ruhe.“

Schmid gab Jan das Dokument.

Jan las, nahm sein Handy, fotografierte das Papier und gab es dem Anwalt zurück: „Ich werde das nicht unterschreiben. Ich werde damit ins Fernsehen gehen. Ich hab da was gut.“

„Soll ich das dem Richter sagen?“

„Welchem Richter?“

„Der, der Ihren Haftbefehl aufheben will.“

„Ja, sagen Sie es ihm. Sagen Sie ihm, dass ich die Kaution akzeptiere, aber nicht den Maulkorb.“

„Richtig so“, sagte Walter, der sich während Schmids Besuch abseits gehalten hatte: „Ich bin stolz auf dich.“

„Ich habe Paul Bungert sterben sehen. Ich mache mir auch Vorwürfe, Schumi Schumacher in Gefahr gebracht zu haben. Ich bin es Ihnen schuldig, dass ihr Ende aufgeklärt wird."

„Ich fass' es nicht, Sie haben gewonnen", rief Anwalt Schmid erstaunt, als er zurückkehrte. „Es gibt kein Verschwiegenheitsabkommen mehr. Der Richter legt Wert auf die Feststellung, dass es überhaupt kein Papier gibt und auch nie gegeben hat, jedenfalls kein wirksam unterschriebenes Papier. Also sollten Sie das auch nicht ins Fernsehen bringen."

„Das heißt, ich bin frei?"

„Wenn die Kaution überwiesen ist, dann ja."

„Das erledige ich sofort. Online. Direktüberweisung."

Sein Laptop lieferte ihm beim Öffnen den neuesten PowerBlood-Status: Über 100.000 Kunden hatten ihre GPS-Daten gelöscht oder mit dem Pfeil-und-Bogen-Spiel zerschossen. Er empfand keine Trauer, sondern Genugtuung.

Dann startete er sein Banking-Programm.

„Kaution ist überwiesen und auch schon auf dem Konto der Justiz verbucht worden", sagte Jan zu Anwalt Schmid.

„Gut, ich rufe den Richter sofort an."

Die Antwort kam prompt und per E-Mail.

Schmid verkündete zufrieden: „Herr Bach, Sie sind frei. Alle involvierten Behörden sind darüber informiert. Es gibt nur eine Einschränkung: Sie dürfen das Land nicht verlassen."

„Das habe ich auch nicht vor."

„Die Polizei wird außerdem angewiesen, die PowerBlood-Büros zu verlassen. Sie können wieder frei arbeiten."

Walter begann, Jans Sachen zu packen.

„Was tust du da?", fragte Jan.

„Wenn du frei bist, kannst du nach Hause kommen. Gianna freut sich schon auf das Wiedersehen."

Der Erste, der ihn begrüßte, war Kobe. Mit Geheul kam er aus dem Nachbargarten herbeigerannt, wackelte mit dem Hinterteil, als wollte er Lambada mit seinem ehemaligen Herrchen tanzen.

Hinter dem Hund erschienen Adriano und Gianna, die Kobe mit einem Leckerchen lockte. Der Hund holte sich das Fressen ab und trabte gleich wieder zurück zu Jan.

Gianna schimpfte: „So sind Hunde. Nie vergessen sie den Menschen, der sich um sie gekümmert hat, als sie Welpen waren. Wenn du ihn zurückhaben willst …“

Jan umarmte Gianna: „Auf keinen Fall. Du bist die beste Hundemama und Adriano ist sein bester Freund. Ich bin froh, dass Kobe mich nicht vergessen hat, aber er gehört zu euch.“

Jan erzählte, wie es ihm nach seiner Flucht ergangen war.

„Und wie läuft es bei euch so?“, fragte er.

„Willst du?“, fragte Gianna und sah Walter an, der den Kopf schüttelte.

„Walter und ich sind zusammen“, sagte Gianna.

„Das freut mich. Herzlichen Glückwunsch.“

„Wir wollen heiraten“, sagte Gianna.

„Das geht nicht“, widersprach Jan.

„Weil ich katholisch bin?“

Walter und Jan wollten etwas sagen.

„Kein Problem“, fuhr Gianna fort, „ich werde evangelisch.“

„Ihr könnt trotzdem nicht heiraten“, wiederholte Jan.

„Aber evangelische Pfarrer dürfen heiraten.“

„Ja. Aber du, du bist verheiratet, oder?“

„Du meinst Adrianos Vater?“

„Genau den.“

„Ich weiß gar nicht, wo der ist. Der könnte tot sein.“

„Das wüsstest du, wenn es so wäre.“

„Dürfen evangelische Pfarrer eine Freundin haben?“

„Ja“, sagte Jan.

Walter nickte.

„Ich muss nachdenken“, sagte Gianna.

Als sie bei Rotwein und Käse waren, berichtete Jan, wie er PowerBlood zerstören werde. Gianna müsste eine letzte Aufsichtsratssitzung mit Banker Markus Thaler und Gastronom Olaf Geisler einberufen und das Ende von PowerBlood feststellen.

„Norma Markovic soll das machen“, sagte Gianna, „und wenn Walter einverstanden ist …“

„Ich bin nicht im Aufsichtsrat …“

„Unterbrich mich nicht, du weißt gar nicht, was ich sagen will … und wenn Walter einverstanden ist, bleibe ich katholisch und bleibe trotzdem mit ihm zusammen.“

„Tja, dann lasse ich euch mal allein“, sagte Jan und stand auf. Auf der Terrasse drehte er sich um: „Seht ihr, nicht mal Kobe folgt mir, ihr seid seine Familie.“

Kapitel 80

Die Aufsichtsratssitzung fand am nächsten Vormittag im CoWoK statt. Olaf hatte außen ein Schild „Geschlossene Gesellschaft“ aufgehängt und innen einen Brunch vorbereitet.

Walter Prüm machte sich als Hilfskellner nützlich.

„Wladimir, Britta und Maya habe ich nicht erreicht“, sagte Norma.

Maria-Carmen und Vera, die ihre Haare violett gefärbt hatte, ließen sich von Jan erklären, wie es um seine Genesung stand.

„Zufriedenstellend“, sagte Jan, „die Behandlung und die neuen Medikamente wirken, und ich vertrage sie. Aber, Vera, was ist mit deinen Haaren passiert?“

„Lydia mochte keine violetten Haare“, war ihre trotzige Antwort, der man einen Hauch von Abschiedsschmerz anmerkte.

Björn und Ibo nervten Olaf mit dem Wunsch nach alkoholfreiem Bier, Walter war zur Stelle und servierte das Gewünschte.

Adriano und Kobe saßen am Eingang und nahmen ihren Auftrag ernst, niemanden, den sie nicht kannten, durchzulassen.

Gianna eröffnete die Aufsichtsratssitzung und gab das Wort gleich an Banker Markus Thaler, der erklärte, dass es sich um eine außerordentliche Aufsichtsratssitzung handelte, die auf Bitten von Jan Christian Bach einberufen worden wäre.

„Richtig“, bestätigte Anwältin Norma Markovic.

„Jan, du hast das Wort“, sagte Thaler.

„Ihr Lieben“, begann Jan, „wir haben eine großartige Zeit erlebt. In den letzten Tagen habe ich euch einen ziemlichen Schrecken eingejagt, aber das ist vorbei. Ihr habt gemerkt, dass die Polizei abgezogen ist. Ich kann mitteilen, dass die Polizei auch nicht mehr hinter mir persönlich her ist.“

„Lasst uns darauf anstoßen“, rief Olaf.

Jan hob sein Glas Wasser. „Ihr habt mitbekommen, dass es mir gesundheitlich nicht so gut geht.“

„Dein PowerBlood-Chip hat geholfen, deinen Krebs frühzeitig zu erkennen“, rief Maria-Carmen.

„Das ist wahr“, sagte Jan, „aber ich kann PowerBlood nicht weiterführen. Ich habe beschlossen, PowerBlood zu zerstören, damit die gespeicherten Daten nicht in falsche Hände kommen.“

„Was wird aus uns?“, fragte Finanzchef Björn Eisenstein.

„Ihr werdet euch neue Jobs suchen müssen. Oder ihr macht ein eigenes Unternehmen auf.“

„Jörg und ich könnten bei der Gründung helfen“, sagte Norma, „wir sind ein gutes Team. Und, Vera, wenn du willst, kannst du wieder bei uns anfangen.“

„Das würdet ihr tun?“, fragte die Designerin.

„Aber sicher“, bestätigte Jörg Zielinski, „dank PowerBlood sind wir flüssig, und neue Kunden stehen Schlange.“

„Ibo, du hast sicher bemerkt, dass ich ein Update auf die PowerBlood-Server aufgespielt habe“, fuhr Jan fort.

„Ja“, sagte Ibo, „ich habe deine Nachricht bekommen, ich bin ja selbst gepowert.“

„Ich habe allen Nutzern die Möglichkeit eingeräumt, über ihre Daten selbst zu bestimmen“, sagte Jan, „sie können sie komplett löschen, sie können auch nur die GPS-Daten unlesbar machen.“

„Gute Idee“, sagte Ibo, „Wladimir hat darin immer unsere Schwachstelle gesehen.“

„Wladimir kennt die letzte Version“, sagte Jan, „er hat mich, das kann ich sagen, inspiriert.“

„Wann soll das Ende sein?“, fragte Jörg Zielinski.

„Jetzt ist das Ende.“

Am Eingang entstand Unruhe.

Kobe begrüßte freudig bellend eine Frau.

Maya, aus Kathmandu angereist, rief fröhlich-entschlossen: „Wenn nicht alles gut ist, ist es noch nicht das Ende.“

Sie nahm Jan an der Hand und zog ihn in das Chefbüro.

Die anderen folgten überrascht und gespannt.

Zwischen Dornenjesus und der kiffenden Mona Lisa ging Maya vor Jan auf die Knie und fragte: „Willst du mich heiraten und Vater unseres Kindes sein?“

„Nun mach schon“, rief Maria Magdalenas tiefe Stimme.

Jan gab seinem vorlauten Handy einen Klaps.

Maya sah ihn erwartungsvoll an.

„Ja, ich will", sagte Jan, beugte sich zu Maya hinab und gab ihr einen langen Kuss.

Die Beobachter klatschten.

Vera verdrückte eine Träne.

Jan wurde schwindlig.

Er wankte, geriet mit dem Rücken an einen Schalter, der die Markisen herunterfahren ließ und den Raum in Dunkelheit tauchte.

Maya nahm Jan in die Arme.

„Alles gut", sagte er.

Maya zeigte auf Jans Handy: „Schau mal!"

Maria Magdalenas Bildschirm wurde schwarz und eine weiße Schrift flackerte auf: „THE END".

Epilog

Mayas und Jans buddhistische Hochzeit fand im Januar in einer Villa mit Garten am Rhein statt, die Jan für seine Familie gekauft hatte. Walter und Gianna entschieden spontan, dass sie sich auch einer buddhistischen Zeremonie unterziehen könnten, ohne ihren katholisch-evangelischen Gott zu erzürnen. Ende März wurde Maya von einer Tochter entbunden, sie nannten sie Alejandra Stella, der deutsche Standesbeamte verstand nicht richtig und schrieb „Alexandra Stella“ mit „x“ in die Geburtsurkunde. Jans Krebstherapie verlief weiter erfolgreich. Nach vier stationären Chemotherapiezyklen kam er in ambulante Behandlung und wurde engmaschig kontrolliert. Ob er endgültig geheilt wäre, ließe sich sicher erst nach fünf Jahren sagen.

Geronimo zog dauerhaft nach Kalifornien. Er behielt sein Appartement in Mountain View, verbrachte aber auch viel Zeit bei seiner Schwester Stella in San Francisco.

Fine Weber und John Bears junior heirateten, alle Versuche, ein Baby zu bekommen, schlugen fehl. Ihre Ärzte hatten die Hoffnung auf eine künstliche Befruchtung noch nicht aufgegeben.

Marianne Adler wurde EU-Kommissarin in Brüssel, nach zwei Jahren wechselte sie als Gesundheits- und Digitalministerin zurück nach Berlin, ihre Pressesprecherin Lydia Wellmann wurde zur Staatssekretärin und Ehefrau befördert.

Wladimir Kruschew genoss ein geheimes Familienleben an der polnischen Ostseeküste mit Britta Brandenburg, ihrem Sohn Jonas und Pflegeroboterin Dana. Alle paar Monate schickte er Jan eine verschlüsselte Mail. Er wäre gut im Geschäft und sein eigener Herr. Den „Fall Steiger“, der Kanzler hatte zurücktreten müssen, hätte er erfolgreich abgeschlossen, im „Fall Adler“ hätte er noch zu tun. Jan sollte sich auf weitere Nachrichten gefasst machen.

ISBN 978-3-7584-0518-1
00009
9 783758 405181
www.epubli.com